Wir möchten dieses Buch unseren Kindern widmen, in der Hoffnung, dass sie eine Arbeitswelt erleben werden, in der Unternehmen sich aufgemacht haben, noch stärker eine Kultur der Menschlichkeit zu leben.

BusinessVillage

Bettina Hoffmann-Ripken • Andrea Barrueto

Das Design humaner Unternehmen

Organisationsentwicklung jenseits von Mythos und Harmoniefalle

BusinessVillage

Bettina Hoffmann-Ripken, Andrea Barrueto
Das Design humaner Unternehmen
Organisationsentwicklung jenseits von Mythos und Harmoniefalle
1. Auflage 2023

Bestellnummern
ISBN 978-3-86980-712-6 (Druckausgabe)
ISBN 978-3-86980-713-3 (E-Book, PDF)
ISBN 978-3-86980-714-0 (E-Book, EPUB)

Direktbezug unter www.BusinessVillage.de

Bezugs- und Verlagsanschrift
BusinessVillage GmbH
Reinhäuser Landstraße 22
37083 Göttingen
Telefon: +49 (0)5 51 20 99-1 00
Fax: +49 (0)5 51 20 99-1 05
E-Mail: info@businessvillage.de
Web: www.businessvillage.de

Layout und Satz
Sabine Kempke

Illustration auf dem Umschlag
Mark Soldini @ OVA Design

Druck und Bindung
www.booksfactory.de

Inhalt

Geleitwort

Was sollte der Sinn des Wirtschaftens sein, wenn nicht, das Leben der Menschen reich zu machen. Wirtschaften sollte also eine dienende Funktion haben, sollte Ressourcen so zueinander fügen, dass Mehrwert entsteht. Wirtschaften darf nicht heißen, sich durch Ausbeutung zu bereichern und so Leben und Möglichkeiten anderer letztlich zu mindern. Die Welt ist global an einem Scheidepunkt angelangt. Dies erfordert unbedingt, über unsere Lebensform und damit unser Wirtschaften fundamental neu nachzudenken. Wirtschaftliche Zukunft wird mehr menschlich sein oder scheitern.

Und es soll uns beim Wirtschaften gut gehen. Arbeitsleben ist auch Leben und oft entscheidend wertvoll. Selbstwirksamkeit ist für menschliches Glück essenziell, und selbstverständlich sollten wir für unser Wirken angemessen belohnt werden. Doch sollten wir immer wieder neu fragen, was wirklich unserem Wirken zuzurechnen ist, welchen Anteil des Mehrwerts wir als Lohn zurecht reklamieren dürfen und was allen zugutekommen sollte.

Wirtschaften ist daher immer auch eine Kulturfrage wie umgekehrt Kultur nicht ohne erfolgreiches Wirtschaften möglich ist. Es gehört zur wirtschaftlichen Kompetenz, effizient und effektiv zu handeln, aber auch immer wieder neu zu prüfen, was und wie bewirtschaftet werden muss, um reale Lebensverhältnisse aller zu verbessern.

Das vorliegende Buch orientiert uns auf die Frage, was eine Kultur der Menschlichkeit umfasst, und zeigt in vielen Facetten, welche Werte und Haltungen wir dafür entwickeln, mit welcher Sprache wir sprechen können und welche Konzepte und Vorgehensweisen für das tägliche Tun in diesem Sinne nützlich sind. Alles ist von konkreter Erfahrung getragen und so gefasst, dass damit konkret wirtschaftlicher Alltag reflektiert und transformiert werden kann. Sich daran zu orientieren und gemeinsam mit anderen Gestaltenden heutige Gewohnheiten zu transformieren und Neues zu wagen, stärkt menschliches Wirtschaften und die eigene Genugtuung, sich menschlicher Verantwortung zu stellen.

Dr. Bernd Schmid, Gründer und Leitfigur des Instituts für Systemische Beratung (isb-GmbH, Wiesloch) und der Schmid-Stiftung

Über die Autorinnen

Dr. oec. HSG Bettina Hoffmann-Ripken ist überzeugt, dass neue Formen der Zusammenarbeit möglich sind, die sowohl die Leistungsfähigkeit von Organisationen stärken als auch den Mitarbeitenden spannende Entwicklungs- und Entfaltungsmöglichkeiten bieten. Organisationen und Menschen auf dem Weg in neue Arbeitswelten zu begleiten und dabei in einem ko-kreativen Prozess eine Kultur der Menschlichkeit zu entwickeln, ist ihr ein Herzensanliegen.

Die an der Universität St. Gallen promovierte Volkswirtin verfügt über breite Branchen- und Beratererfahrungen und zahlreiche Aus- und Weiterbildungen. Neben ihrer über fünfzehnjährigen Tätigkeit als systemische Organisationsentwicklerin und Führungskräfte-Coach ist sie Dozentin an der Universität St. Gallen auf Bachelor- und Masterstufe und an der HWZ in den berufsbegleitenden Weiterbildungen (Hochschule für Wirtschaft in Zürich) für die Themen Organisationsentwicklung, Changemanagement, Systemtheorie, Leadership, Kommunikation und Konfliktmanagement.

Bettina Hoffmann-Ripken ist glücklich verheiratet, hat drei Kinder und liebt die Berge, das Reisen, Yoga und die Musik.

Kontakt

E-Mail: b.hoffmann@bho.network.ch
Web: www.bho-network.ch

Dr. phil. nat. Andrea Barruetos Fokus liegt auf der persönlichen Entwicklung von Menschen. Dabei geht es bei ihr immer darum, Menschen dabei zu begleiten, Lösungen auf Herausforderungen zu finden, sei das im individuellen Coaching, in der Team-, Führungs- oder Organisationsentwicklung. Es ist ihre Stärke, in Hindernissen Chancen zu erkennen, um über sich hinauszuwachsen, die Zukunft neu zu denken und unkonventionelle Wege zu beschreiten. Dabei leitet sie das Interesse an Individualität und Offenheit für unterschiedliche Perspektiven.

Die promovierte Geografin ist seit 2018 als Unternehmerin, Coach und Dozentin (Hochschule für Wirtschaft Zürich) tätig. Sie hat zuvor mehrere Jahre im Ausland für eine Entwicklungsorganisation gearbeitet und sich danach mit dem CAS in Change und Innovation Management (HSG St. Gallen) und einer Ausbildung zum Integralen Master Coach (Integrale Coaching Schule) die Grundlagen für ihre heutige Karriere erarbeitet.

Dr. Barrueto ist leidenschaftliche Naturliebhaberin mit eigenem Garten, sie liebt die Berge und erholt sich beim Outdoorsport wie Klettern, Bergsteigen, Trail Running oder Skitouren. Sie lebt mit ihrer Familie in Zürich.

Kontakt

E-Mail: info@barrueto.ch
Web: www.barrueto.ch

Die digitale Playbox zum Buch

Sie möchten sich intensiv mit dem Design humaner Unternehmen beschäftigen? Dann ist die digitale Playbox zum Buch eine wertvolle Quelle zusätzlicher Inspirationen. Sie finden dort Unterlagen, weiterführende Informationen und Checklisten. Damit möchten wir Arbeiten und das Finden individueller eigener Lösungen erleichtern. Nutzen Sie das exklusive digitale Zusatzangebot!

Das Downloadmaterial finden Sie unter folgendem Link:
www.businessvillage.de/DL-1160.html

1. Fragebögen:

1.1 Kultur der Achtsamkeit
1.2 Feedbackkultur
1.3 Konfliktkultur
1.4 Fehlerkultur
1.5 Verantwortungskultur
1.6 Persönlichkeitsentwicklungskultur
1.7 Empathiekultur

2. Inspirationen:

2.1 Achtsamkeitskultur – Einstieg ins Thema Achtsamkeit
2.2 Achtsamkeitskultur – Kleine Meditationsübung
2.3 Achtsamkeitskultur – Achtsamkeit in Bezug auf die eigene Gesundheit
2.4 Achtsamkeitskultur – Individuelle Achtsamkeit üben – in der Gruppe
2.5 Feedbackkultur – Inspiration Kritikgespräch
2.6 Feedbackkultur – Teamgespräch

2.7 Feedbackkultur – Gruppenfeedback an die Führungskraft
2.8 Feedbackkultur – Retrospektive
2.9 Feedbackkultur – Evaluation Sitzungen Themenzentrierter Interaktionen
2.10 Feedbackkultur – Wertschätzungsübung- Reden hinter dem Rücken
2.11 Fehlerkultur – Spontane Fehlerbesprechung
2.12 Persönlichkeitsentwicklungskultur – Individuelle Reflektion über Motivation
2.13 Persönlichkeitsentwicklungskultur – Reflexion nach dem 3-K-Modell
2.14 Empathiekultur – Ihre Gefühle und Bedürfnisse
2.15 Empathiekultur – Mögliche Anregungen für Bedürfnissprache
2.16 Empathiekultur – Übung Empathie

3. Reflexionen:

3.1 Eigener Wortschatz an Gefühlsausdrücken
3.2 Evaluation Ihrer Psychologischen Sicherheit
3.3 Anleitung Quadranten

4. Workshopformate:

4.1 Ist-Kultur besprechbar machen
4.2 Vier Quadranten von Wilber für Kulturbeschreibung
4.3 Werte in dieser Organisation
4.4 Vergemeinschaftung Dringlichkeit der Kulturentwicklung
4.5 Umfrage Kultur der Menschlichkeit
4.6 Bildung von Fokusgruppen
4.7 Spielerische Aktivierung des Zukunftsbildes

1.
Einführung

»Jeder Fortschritt, der nicht menschlich ist, ist kein Fortschritt.«

Antonio Gala, Dichter, Poet und Dramaturg

Wie kommen wir dazu, ein Buch über das Design humaner Unternehmen zu schreiben und dabei noch die These zu vertreten, dass es genau diese Kultur der Menschlichkeit ist, die Organisationen benötigen, um zukunftsfähig zu werden, beziehungsweise zu bleiben?

1.1 Entwicklung unserer zentralen Hypothese

Im ersten Corona-Lockdown 2020 wurden viele Organisationsentwicklungsprojekte gestoppt. Die Unternehmen hatten alle Hände voll zu tun, ihre Arbeitsfähigkeit in und mit den neuen Rahmenbedingungen aufrecht zu erhalten. Die Erfahrung und Erkenntnis, dass es gerade in solchen Zeiten Organisationsentwicklung braucht, und dass sehr viel virtuell möglich ist, hatten die wenigsten Kunden. Nun hatten wir viel Zeit, um uns weiterzubilden, auszutauschen, Bücher zu lesen und neue Konzepte zu entwickeln. Uns verband eine langjährige Erfahrung in den Themen Coaching und Achtsamkeit und wir stellten uns die Frage, inwiefern gerade die Fähigkeit zur Achtsamkeit, eine Voraussetzung bildet, um in der Arbeitswelt 4.0 bestehen zu können.

Es war eine produktive und intensive Zusammenarbeit, in der wir unterschiedlichen Ansätze miteinander integrierten und so voneinander lernen konnten. Vor allem aber erkannten wir während des intensiven Dialogs, dass es uns um etwas anderes ging. Nämlich um die Frage, wie eine umfassende Transformation auf individueller und organisatorischer Ebene gelingen kann, damit Organisationen den von vielen Seiten immer wieder geforderten kulturellen Wandel wirklich bewältigen können. In den einschlägigen Zeitschriften für Organisationsentwicklung ist zu lesen, dass die Herausforderungen der vierten Industrialisierung, aber auch Konzepte wie New Work, Agilität und Selbstorganisation es notwendig machen, dass sich Organisationen verändern. In digitalisierten und von künstlicher Intelligenz durchdrungenen Unternehmenswelten und in einer Welt, die von Schnelligkeit, Unsicherheit, Komplexität und Ambiguität (VUCA) bestimmt ist, sind es vor allem Kreativität, Intuition und Inspiration der Menschen, die noch stärker als je bisher gefordert sind und den Unterschied zwischen Unternehmen machen, die sich in diesen Umwelten erfolgreich bewegen können. Wir alle wissen schon lange, dass Menschen sich entfalten und einbringen, wenn sie sich in einem Umfeld bewegen, das ein wohlwollendes, menschliche Miteinander würdigt und lebt.

Was aber umfasst ein wohlwollendes, menschliches Miteinander genau und vor allem, wie gelingt es, ein solches Miteinander zu entwickeln? Als wir begannen, uns diese Fragen zu stellen, sprudelten andere Fragen nur so aus uns heraus: Was umfasst die vierte Industrialisierung? Was bedeutet Arbeitswelt 4.0 im Einzelnen? Was ist New Work? Warum wird Agilität derzeit für alle diese Herausforderungen als Heilsbringer angesehen? Was genau heißt Agilität? Warum scheitern agile Transformationsprojekte? Warum wenden sich Unternehmen schon wieder von der Idee ab, dass mehr Selbstorganisation eine Antwort auf VUCA sein könnte? Und warum klagen so viele Menschen über mangelnde Wertschätzung, fehlendes Einfühlvermögen und absente Menschlichkeit in Organisationen?

So stießen wir auf die Kernfrage: Was ist denn eigentlich genau das humane, das menschliche Element in Unternehmen? Was heißt überhaupt Menschlichkeit in Organisationen? Und inwiefern könnte eine humane Kultur, eine Kultur der Menschlichkeit die Antwort auf die Frage sein, welches Design Organisationen brauchen, damit sie anstehende Herausforderungen besser bewältigen können?

1.2 Menschlichkeit in der Literatur

Diesen oben genannten Fragen wollten wir auf den Grund gehen. Dabei entschieden wir uns, tief zu schürfen, um ein wirkliches Verständnis über die Grundlagen zu erlangen. Wir fragten uns einerseits, wie sich die Arbeitswelten in den vergangenen Industrialisierungen entwickelt haben und was wir aus dem Blick in die Vergangenheit lernen können. Andererseits machten wir uns auf die Suche nach Definitionen, was denn Menschlichkeit überhaupt im Kontext von Organisationen bedeuten kann. Dabei machten wird die erstaunliche Erfahrung, dass es zwar eine ganze Reihe Bücher gibt, die Menschlichkeit im Titel führen und die Bedeutsamkeit von Menschlichkeit hervorheben, aber in denen der Begriff »Menschlichkeit« weder systematisch noch theoretisch beleuchtet wird: Buchenau und Walter (2018) beschäftigen sich in ihrem Buch »Chefsache Menschlichkeit« generell mit dem Menschen und der Frage, wann man mit sich selbst im Einklang und in der Kraft ist, andere Menschen zu führen. Andere setzten Menschlichkeit mit Wertschätzung gleich wie Brockhoff und Panreck (2016) oder sie erläutern den Ansatz der Gewaltfreien Kommunikation (Lindemann und Heim 2016). Becker und Langosch (2016) erörtern unter dem Titel »Produktivität und Menschlichkeit«, was Organisationsentwicklung bedeutet und wie sie umgesetzt wird. Das Buch mit dem spannend klingenden Titel »Hochleistung und Menschlichkeit« bietet zwar eine Definition zu Menschlichkeit an, die sich aber als sehr dünn erweist und in dem beispielhaft und ohne theoretische oder analytische Herleitung bestimmte Verhaltensweisen wie Respekt, Fairness, Einbeziehen von Mitarbeitenden und ähnliches aufgeführt werden (Breckwoldt 2013). Egger (2021) hingegen, führt in seinem Buch »Mehr Menschlichkeit!« ethische Grundfragen ein und erläutert, was Ethik ist, warum Ethik notwendig ist und wie sich Ethik auf den Leser in der Rolle der Führung auswirkt.

Zbinden (2022) schreibt ihr Buch »Menschlichkeit in der Führung« für Führungskräfte und setzt sich mit verschiedenen theoretischen Perspektiven auseinander, die erklären, warum Menschlichkeit in der Führung wichtig ist. Ihr Fokus liegt vor allem auf der Frage, wie das Menschenbild die Führung beeinflusst und wie man selbst menschlicher führen kann. Ihr Buch sehen wir als eine gute Ergänzung zu unserem Ansatz, da wir uns weniger auf Führung konzentrieren als auf die Frage, was genau eine Kultur der Menschlichkeit in Organisationen umfasst und warum sie Organisationen zukunftsfähiger macht, gerade auch in der Herausforderung, sich agiler aufzustellen. Weiteren Recherchen ergaben, dass zwar Menschlichkeit zunehmend ein Thema in Führung und Organisationsentwicklung ist, aber bisher wenig theoretisch fundiert analysiert wurde.

Um uns ein Bild über die empfundene Bedeutung oder Relevanz von Menschlichkeit in Organisationen zu machen, haben wir im Sommer 2021 eine Umfrage erstellt. Wir hatten die Umfrage in unserem Netzwerk verbreitet und innert kurzer Zeit dreihundertsiebenundvierzig Rückmeldungen aus der Schweiz und aus Deutschland bekommen. Dabei hat uns überrascht, dass fünfundneunzig Prozent der Personen sich Menschlichkeit in Organisationen generell wünschen und davon achtundfünfzig Prozent aussagen, dass Menschlichkeit in ihrer Organisation gelebt wird. Im Kontrast dazu stehen dreißig Prozent, die aussagen, dass sie Menschlichkeit vermissen und es sie demotiviert, während zehn Prozent Menschlichkeit vermissen, sie aber gar nicht erwarten. In den persönlichen Kommentaren gab es Rückmeldungen wie: »Ich verlasse meinen jetzigen Arbeitgeber wegen der fehlenden Menschlichkeit«. Wir bekamen auch sehr viele positive Rückmeldungen, dass wir ein wichtiges Thema aufgreifen würden.

Parallel fingen wir an, uns mit der historischen Perspektive zu beschäftigen. Wie hat sich die Arbeitswelt in den letzten dreihundert Jahren verändert? Je mehr wir uns mit der Entwicklung der Arbeitswelten durch die verschiedenen Industrialisierungen beschäftigten und je konkreter unser Konzept einer Kultur der Menschlichkeit in Organisationen wurde, umso klarer wurde uns, dass eine Kultur der Menschlichkeit genau den Wertewandel und Mindset Change mit sich bringt, der gefordert wird, um die Herausforderungen der Zukunft zu bewältigen.

1.3 Motivation und Zielsetzung

Unser Wunsch ist es, mit diesem Buch Mut zu machen, Organisationen der Zukunft zu gestalten, die sowohl wirtschaftlich erfolgreich sind als auch Orte sind, in denen Menschen sich persönlich entwickeln und einen sinnhaften Beitrag leisten können. Der geschichtliche Rückblick hat uns ermutigt, darauf zu vertrauen, dass noch viel Entwicklung möglich ist. Wenn man vor hundert Jahren erzählt hätte, wie heute die Arbeitswelt für viele Menschen in der westlichen Welt aussieht, so hätten sie uns vermutlich als Utopisten beschimpft. Bei aller Rückfälligkeit in alte Muster sollten wir den Blick darauf lenken, wie allumfassend und tief Menschen und Gesellschaften sich bereits entwickelt haben. Wir sind offen, neugierig und hoffnungsfroh für neue Entwicklungen in Organisationen im Wissen, dass noch viel Arbeit vor uns liegt. Wir möchten mit diesem Buch auch einen Impuls für die gesellschaftliche Entwicklung geben. Es ist uns klar, dass unsere Ideen Menschen und Organisationen herausfordert und es immer ein Spannungsfeld geben wird, das sich zwischen Humanisierung und Wirtschaftlichkeit bewegt. Allerdings sind wir der Überzeugung, dass es ein Spannungsfeld ist und nicht ein Widerspruch.

Unsere zentrale These ist: Die ganzen Prinzipien von New Work, Agilität oder Arbeitswelt 4.0 können nur ihre Kraft entfalten, wenn die entsprechenden Organisationen das Prinzip Menschlichkeit in ihre eigene kulturelle Organisations-DNA integrieren.

Wenn man vor hundert Jahren erzählt hätte, wie heute die Arbeitswelt in der westlichen Welt aussieht, so hätten uns die meisten Menschen vermutlich als Utopisten beschimpft.

1.4 Aufbau des Buches

Das erste Kernanliegen dieses Buches ist, zu definieren, was Menschlichkeit als Kulturprinzip in Organisationen bedeutet, wie sich eine solche Kultur zeigt und wie sie entwickelt werden kann, als auch wie Organisationen für sich evaluieren können, wie es bei ihnen um ihre Kultur der Menschlichkeit bestellt ist.

Als Einführung in das Thema erfolgt ein historischer Rückblick mit der Fragestellung, wie sich die Arbeitswelt im Laufe der verschiedenen Industrialisierungen verändert hat und vor welchen Herausforderungen die Organisationen mit Arbeitswelt 4.0, respektive der vierten Industrialisierung stehen. Dieser historische Rückblick zeigt auch auf, wie gewaltig sich die Arbeitswelt bereits in den letzten dreihundert Jahren transformiert hat und soll Mut für die Zukunft machen. Danach leiten wir im Kapitel 3 aus verschiedenen theoretischen Perspektiven eine »Modell Kultur der Menschlichkeit in Organisationen« ab. In der Synthese zeigt sich, dass eine Kultur der Menschlichkeit die Voraussetzung für eine erfolgreiche agile Transformation ist. Im vierten Kapitel beschäftigt sich das Buch mit dem Konzept »Spiral Dynamics«. Die Entwicklung einer Kultur der Menschlichkeit setzt nicht nur einen Mindset Change voraus, sondern auch einen Wertewandel. Spiral Dynamics beschreibt die Logik einer Werteentwicklung auf individueller und kollektiver Ebene. Es zeigt auf, welche Voraussetzungen erfüllt sein müssen, damit es gelingen kann, eine Unternehmenskultur Menschlichkeit zu entwickeln. Das fünfte Kapitel gibt einen Überblick, was die Herausforderungen von Kulturentwicklung sind und warum Kulturentwicklung immer an den konkreten Problemen und Herausforderungen von Prozessen und Strukturen der Organisation ansetzen sollte. Im sechsten Kapitel stellen wir pro Teilkultur eine Umfrage vor, die dem Leser ermöglichen soll, in seiner Organisation den Grad der Menschlichkeit einzuschätzen. Aus der Umfrage heraus ergeben sich unterschiedliche Handlungsempfehlungen, wie diese Teilkulturen in einer Organisation entwickelt werden können.

Über das ganze Buch hinweg, findet der Leser Einladungen, um sich und die aktuelle Kultur seines Unternehmens oder seiner Organisation zu reflektieren. Diese dienen dazu, dem Leser in seiner persönlichen Entwicklung zu unterstützen und ihm eigene Einsichten zu erlauben.

Wir möchten Sie, lieber Leser und liebe Leserin inspirieren, in Ihrer Organisation das Design für ein humanes Unternehmen zu beginnen. Da Sie unser Buch ausgewählt haben, sind wir überzeugt, dass Sie zu den Interessierten, zu den Early-Adopters gehören und wünschen Ihnen viel Spaß bei der Lektüre.

2.
Entwicklung der Arbeit: Ursprung, Potenziale und Herausforderungen

»Die Zukunft hat eine lange Vergangenheit.«

Babylonischer Talmud

Der Begriff Arbeit 1.0, 2.0, 3.0 und 4.0 ist an die vier industriellen Revolutionen gekoppelt. In jeder industriellen Revolution hat sich die Arbeit dementsprechend entwickelt und transformiert. Deshalb ist es wichtig, sich mit den Charakteristika der vier aufeinanderfolgenden industriellen Revolutionen zu beschäftigen. Neben einem allgemeinen Überblick über die technischen und wirtschaftlichen Aspekte und sozialen Folgen der jeweiligen Epoche liegt der Fokus dabei vor allem auf der Entwicklung der Arbeitsplatzbedingungen und wir fragen uns, inwiefern Menschlichkeit in diesen Industrialisierungen zu einem Thema wurde.

Arbeit 4.0 und New Work werden häufig synonym verwendet, auch wenn sie als Begrifflichkeit und in ihrem ursprünglichen Verständnis aus ganz unterschiedlichen Gedankenwelten stammen. New Work wurde von dem Philosophen Frithjof Bergmann geprägt, welcher 1984 das erste »Centre for New Work« in Michigan gründete. Auslöser dafür waren anstehenden Massenentlassungen aufgrund zunehmender Automatisierung in der Automobilbranche. Bergmann schlug Gewerkschaften und Management, eine damals wie heute revolutionäre Idee, vor: In einem Fertigungswerk reduzierten die von der Entlassung bedrohten Mitarbeitenden ihre Arbeitszeit auf sechs Monate, weitgehend ohne Lohnausgleich und erhielten dafür ein über zwölf Monate ausgezahltes Grundeinkommen. Während der anderen sechs Monate nahmen sie an einem Programm teil, in dem sie sich mit sich selbst und der Frage beschäftigen sollten, was sie »wirklich, wirklich« in und mit ihrem Leben machen wollten. Das Doppelte »wirklich« soll die tiefere Sinnsuche neben der reinen Erwerbstätigkeit in der Arbeit unterstreichen. New Work im Bergmannschen Sinn sind nicht nur Veränderungen, die der Arbeit mehr Spaß oder Selbstbestimmung verleihen sollen. Für Bergmann ging es um mehr: »Es geht uns um die Schaffung einer Gesellschaft und Kultur, in der wirklich jeder die Chance bekommt, einen beträchtlichen Teil seiner Zeit mit einer Arbeit zu verbringen, die er erfüllend und faszinierend findet und die die Menschen aufbaut und ihnen mehr Kraft und Vitalität verleiht« (Bergmann 2021). Bergmann ging davon aus, dass Organisationen besonders erfolgreich sein werden, wenn die in ihnen agierenden Menschen genau das tun, was sie wirklich, wirklich wollen.

2.1 Vorindustrialisierung

Hier beschreiben wir die Voraussetzungen, die zum Durchbruch der ersten industriellen Revolution beigetragen haben. Es wird ersichtlich, wie sehr sich verschiedenste Faktoren gegenseitig beeinflussen und wie eine technologische Entwicklung andere technologische Entwicklungen folgelogisch nach sich gezogen haben – ähnlich wie bei einem Schneeballsystem. Dabei spielten vier Faktoren eine zentrale Rolle (Landes 1983):

1. Veränderung beim Landbesitz
Zur Zeit der Tudor-Könige (1485 bis 1603) wurden breit verstreute und von Kleinbauern gemeinsam genutzte Agrar-, Weide- und Waldflächen von Großgrundbesitzern eingehegt, was praktisch einer Enteignung gleichkam: Mit dieser Einhegung wurden die Flächen als Privateigentum angezeigt. Während die Großgrundbesitzer sich bereicherten, hatten die Kleinbauern nicht nur einen erschwerten Zugang zum Wald und damit weniger Holz, sie verloren auch Weideflächen für ihr Vieh. Oft mussten sie nach einem schlechten Jahr ihren bescheidenen Besitz verkaufen. So entstand eine verarmte, arbeitssuchende Schicht in den Städten, die, um zu überleben, aussichtslos jede Arbeitsbedingung als Lohnarbeit akzeptieren musste (Gross et al. 2010).

Wer die Vergangenheit nicht kennt, kann die Gegenwart nicht verstehen und die Zukunft nicht gestalten.

Helmut Kohl, deutscher Bundeskanzler 1982–1998

2. Agrarrevolution

Die erste industrielle Revolution ist ohne die Landwirtschaftliche Revolution, die in England um 1700 und etwa fünfzig Jahre später auf dem europäischen Kontinent einsetzte, nicht denkbar. Mit der Einführung der Fruchtwechselwirtschaft, konzentrierte Viehhaltung und Weiterentwicklung landwirtschaftlicher Geräte verlor die Dorfgemeinschaft als soziales wie ökonomisches Regulativ an Bedeutung. Die auf naturwissenschaftlicher Forschung basierende Fruchtwechselwirtschaft führte zu höheren landwirtschaftlichen Erträgen, einer Abnahme der Hungersnöte, einer tieferen Kindersterblichkeit und damit einem steigenden Bevölkerungswachstum (Overton 1996; Liedtke 2012).

3. Soziostrukturelle Entwicklung

In England gab es im Gegensatz zum europäischen Kontinent keine bedeutenden sozialen und ökonomischen Schranken zwischen der großgrundbesitzenden Aristokratie und dem Handel und Gewerbe betreibenden Großbürgertum. Insofern hieß der Adel das Aufkommen einer neuen wohlhabenden Schicht auf der politischen Ebene willkommen. Diese Veränderungen bereicherten die Aristokratie und das Großbürgertum und schufen eine neue, komplett besitz- und mittellose Schicht, die mangels Möglichkeiten bereit war, in der Heimindustrie und Fabriken als Lohnarbeiter zu arbeiten. Die Steigerung der landwirtschaftlichen Erträge bleibt eine wichtige Voraussetzung, dass diese wachsende Menschenmasse, die sich nicht mehr selbst durch die Landwirtschaft versorgte, ernährt werden konnte (Landes 1983).

4. Kapitalbildung

Durch die Gesetzgebung und ein funktionierendes Kommerzsystem mit Handelshäusern, Banken und Versicherungen konnte sich ein einheitlicher, nationaler wie kolonialer Markt entfalten, der wiederum die Manufakturen bei der Entwicklung von Technologien und neuen Kenntnissen unterstützte. Das rasante Bevölkerungswachstum stellte die notwendigen billigen

Arbeitskräfte und schuf einheimische Nachfrage an Produkten. Kombiniert mit dem forcierten Ausbau des Transportsystems, den schnell wachsenden Baumwollexporten und den staatlichen Förderungsmaßnahmen wie der Flottenbau wurde eine einmalige Situation geschaffen: die Baumwollexporte und Staatsnachfrage entfalteten eine Initialentzündung, die dann unterstützt durch die Expansion des heimischen Marktes, eine breite, stabile Basis für die Industrialisierung schuf (Pierenkemper 1996).

Es gab nicht ein singuläres Ereignis oder einen kausalen Entwicklungsstrang, der deterministisch auf einen »revolutionären« Umbruch hinauslief. Die technischen, ökonomische und sozialen Entwicklungen im 18. Jahrhundert können als Zufallsprozesse gesehen werden. Nicholas Crafts (1977) weist darauf hin, dass »aus logischen Erwägungen ein singuläres Ereignis wie die industrielle Revolution in England niemals durch ein allgemeines Gesetz, eine Kausalhypothese oder ähnliches erklärt werden könne«. So rückt nicht das Ergebnis, sondern die Voraussetzungen für eine Veränderung in den Mittelpunkt des Interesses. Diese Hypothese werden wir in den nächsten drei Revolutionen erneut aufgreifen.

2.2 Die erste industrielle Revolution

Die erste industrielle Revolution findet ihren Ausgangspunkt in England – warum das so ist, darüber sind sich Historiker nicht einig. Ohne Anspruch auf ein abschließendes Urteil erheben zu wollen, geht es in diesem Kapitel darum, Voraussetzungen zu beschreiben, die zum Durchbruch der ersten industriellen Revolution beigetragen haben. Dadurch veranschaulichen wir, wie sehr verschiedenste Faktoren sich gegenseitig beeinflussen und wie eine technologische Entwicklung andere technologische Entwicklungen folgelogisch nach sich gezogen haben.

2.2.1 Industrie 1.0

Je nach Land wird der Beginn der ersten industriellen Revolution unterschiedlich definiert. In England startete die industrielle Revolution bereits 1770, während Belgien und Frankreich erst 1820 folgten (Gross et al. 2010). Wie im vorherigen Kapitel beschrieben, gab es eine Reihe von wichtigen Bedingungen und Entwicklungen, die England von anderen Ländern unterschied. Die erste Phase der Industrialisierung in England war vor allem durch die Verarbeitung der Baumwolle geprägt. 1733 wurde das fliegende Weberschiffchen von John Kay erfunden, wodurch die Geschwindigkeit des Webens verdoppelt werden konnte. Nach wie vor wurde für den Faden jedoch manuell gesponnenes Garn benötigt. Je nach Arbeit bezog der Weber das Garn von vier bis zehn wortwörtlichen Spinnern, wofür er meilenweit laufen musste, um das benötigte Spinngarn einzusammeln (Wadsworth und de Lacy Mann 1965). Eine Ausschreibung der »Society for the Encouragement of Arts, Commerce and Manufactures« veranlasste James Hargreaves, die »Spinning Jenny« zu erfinden, welche sechzehn Spindeln gemeinsam bedienen konnte. Die hohe Produktivität seiner Erfindung empörte die zu Hause arbeitenden Spinner so sehr, dass sie die ersten Maschinen zerstörten. Der Fortschritt ließ sich jedoch nicht aufhalten. Leider reichte er sein Patentantrag zu spät ein: Zimmerleute hatten sein Mehrfachspinnrad bereits nachgebaut und verbessert und so den Weg für maschinell hergestelltes Garn geebnet.

Zur gleichen Zeit wurde die erste mit Wasser betriebene Spinnmaschine erfunden. Als Folge wurde so viel Garn produziert, dass die nächste logische Entwicklung ein schnellerer Webstuhl war. Hier zeigt sich bereits: »Schneller und mehr« zieht »schneller und mehr« nach sich: Schon bald füllten Spinn- und Webmaschinen große Hallen und markierten damit den Übergang zu Fabriken im Textilgewerbe. Diese Maschinen nutzen zunehmend die durch James Watt 1769 für den Bergbau entwickelte Dampfkraft als Antrieb. Mit der Dampfkraft begann die Karriere der Kohle, welche für den Antrieb aller nachfolgenden technischen Erfindungen gebraucht wurde. Mit den Veränderungen im Textilsektor setzte sich eine Kettenreaktion in Gang: Der Textilsektor wie auch der Agrarsektor verlangten nach neuen Maschinen und so entstanden Fabriken für Metallwaren, die die Maschinenbauteile herstellten und Fabriken, in denen dann die Maschinen ihrerseits produziert wurden.

Den nächsten wichtigen Impuls erhielt die industrielle Revolution durch die Erfindung der Eisenbahn, die ihren Ursprung im Bergbau hatte: 1814 baute George Stephenson die erste leistungsfähige Lokomotive für den Transport aus den Gruben – 1825 wurde die erste Eisenbahnstrecke mit siebenundzwanzig Kilometer Länge eröffnet, nur fünf Jahre später verband die Eisenbahn Liverpool und Manchester. Diese neue Erfindung erlaubte es Menschen, schneller zueinanderzukommen und senkte die damaligen Transportkosten für Massengüter massiv. Der Eisenbahn- und Dampfschiffbau erhöhten wiederum die Nachfrage nach hochwertigem Eisen, womit sich neue Schwerpunkte in der industriellen Entwicklung ankündigten.

Anfang des neunzehnten Jahrhunderts spornte die überlegene britische Konkurrenz in Bereichen der industriellen Halbwaren wie Garn oder Eisen die Unternehmen auf dem Festland an, die Kosten durch weitere Effizienzsteigerungen zu senken oder in Nischen und auf Spezialisierungen, wie gefärbte Garne auszuweichen, was den Grundstein für die chemische Industrie legte. Schritt für Schritt verbreitete sich die Industrialisierung mit räumlichen und zeitlichen Verzögerungen, wofür Ursachen wie Gesetzgebung, Bildung, räumliche Erschließung oder Rohstoffvorkommen verantwortlich gemacht werden, auf dem Festland aus (Gross et al. 2010).

2.2.2 Arbeit 1.0

In diesem Abschnitt gehen wir am Beispiel der Baumwollindustrie, die als Treiberin der ersten industriellen Revolution angesehen werden kann, zuerst auf die Arbeitsbedingungen in der Produktion der Rohstoffe und anschließend auf die Situation bei der Verarbeitung zu fertigen Produkten ein.

Die kolonialen Fesseln der Baumwollproduktion in Übersee

Seit Jahrhunderten haben Menschen in Süd- und Mittelamerika, der Karibik, in Afrika und in Asien auf ihren Feldern Baumwolle angepflanzt (Beckert 2014: 8). Bis ins achtzehnte Jahrhundert produzierten die Europäer nur gröbere Stoffe aus Flachs, Hanf oder Schurwolle. Kein Wunder, dass das Interesse an den aus Baumwolle hergestellten, weicheren Textilien (die besonders feinen wurden als »gewobener Lufthauch« bezeichnet) weltweit stieg. Da die Pflanze jedoch nicht im kühlen Klima der gemäßigten Breiten wächst, musste die Baumwolle importiert werden. Die steigende Nachfrage blieb den weißen Plantagenbesitzer, die seit 1630 in der Karibik und Südamerika Plantagen kleiner Baumwollproduktionen unterhielten, nicht verborgen. Hunderte von cleveren Plantagenbesitzern schlossen sich zu Kooperationspartnerschaften zusammen – heute würde man diese Netzwerkpartnerschaften nennen –, um weitere Regionen in der Karibik zu erschließen. Und so vervierfachten sich die Exporte aus den britisch kontrollierten Inseln in nur zehn Jahren zwischen 1781 und 1791.

In dieser Zeit prosperierte auch die Baumwollproduktion in den Südstaaten Amerikas, die aufgrund der großen Flächen, den vorhandenen Infrastrukturen und versklavten Arbeitskräften Wettbewerbsvorteile hatte. Zudem gab es viel »freies«, juristisch nicht belangtes Land – die Ureinwohner Amerikas hatte man mehr und mehr durch blutige Kriege ins Landesinnere zurückgedrängt. So konnten die USA innert kürzester Zeit zum Hauptproduzenten der Baumwolle aufsteigen (Beckert 2014: 92 ff). Von englischer Seite wurde diese Entwicklung als Bedrohung wahrgenommen: Sollten die USA selbst in die Verarbeitung von Baumwolle einsteigen, würde nicht nur Konkurrenz durch einen neuen Produzenten entstehen – es bestand zudem die Sorge, dass die Rohstoffe gar nicht mehr den Weg nach England finden würden. Was lag in dieser Zeit näher, als mittels kolonialer Unterwerfung sich andere Baumwollproduzenten in Afrika oder Indien zu erschließen?

Die kriegerische Eroberung von Kolonien, die Auslöschung, Vertreibung und Unterwerfung der indigenen Bevölkerungen zur Aneignung von Land und der Menschenraub sowie die Ausbeutung von Arbeitskräften, die als Sklaven den rechtlichen Status von Sachgütern hatten – all diese rohe Gewalt und Unmenschlichkeit gegenüber vermeintlich »unzivilisierten Menschen« sind Folge und gleichzeitig Teil und Treiber der ersten industriellen Revolution.

Die soziale Frage bei der Baumwollverarbeitung in England

Wie im Kapitel 2.1 erwähnt, wuchs die besitz- und mittellose Schicht. Die vorgenannten Entwicklungen zwangen große Teile der (ehemaligen Land-) Bevölkerung zur Lohnarbeit als Hausangestellte oder Fabrikarbeiter (Pierenkemper 1996: 33). Deren Arbeitsbedingungen waren aus unserer heutigen Sicht kaum menschlich aushaltbar (Stefan 1960: 23-27): Arbeitstage von zwölf bis sechzehn Stunden waren die Regel, die Arbeiter kannten weder Versicherungen, Sozialleistungen noch andere Sicherheit durch Verträge. Die Arbeitsbedingungen waren unhygienisch und gesundheitsgefährdend und körperlich strapazierend – ganz abgesehen davon, dass die Arbeitstätigkeit an sich monoton und auf stupide Arbeitsschritte beschränkt war (Stefan 1960: 48). Unter den bestehenden sozialen Bedingungen waren die Löhne zwangsläufig tief und ausbeuterische Kinder- und Frauenarbeit besonders beliebt. Die niedrigen Löhne führten zur Berufstätigkeit beider Ehepartner, die unbeaufsichtigten Kinder verwahrlosten oder wurden als extra billige Arbeitskräfte in den Fabriken »betreut«. Natürlich konnten unter diesen Bedingungen keine Finanzpolster aufgebaut werden, sodass ein Verdienstausfall durch Krankheit zur Verelendung und Not führte. Alkoholismus und familiäre Gewalt waren weit verbreitet. Trotzdem erlaubte die Arbeit 1.0 einer größeren Bevölkerung, einen dürftigen Lebensunterhalt zu verdienen. Sie war jedoch auch für das Herausbilden einer Zweiklassengesellschaft verantwortlich, in welcher Menschen sehr unterschiedlich angesehen und behandelt wurden. In dieser Zeit bildeten sich die Begriffe Proletariat und auch Bourgeoisie heraus, die später von Karl Marx stark geprägt wurden.

Ein großer Teil dieser Arbeitskultur konnte nur durch Entmenschlichung (Sklaven) und Ausbeutung (Fabrikarbeiter), beruhend auf Gewalt (Land- und Menschenraub) und sehr ungleicher Machtverteilung durchgesetzt werden. Zu der Tatsache, dass die Sklaven und Arbeiter weniger als gleichwertige Menschen, denn eher als verdinglichte Arbeitskraft im Besitz der Unternehmer, angesehen und behandelt wurden, kommt der Umstand hinzu, dass es im Bereich der Arbeitswelt praktisch keine verbindlichen Arbeitsgesetze oder Sozialversicherungen gab. Es herrschten strenge Regeln, Disziplinarmaßnahmen und Konsequenzen, wenn die Arbeiter den Befehlen der Vorgesetzten nicht nachkamen.

Die Arbeiterschicht begann daher, sich immer stärker von der bürgerlichen Schicht zu differenzieren (Gross et al. 2010): Es gab Arbeiterquartiere, die sich durch eine dichte Überbauung, wenig Licht und enge Innenhöfe auszeichneten. Oft waren diese Wohnorte trotzdem teuer und mehrere Familien lebten auf engstem Raum zusammen. Dies führte zu heute kaum mehr vorstellbaren unhygienischen Zuständen. Hinzu kamen ungenügende Abwassersystemen sowie Kanalisationen. Und so boten verunreinigtes Trinkwasser, schlechte Luft in Kombination mit steter Feuchtigkeit Krankheiten wie Cholera, Typhus und Tuberkulose einen optimalen Nährboden. Nicht Mitgefühl, sondern die Sorge um soziale und politische Stabilität beunruhigte die bessergestellten Schichten, zu denen Politiker, Pfarrer und andere soziale Zeitgenossen gehörten. Aus Angst vor einem drohenden Aufstand entstand ein gesellschaftlicher Diskurs über soziale Fragen.

Ab Anfang des neunzehnten Jahrhunderts nahmen die Arbeiter ihr Schicksal selbst in die Hand. Die ersten Arbeiterbewegungen wurden in den unterschiedlichen Regionen mobilisiert: Durch Proteste, Forderung nach Schutz und mancher Orts auch durch das Zerstören von Fabrikanlagen drückte sich die Wut und Verzweiflung der Arbeiter über die bestehenden Arbeitsverhältnisse aus (Liedtke 2012: 113 ff). Das 1848 erschienene kommunistische Manifest von

Karl Marx und Friedrich Engel (Marx und Engels 1848), das die Widersprüche der neuen Gesellschaftsschichten mit der Forderung nach »Klassenkampf« zum Ausdruck brachte, ist als eine Antwort auf die Zweiklassengesellschaft und die damit verbundenen Probleme zu betrachten. Die Arbeiterschaft begann sich über die sozialistischen Parteien zu organisieren und entfaltete in den folgenden Jahrzehnten so ihre politisch und ökonomisch Kraft. Sie wurden nun vom Besitzbürgertum ernst genommen und sukzessive setzten sich Sicherheiten und Gesetze für die Arbeiter durch. Hiermit trat die Organisation der Arbeitswelt zu Beginn der zweiten industriellen Revolution auf eine nächste gesellschaftliche Wertestufe, nämlich jene der Rechtssicherheit bei klar geordneten Hierarchien und ausgeprägten politischen Ideologien.

Menschlichkeit

Das Leben unter den beschriebenen Bedingungen war für viele Arbeiter unmenschlich. Menschlichkeit, wie wir es im nachfolgenden Kapitel definieren werden, ist in dieser Zeit gar nicht denkbar, dafür ist die Not für die meisten Menschen zu groß und das Leben zu sehr auf das pure Überleben ausgerichtet. Wie wir sehen werden, setzt Menschlichkeit in Organisationen einen gewissen Wohlstand auf breiterer Ebene voraus.

2.3 Die zweite industrielle Revolution

In der wirtschaftsgeschichtlichen Forschung wird die nächste Phase als zweite Industrialisierung bezeichnet. Allerdings gibt es auch hier weder eine klare zeitliche Einordnung noch eine Definition, was genau darunterfällt. Während die Forschung im Europäischen Raum das Aufkommen der Chemischen Industrie und Elektrotechnik um die Jahre 1870 bis 1880 als Beginn der zweiten industriellen Revolution sieht, beginnt diese im angloamerikanischen Raum erst 1920 mit dem Übergang zur Massenproduktion.

2.3.1 Industrie 2.0

Anders als bei der ersten industriellen Revolution, die maßgeblich von England angetrieben wurde, sind es nun Deutschland und die USA, die wichtige Impulse für die zweite Revolution geben. Ihre Forschungen auf den Gebieten der Chemie oder Physik werden in dieser Zeit im großen Stil wirtschaftlich genutzt.

Elektrizität war zu Beginn des neunzehnten Jahrhunderts noch eine Spielerei und eine wissenschaftliche Kuriosität. Bis Mitte des neunzehnten Jahrhunderts waren die Maschinen ohne die Antriebskräfte von Wasser oder Kohle kaum denkbar. Elektrizität hingegen lässt sich flexibler in andere Energieformen wie Wärme, Licht oder Bewegung umwandeln und ist auch ohne nennenswerte Verluste im Raum übertragbar. Kein Wunder also, dass sie zu einem wesentlichen Treiber der zweiten Industrialisierung wurde (Landes 1983: 265 ff). Ab dem Jahr 1830 experimentierten Wissenschaftler bereits damit, den Elektromagnetismus für elektrische Antriebe und zur elektromechanischen Stromerzeugung zu nutzen. Die kommerzielle Nutzung hatte dann weitreichende Folgen für das Nachrichtenwesen, die Chemie und Mechanik sowie auch für die Lichtversorgung. Bisher hatten England und Deutschland mit ihrem hohen Kohlevorkommen einen Wettbewerbsvorteil in der voranschreitenden Industrialisierung. Das änderte sich nun und andere Länder wie die Schweiz holten in dieser Zeit mächtig auf (Veyrassat 2015). Die Elektrizität erlaubte die Automation von Prozessen ohne die Beanspruchung von Menschen, was auch die Arbeitsbedingungen für die Menschen veränderte (siehe Kapitel »2.3.2 Arbeit 2.0« für mehr Details«; Stefan 1960: 136). Einerseits konnten schwere, unmenschliche Arbeiten abgegeben werden, andererseits verloren Menschen ihre Arbeit und damit ihren Lebensunterhalt.

Neben der Elektrizität gewann auch der Energieträger Erdöl seit 1850 an Bedeutung, zunächst vor allem für das Betreiben der Petroleumlampe. Mit der Erfindung des Verbrennungsmotors 1886 durch Carl Benz änderte sich das:

Der Automarkt entwickelte sich zum größten Nachfrager nach Erdöl: 1900 waren in Amerika bereits neuntausend und dreizehn Jahre später neunhunderttausend Autos registriert. Die rasant steigende Nachfrage nach Erdöl führte auch zu politischen Spannungen und Kämpfen um den Ölmarkt zwischen den Erdölförderern und -konsumenten. Neben den zwei Weltkriegen bestimmten zahlreiche Ölkriege das zwanzigste Jahrhundert. Dies ist rückblickend erstaunlich, da es noch bis Mitte des zwanzigsten Jahrhunderts dauerte, bis Öl zu einer ernst zu nehmenden Konkurrenz der damals dominierenden Energieträgers Kohle wurde.

Im angloamerikanischen Raum wird die zweite industrielle Revolution mit dem Durchbruch zur Massenproduktion definiert, die stark von den wissenschaftlichen Betriebsführungen von Taylor und Ford geprägt wurde. Taylors Beobachtungen zu Arbeitsprozessen resultieren in vier Prinzipien (Taylor 1977): (1) Trennung von Hand und Kopfarbeit, (2) Anreize zur Arbeitsausführung wie klare Anweisungen für die Zeit und Menge und ein Bonussystem, (3) Arbeitsteilung in Spezialisierungseffekte und (4) die gezielte Personalauswahl und Ausbildung für eine Aufgabe. Die Idee dahinter war die Steigerung der Produktivität menschlicher Arbeit durch eine Teilung in kleinste Arbeitseinheiten. Ford fasste durch eine Art Fließband räumliche Fertigungsbereiche zusammen und konnte die Produktionsdauer für einzelne Automobilteile bis zu vierzig Prozent reduzieren (Stefan 1960: 70). Interessant ist – auch im Hinblick auf den Aspekt der Menschlichkeit –, dass Ford Mitentwickler der »unmenschlichen« Fließbandarbeit war, aber gleichzeitig eine Partnerschaft zwischen Arbeitern und Unternehmern anstrebte. In seinem Denken sollten beide Parteien von hohen Löhnen und geringen Herstellungskosten profitieren. Die Monatslöhne stiegen so stark an, dass sich Arbeiter mit drei Monatslöhnen bereits ein Ford-Modell T leisten konnten (Schmidt 2019). Ford selbst brachte die Stärke und Schwäche der Fließbandproduktion mit folgendem Satz auf den Punkt: »Sie können einen Ford in jeder Farbe haben, Hauptsache er ist schwarz«. In anderen Worten, die Massenprodukte wurden erschwinglich, waren aber komplett standardisiert, für Individualität gab es keinen Raum. Aufgrund der Gehaltserhöhung wurde das Produktionsprinzip anfangs von den Arbeitern positiv aufgenommen. Nach kurzer Zeit begann sich aufgrund der Eintönigkeit der Arbeit, Unmut auszubreiten.

Neben der Einführung der Massenproduktion war die Intensivierung des Welthandels durch den Ausbau des durch Erdöl angetriebenen Warenverkehrs zu Land, See und Luft ein weiterer Treiber der zweiten Revolution.

2.3.2 Arbeit 2.0

Betriebs- und volkswirtschaftliche Arbeitsbedingungen

Die Arbeit 2.0 war geprägt durch monotone und harte Akkord- und Fließbandarbeit, absolviert in langen Schichten. Dadurch konnte die Produktion in kleinere Schritte zerlegt und zunehmend automatisiert werden. Dies geschah auf Kosten der physischen und psychischen Gesundheit des Arbeitnehmers – denn stellen Sie sich vor, Sie würden den ganzen Tag nur eine Bewegung mit den Händen machen und das während eines ganzen Jahres. Marx bezeichnete genau das unter anderem als Entfremdung der Arbeit: Der Arbeitnehmer hat keinen Bezug mehr zum herzustellenden Produkt, sondern wird selbst Ware in dem Arbeitsprozess. Das Überangebot an Arbeitskräften hatte tiefe Löhne zur Folge. Als sich die wirtschaftliche Situation nach dem Zweiten Weltkrieg für die inländischen Arbeiter verbesserte, wurden billige Arbeitskräfte aus dem Ausland ins jeweilige Land geholt. Was also ist das Fazit der Arbeit 2.0 im Hinblick auf die Arbeitsbedingungen?

Politik

Die harten und unsicheren Arbeitsbedingungen führten zu Existenzängsten und somit auch zu gesellschaftlichen Unruhen. Die Veröffentlichung des kommunistischen Manifest 1848 ermutigte in den folgenden Jahrzehnten die Arbeiterschaft, sich zu einer organisierten Bewegung zusammenzuschließen.

1883 wurde in Deutschland als Antwort auf die Unruhen und das Erstarken der sozialistischen Parteien die erste gesetzliche Krankenversicherung durch den konservativen Reichskanzler Bismarck eingeführt. Darauf folgten die Unfall- und schließlich die Rentenversicherungen (Henning et al. 1966–2016). Damit wurden die Grundsteine für den kapitalistischen, aber auch sozialen Wohlfahrtsstaat gelegt, der durch staatliche Umverteilung dafür sorgte, dass die Ungleichheit zwischen Kapitaleigentümern und Angestellten nicht derart groß wurde, dass sie den gesellschaftlichen Zusammenhalt gefährdete. In den USA wurde in den 1930er-Jahren – nach den fatalen Erfahrungen der Weltwirtschaftskrise – diese soziale Marktwirtschaft als New Deal bezeichnet und als Alternative zu Faschismus und Kommunismus gehandhabt. Die Übernahme sozialer Verantwortung durch den Staat hatte für die Unternehmen zudem den Vorteil, dass soziale Kosten über Steuern allgemein durch die ganze Gesellschaft getragen werden mussten, wodurch die Löhne tief, aber Besitz und Gewinn weiterhin Privatsache bleiben konnten (Hobsbawm 2010; Schulz 1985).

Verhältnis zwischen Angestellten und Unternehmensführung

Die Gesellschaft blieb weiterhin klar und strikt in ihren Klassen gespalten: Niedrige Arbeit war mit gesellschaftlicher Unterordnung verbunden und Ausbildung sowie Aufstiegsmöglichkeiten waren begrenzt. Es gab kaum Durchlässigkeit in den Gesellschaftsschichten. Für Arbeitnehmer hieß dieses Zeitalter, dass sie strikten Anweisungen Folge zu leisten hatten und dass das Wohl der Firma über den eigenen, individualistischen Interessen stand. Oft folgten Kinder dem Beruf des Vaters und mit dem Eintritt in die Firma blieb man dieser Firma ein Leben lang treu und identifizierte sich mit ihr. Dementsprechend pflegten viele Industrieunternehmer ein paternalistisches und selbstgenügsames Verhältnis zu ihrer Belegschaft: Sie fühlten sich für das Wohl ihrer Angestellten verantwortlich und entschieden als Fabrikherren eigenmächtig, was für »ihre« Arbeiter gut und schlecht war. Das Verhältnis entsprach eher dem traditionellen Verständnis von Eltern und Kindern –

Gleichwertigkeit und Kommunikation auf Augenhöhe waren zwischen Arbeitern und Vorgesetzten Fremdworte, wurden aber auch nicht erwartet.

Eine Umbruchphase bildete die Zeit zwischen 1945 und 1975: Sowohl in Nordamerika als auch in Westeuropa führten die staatliche Umverteilung einerseits und der Wirtschaftsaufschwung andererseits zu zahlreichen Aufstiegsmöglichkeiten. Hohe Löhne und eine gesättigte Konsumnachfrage führten in den 1970er-Jahren aber zu einer Investitionskrise, die mit politischen und wirtschaftlichen Neuentwicklungen den Übergang zur dritten industriellen Revolution markierten.

Emotionen und Geisteshaltung

Im Zuge der zweiten Industrialisierung entdeckten Unternehmern und Manager, dass Gefühle und Bedürfnisse der Arbeitnehmer auch wirtschaftlich eine Rolle spielen könnten. Diese Beobachtung geschah vorerst aus einer instrumentellen Geisteshaltung heraus: Es wurde erkannt, dass zufriedene Mitarbeitenden einen positiven Effekt auf wirtschaftlichen Erfolg hatten. Zum einen verursachen streikende Mitarbeiter hohe Kosten und zum anderen sind zufriedene Mitarbeiter produktiver. Große Unternehmen wandten hierzu die »Psychotechnik« an. Das Wort Psychotechnik lässt den instrumentellen Geist der Intervention erkennen: Sie beinhaltete technische Veränderungen, welche das Wohlbefinden beeinflussen sollten, wie bessere Belüftungen und Beleuchtungen und bessere hygienische Standards. In diese Zeit fiel auch erstmals die Entwicklung von Bewerbungsverfahren, nicht nur, um die passendsten Kandidaten für eine Tätigkeit auszusuchen, sondern weil die Zufriedenheit des Mitarbeiters anfing, eine Rolle zu spielen. Zudem kamen empfohlene »Leistungstechniken« in Mode und bereits 1914 betonte die Managerzeitschrift »Organisation«, wie wichtig »das Interesse der Angestellten am Geschäft sei«. Statt Befehlen und Androhen von Disziplinarmaßnahmen sollten indirekte Leistungstechniken wie »aufmunternde Worte« oder eine »achtvolle Behandlung des Personals« angewendet werden (Donauer 2014: 8).

Das waren zu der damaligen Zeit neue Denk- und Verhaltensweisen, auch wenn sie heute etwas befremdlich anmuten könnten. Aber wir können uns sicher sein: auch auf unsere Zeit werden zukünftige Generationen mit Kopfschütteln schauen und sich über die eine oder andere Gepflogenheit in Organisationen, die uns heute ganz normal erscheinen, wundern.

Aus dieser psychologischen Wende der Personalwirtschaft folgte auch eine neue Sprachregelung – ganz nach dem Motto: Worte gestalten Wirklichkeit: Statt von »Arbeitern« wurde nun von »Mitarbeitern« gesprochen, um deren Leistung zu würdigen, ein Gefühl der Wertschätzung zu vermitteln, aber auch um eine klassenkämpferische Geisteshaltung zu verwässern. In die gleiche Richtung geht die Durchsetzung der bürgerlichen Begriffe »Arbeitgeber« und »Arbeitnehmer« im Gegensatz zu den sozialistischen Begriffen »Kapitalist« und »Arbeiter«. Beim ersten Begriffspaar schwingt ein paternalistischer Unterton mit, der definiert, wer was gibt und wer im Gegenzug dankbar zu sein hat, dass er nehmen darf. Das zweite Begriffspaar hingegen legt den Fokus auf die Ungleichheit der Besitzverhältnisse.

Damit Mitarbeitende in der Firma ein Zuhause finden und sich als Teil einer Betriebsfamilie oder einer Werkgemeinschaft verstehen, wurden neue Angebote geschaffen wie Betriebssporteinrichtungen, Kantinen und Würdigung von langjährigen Mitarbeitenden. Unternehmern ging es sowohl darum, die Loyalität gegenüber der Firma zu stärken als auch zu verhindern, dass unzufriedene Mitarbeiter sich solidarisieren und gemeinsam sozialistisches Gedankengut entwickeln – so nach dem Motto, Wohlstand (statt Religion) als Opium für das Volk (Donauer 2014: 8).

Nach dem Zweiten Weltkrieg verbreitete sich der Human-Relation-Ansatz, welcher zuerst in den USA von Psychologen übernommen wurde. Die Personalexperten waren davon überzeugt, dass das Führungspersonal und die Arbeiterschaft durch die Psychoanalyse begreifen könnten, dass die Wurzeln von negativen Gefühlen in gestörten biografischen Entwicklungen lagen (Deutsche Akademie für Management 2021). Durch die Psychoanalyse sollten die Angestellten befähigt werden, besser mit diesen Gefühlen umzugehen, damit sie ihren (biografisch begründeten) Frust nicht auf das Arbeitsumfeld übertragen. So lobenswert der Ansatz sein kann, die menschliche Psyche und personelle und familiäre Pathologien ernst zu nehmen, so sehr ignoriert er die Bedeutung gesellschaftlicher und materieller Ungerechtigkeiten als Ursache psychologischer Spannungsverhältnisse (Donauer 2014). Trotzdem ließ der Human-Relation-Ansatz erstmals deutlich werden, dass nicht nur die objektiven Arbeitsbedingungen Einfluss auf Motivation und Arbeitszufriedenheit der Mitarbeitenden haben, sondern auch das psychologische Klima im Unternehmen. Die Erkenntnis führte zu menschlicheren Arbeitsbedingungen, aber erfüllt noch nicht den Anspruch an Menschlichkeit, wie wir ihn in diesem Buch definieren. Denn das vermeintlich menschliche Handeln wurde aus einer überwiegend rein zweckrationalen Haltung vorgenommen. Der Mensch wurde weiterhin als reiner Produktionsfaktor angesehen, aus dem möglichst viel herausgeholt werden soll. Diese Haltung ist auch heute noch in vielen Unternehmen vorherrschend.

Durch die Erkenntnis, dass die Erfüllung von psychosozialen, schlicht menschlichen Bedürfnissen einen Einfluss auf die Leistungsfähigkeit hat, wurde ein Spannungsfeld zwischen Menschen und ihm umgebenden Organisation konstruiert: Inhärent ging man und geht man auch heute noch davon aus, dass die Erfüllung von Mitarbeiterbedürfnissen und die Erreichung von Organisationszielen konfliktär sind. Diese Grundhaltung prägt noch heute weitgehend das Denken in und um Organisationen. Sie sollte dringend hinterfragt werden, was wir im weiteren Verlauf des Buches tun werden.

Ein widersprüchliches Bild zeichnet die Epoche zum Verhältnis von Frauen und Arbeit: In der Arbeiterschicht waren aus finanziellen Gründen Frauen dazu gezwungen, zu arbeiten und dabei interessierte es gesellschaftspolitisch nicht, wie sie Familie und Arbeit unter einen Hut bekommen könnten. Als gesellschaftliches Ideal wurde im Gegensatz zu vielen Realitäten weiterhin eine klare Rollenteilung propagiert, in welcher der Mann der Ernährer der Familie war und die Frau ihm im Haushalt zu dienen hatte. Werbefilme aus den Fünfziger- und Sechzigerjahren zeigen aus heutiger Sicht in grotesker Weise das damals vorherrschende Rollenverständnis. Es brauchte noch die zweite und dritte Welle des Feminismus (beginnend in den Sechzigerjahren und bis heute anhaltend), für einen gesellschaftlichen Konsens, dass Frauen, ihren Entwicklungs- und Wirkungshorizont nicht primär auf die heimischen vier Wände zu beschränken haben (Head-König 2015).

Menschlichkeit

Menschlichkeit wie wir sie im dritten Kapitel noch definieren werden, findet sich auch in der zweiten industriellen Revolution nicht in den Organisationen. Der Mensch beginnt zwar, mehr in den Fokus des Interesses von Organisationen zu rücken, trotzdem ist das Ziel nicht, eine menschenwürdige Organisation. Das Ziel ist die Steigerung von Produktivität und Effizienz. Allerdings setzt ein Bewusstseinswandel ein. Nicht von ungefähr entwickelt sich in den Fünfzigerjahren des letzten Jahrhunderts der Bereich der Arbeitspsychologie: Es wird klar, dass der Mensch trotz Automatisierung weiterhin eine wichtige Rolle spielen wird. Solange aber der Mensch in Organisationen vornehmlich als Produktionsfaktor gesehen wird, wird es mit der Menschlichkeit und dem Design humaner Unternehmen schwierig. Menschlichkeit in Organisationen kann nur aus einer integralen Haltung heraus entwickelt werden. Was das genau bedeutet, werden wir im Kapitel 3 genauer erläutern.

2.4 Die dritte industrielle Revolution

Die dritte Industrialisierung hat ihren Ausgangspunkt in der Erfindung des Computers und ist daher von Daten, Informationstechnologien und Elektronik geprägt. Sie beginnt zwischen 1960 und 1970 und wird auch die digitale oder mikroelektronische Revolution genannt (Spethmann 2010; Schwab 2016).

2.4.1 Industrie 3.0

Einen maßgeblichen Einfluss auf die dritte Industrialisierung hatte die Entwicklung von Mikrochips, die vor allem durch die 1968 gegründete Firma Intel vorangetrieben wurde. Sie ist heute noch der größte Produzent von Halbleiterchips (Berlin 2005). Es gibt unterschiedliche Kriterien, wann nun der erste Personal Computer (PC) das Licht der Welt erblickte. Wir nehmen hier einfachheitshalber den Apple I, der im April 1976 erstmals verkauft wurde. Danach ging es in Siebenmeilenstiefeln weiter. Der PC eroberte die Berufs- und Privatwelt in unglaublicher Geschwindigkeit und bereits Ende der Achtzigerjahre war der Computer praktisch in keinem Büro mehr wegzudenken.

Darüber hinaus eroberten rechnergesteuerte Roboter die Fabrikhallen. Wir erinnern uns an Fords Aussage bezüglich der Farbwahl seiner Autos (Schwarz als einzige Farbe) im Zuge von Standardisierung und Massenproduktion. Dies änderte sich nun: Mithilfe der Robotisierung ließen sich nun viel kleinere Stückzahlen auf kurzlebige Modetrends angepasst herstellen: Individualisierte Produkte für individualisierte Bedürfnisse. Falls bei potenziellen Kunden das Bewusstsein zur Selbstverwirklichung durch Produktwahl fehlte, wurde durch umfangreiche Werbekampagnen nachgeholfen: Erstmalig definierten sich die Menschen nicht mehr durch ihre Klassenzugehörigkeit, sondern durch ihren Lifestyle. Damit ist die Art der Freizeitgestaltung gemeint, die durch unterschiedliche Arten des Verbrauchs von individualisierten Gütern (wie zu jeder Musikrichtung passende Kleider, Sport- und Outdoor-Equipment,

Bildungsreisen, Bastelkeller) definiert wurde (Curtis et al. 2002). Eine weitere im Zusammenhang mit der Robotisierung stehende Entwicklung ist die durch Toyota forcierte, Just-in-time-Produktion. Dadurch konnten auch kleine Stückzahlen gewinnbringend hergestellt und vertrieben werden, während die klassische Massenproduktion auf den Gewinn durch Skalenerträge setzte. Diese Produktionsweise führte zum Siegeszug der japanischen und koreanischen Automarken auf den westlichen Heimmärkten in den 1980er-Jahren (Toyota 2020).

1973 wurde das System fester Wechselkurse, das Bretton-Woods-System aufgekündigt. Bis dahin waren die Währungen in einem fixen Wechselkurs an den US-Dollar gebunden, der durch Gold gedeckt war. Damit war ein erster Schritt für die Liberalisierung der Finanzwelt getan. Diese sukzessive Liberalisierung der Finanzwelt erreichte ihren Höhepunkt in der Abschaffung des Glass-Steagall-Gesetzes 1999, durch das die strikte Trennung zwischen Kreditgeschäft und Vermögensverwaltung der Banken bei der Kundenbetreuung aufgelöst wurde. Jedenfalls schwoll das Volumen der an Staaten wie an Private vergebenen Kredite in den kommenden Jahrzehnten massiv an. Finanzderivate eroberten die Welt, und es entwickelte sich ein globalisierter Finanzmarkt. Insgesamt wuchs der Einfluss der Finanzwirtschaft auf die Realwirtschaft an. Unternehmen befanden sich zusehends weniger im Besitz von Familien, sondern aufgrund des steigenden Kapitalbedarfs in den Händen von Aktionären. Geleitet wurden sie nicht mehr von Patrone, die sich langfristig dem Überleben der Firma, der Belegschaft und der Region oder Nation gegenüber verpflichtet fühlten, sondern von Managern, welche kurzfristig den Shareholder Value zu maximieren versuchten. Zu einer weiteren Stärkung der Finanzindustrie führte die im Zuge der Liberalisierung zunehmende Betreuung gewaltiger, für die Altersvorsorge brachliegender Vermögen durch private Fondsgesellschaften. Die durch den Staat organisierte, auf Ausgleich zielende Umlageverfahren wurden hingegen zurückgedrängt.

Je nach Quelle gehört auch schon die Erfindung des Internets in diese Phase: 1989 erfand Tim Berners-Lee das World Wide Web am CERN in Genf, um den Austausch von Informationen zwischen Wissenschaftlern rund um die Welt zu erleichtern (CERN 2020). Der erste Server stand beim CERN ab 1990. Ende 1994 gab es bereits zehntausend Server und um die zehn Millionen Nutzer in der ganzen Welt. Durch diese Entwicklungen nahm die Wichtigkeit der Computer und die kontinuierliche Verbesserung der Kommunikationsnetze zu. In Kombination mit der Zunahme des Luftverkehrs stieg auch der Grad der Globalisierung sowohl im Arbeits- als auch im Freizeit-Bereich.

2.4.2 Arbeit 3.0

Betriebs- und volkswirtschaftliche Arbeitsbedingungen

Im Zuge der dritten industriellen Revolution kam es zu zwei großen Verschiebungen von Arbeitsplätzen. Einerseits verlagerten sich durch die Entwicklung der Computer und Roboter die Arbeitsplätze der Menschen von den Fabrikhallen in die Büroräume, also vom sekundären (Rohstoffverarbeitung) hin zum tertiären (Dienstleistung/Informationsverarbeitung) Sektor (Hotz-Hart, Schmuki und Dümmler 2006). Andererseits begannen viele Unternehmen, erst Teile der Produktion und dann auch Dienstleistungen in Billiglohnländer auszulagern und Handelsbeziehungen zu intensivieren, wodurch die Bedeutung von Landesgrenzen abnahm. Während in den ehemaligen Industrienationen die Arbeitsplätze in diesem Bereich stark zurückgingen, nahm aufgrund der neu geschaffenen Arbeitsplätze das Bruttosozialprodukt vor allem in den (Südost)-asiatischen Schwellenländer seit 1970 stark zu (Weltbank 2020).

Der wachsende tertiäre Sektor in den westlichen Industrieländern erforderte tendenziell besser ausgebildete Arbeitskräfte, die mit einem zunehmend anderen Verständnis und anderen Erwartungen ihre Arbeitskraft einem Unternehmen zur Verfügung stellten: Viele Firmen versuchten nach dem transaktionalen Führungsstil (Anfang der Siebzigerjahre), der vor allem über Zielvereinbarungen arbeitete, einen eher partnerschaftlichen, bekannt als transformationalen Führungsstil, zu etablieren (ab den Neunzigerjahren). Wie gut das gelungen ist, müssen Sie, lieber Leser, aus Ihrer Erfahrung beurteilen. Im Internet lassen sich zu allen Aussagen Quellen und repräsentative Studien finden: Der Kölner Stadtanzeiger titelte am 1. Juli 2013, dass knapp jede zweite Führungskraft für ein eher schlechtes Arbeitsklima sorge und das Handelsblatt unterstrich, am 30. September 2014, dass die meisten Beschäftigen zu achtundsiebzig Prozent mit ihren Vorgesetzten zufrieden sind (Kruse 2014).

Grundsätzlich hat das Bedürfnis nach Kommunikation auf Augenhöhe in den Industrieländern in der dritten Industrialisierung in der Tendenz zugenommen und damit werden hierarchische Strukturen stärker infrage gestellt. In Entwicklungs- und Schwellenländern sah die Entwicklung hingegen ähnlich wie in Europa während der ersten und zweiten Industrialisierung aus.

Politik

Diese wirtschaftliche Entwicklung war ohne eine entsprechende Politik nicht möglich. Die wirtschaftliche Stagnationskrise der 1970er-Jahre wurde mit den Wahlen von Margaret Thatcher (GB 1979) und Ronald Reagan (USA 1980) durch eine Politik der Liberalisierung, Entmachtung der Gewerkschaften und folgender Deregulierung aufgebrochen. Es ergaben sich neue Investitions- und Gewinnmöglichkeiten für die Kapitaleigentümer, während die Arbeitnehmer auf kollektiver Ebene an Sicherheiten und Beteiligungsrechten tendenziell verloren. Gleichzeitig wurde den Individuen bei der persönlichen Entfaltung neue Freiheiten angeboten. In den der Finanz- und Digitalisierungsindustrie angeschlossenen Dienstleistungsbereichen ergaben sich für Angestellte neue Aufstiegsmöglichkeiten. Der Wirtschaftsboom der 1980er-Jahre wurde aber auch durch eine weiter steigende massive Staatsverschuldung erkauft. Die vereinfachte Kreditvergabe im privaten Bereich hat dabei auch zum Wirtschaftswachstum beigetragen. Hinzu kam der jähe Zusammenbruch des kommunistischen Ostblocks. Damit verschwand sein »Drohpotenzial«, was zu einer Schwächung des Systems der sozialen Marktwirtschaft führte. Solange der Kommunismus im Osten als ein Alternativmodell angesehen werden konnte, hatten die westliche Sozialdemokratie gute Argumente für ein stark sozial ausgerichtetes Wirtschaftssystem. Da diese Begründung nunmehr wegfiel, gewann das kapitalistische Modell an Stärke.

Durch sich öffnende Grenzen für Kapital, Güter und Personen ergaben sich nicht nur neue Freiheiten und Möglichkeiten für die Wirtschaft, sondern auch für den Einzelnen. Diese Diversifizierung führte zu einer Erosion der gesellschaftlichen Strukturen, was sowohl das Klassenverständnis betrifft als auch grundsätzlich das hierarchische Denken. Für viele bedeutete das eine neue Freiheit, für andere aber Verlust von Orientierung und Sicherheit. Denn obwohl aus heutiger Sicht die Begriffe »Klasse« und »Nation« eher negativ konnotiert sind, haben sie ihre Daseinsberechtigung: die Zugehörigkeit zu einer bestimmten Klasse wie »wir Arbeiter« oder »wir Händler« oder Nation »wir Deutschen», »wir Engländer« kann dem Individuum eine Zugehörigkeit vermitteln und ein Gefühl des Stolzes auslösen, was Sicherheit und Halt im Leben vermittelt (Stiglitz 2003; Hobsbawm 2010).

Viele Menschen unterschiedlicher politischer Couleur kamen aber mit der neuen Ungewissheit und Freiheit gut zurecht, da Individualismus sowohl von der links-progressiven Gegenkultur der 1968er wie vom bürgerlich-liberalen Establishment propagiert wurde. Und: Sowohl der traditionelle Marxismus linker wie der Nationalismus rechter Prägung, die beide auf Unterordnung und Kollektivismus setzten, konnten mit den neuen Disco- und Freizeitgesellschaften nicht mithalten. Sie waren schlicht nicht mehr »sexy und frei« genug (Curtis et al. 2002).

Verhältnis Angestellte und Unternehmensführung

Durch die Deregulierung der Besitzverhältnisse und Gesellschaftsschichten ergaben sich neue Aufstiegs- und Abstiegsmöglichkeiten. Um ins Management eines Konzerns vorzustoßen, spielten Herkunft und Familie immer weniger eine Rolle. Der Slogan »Just do it« des Sportartikelherstellers Nike hat den Zeitgeist der Epoche auf den Punkt gebracht. Hierarchien wurden abgeflacht und neue Industriezweige ermöglichten neue Namen am Firmament der Wirtschaftsbosse. Die Karriere des Garagentüftlers Bill Gates mag ein überspitztes, aber anschauliches Beispiel dafür sein. Gleichzeitig zogen mit der Deregulierung und Individualisierung von Chancen und Risiken neue Dimensionen von Leistungsdruck und Unsicherheiten in die Arbeitswelt ein. Zum Werdegang eines erfolgreichen Topmanagers schien erst der Herzinfarkt, später der Burn-out fast schon dazuzugehören und bei der Arbeiterschaft kam es ab den 1970er-Jahren zu Massenentlassungen. So wurden ehemals ganze Arbeiterviertel mit ihrem Stolz und ihrer eigenen Kultur zu sozialen Brandvierteln, in denen sich inzwischen in der dritten Generation endemisch Frust und Perspektivlosigkeit eingenistet haben.

Emotionen und Geisteshaltung

Der Begriff »Job Enrichment«, der ab 1970 verwendet wurde (Donauer 2014), verdeutlicht die Geisteshaltung der Arbeitswelt 3.0. Arbeitswissenschaftler der Human-Ressource Schule empfahlen den Unternehmen, konkrete Arbeitsinhalte als Quelle positiver Gefühle heranzuziehen. Man erkannte, dass nicht nur soziale Arbeitsbeziehungen auf die Leistungsfähigkeit der Mitarbeitenden einzahlte, sondern auch Herausforderung, Abwechslung und Eigenverantwortung. Zusätzlich sollten die Kontrollen nicht mehr durch den Vorgesetzten, sondern durch die Zielvorgaben von den Arbeitnehmern selbst überwacht werden, das Management by Objectives (der transaktionale Führungsstil) startete seinen Siegeszug in den Unternehmen. Damit würden Arbeitnehmer motiviert werden, ein Gefühl größer Autonomie erleben und sich freier und eigenverantwortlicher fühlen.

Boni, Aktienpakete, Awards und andere Anreize wurden als Universalmittel angesehen, um Motivation und Zufriedenheit der Mitarbeitenden zu erhalten oder zu steigern. Dass dabei der Mensch im behavioristischen Sinn als Reiz-Reaktionsmechanismus betrachtet wurde, hat offenbar nicht gestört. Dahinter steckt die Idee, dass menschliches Verhalten und damit auch Organisationen direkt steuerbar sind. Das systemische Denken, dass Organisationen als komplexe, lebende und nicht direkt steuerbare Systeme betrachtet werden, findet erst langsam seinen Einzug in die Betriebswirtschaftslehre. Auch die Ergebnisse der Motivationsforschung wurden und werden beharrlich ignoriert. Seit über vierzig Jahren repliziert sie die gleichen Forschungsergebnisse, die darauf hindeuten, dass extrinsische Anreize keinen Einfluss auf Qualität, Innovation oder Produktivität haben außer bei repetitiven, einfachen Arbeitsprozessen. Wer sich für das Thema Motivation interessiert, dem empfehlen wir die Bücher »Mythos Motivation« (Sprenger 2010) und »Drive« (Pink 2009).

Eine zunehmende internationale Konkurrenz erforderte flexiblere und anpassungsfähigere Produktionseinheiten und schnell austauschbare Mitarbeiter, die mehr als einen Produktionsschritt beherrschen (Donauer 2014: 12). Gefühle und Bedürfnisse beginnen, eine Rolle zu spielen, sie sind allerdings immer noch nur Mittel zum Zweck: Sie werden instrumentalisiert und dienen der ökonomischen Zielverwirklichungen, sich in einen messbaren finanziellen Nutzen überführen zu lassen. Obwohl nun der berufliche Weg weniger von der sozialen Herkunft abhing, gab es nach wie vor unterschiedliche Vermögensklassen und mit einem tieferen Einkommen war es schwieriger, eine gute Ausbildung zu bekommen (vor allem in Ländern wie den USA oder Großbritannien, wo die elitäre Hochschulbildung größtenteils privatisiert ist). Mit der dritten Industrialisierung begann, sich auch der Unterschied zwischen den Geschlechtern bezüglich Ausbildung und Einkommen auszugleichen. Trotzdem gibt es bis heute keine Gleichheit: Männer verdienen in der Schweiz 2016 immer noch durchschnittlich mindestens zehn Prozent mehr als Frauen in den gleichen Berufssparten und Ausbildungsniveaus (Kaiser und Möhr 2019).

Die Identifikation der Angestellten mit ihrer Arbeit erfolgte nicht mehr über ihr Klassenbewusstsein (erste Industrialisierung) oder die Firmenzugehörigkeit (zweite Industrialisierung), sondern über den »life style«, für welchen das Produkt der Firma stand. Während früher Selbstbild und Identifikation vor allem über Orientierung an Arbeitskollegen stattfand, spielt jetzt das eigene Freizeitverhalten eine zunehmend größere Rolle. Der Arbeitgeber sollte »cool« sein und im Lebenslauf positiv auffallen. Der Angestellte wiederum sollte flexibel und belastbar sein. Arbeit gestaltete sich immer mehr wie eine Zweckbeziehung mit einem Lebensabschnittspartner, die auf dem Prinzip einer Win-win-Konstellation beruhte (Curtis et al. 2002).

Menschlichkeit

Bedürfnisse nach Selbstverwirklichung und Autonomie spielen in der dritten industriellen Revolution auch im beruflichen Kontext zunehmend eine wichtigere Rolle. Den Anspruch an Menschlichkeit erfüllen aber die meisten Unternehmen auch in dieser Zeit nicht, was vor allem damit zu tun hat, dass der Mensch immer noch als Mittel zum Zweck betrachtet wird. Begriffe wie »Human Capital« oder »Human Ressource Management« unterstreichen dieses instrumentelle Verständnis des Menschen als Produktionsfaktor. Der vorherrschende Fokus auf Leistungsbeurteilung und Leistungskontrolle gibt dem Mitarbeitenden nicht den Raum, sich integral oder ganzheitlich als Mensch einzubringen. Es wird vor allem die analytische und rationale Seite angesprochen, die dazu führt, dass viele Menschen im beruflichen Kontext unbewusst oder bewusst ein »Impression Management« verfolgen. Darunter wird verstanden, dass Menschen sich so verhalten, wie sie glauben, dass es von ihnen erwartet wird, um ein möglichst vorteilhaftes Bild von sich zu geben. Es gilt als unprofessionell, sich schwach und verletzlich zu zeigen. Generell werden Gefühle als für den beruflichen Kontext deplatziert wahrgenommen (Keep emotions out). Vielmehr besteht die Idee, dass professionell bedeutet, sich vor allem souverän und entscheidungsstark zu zeigen und möglichst keine Schwäche oder Unsicherheiten zuzugeben.

2.5 Die vierte industrielle Revolution

Es gibt viele Unternehmen, die heute schon von sich behaupten, sie hätten den Sprung zu Industrie 4.0 bereits gemacht (Barbian et al. 2017: 47 f). Das ist insofern verwunderlich, weil wir uns anhand verschiedener Quellen und damit aus Sicht der Wissenschaft erst am Anfang der vierten Industrialisierung befinden. Wir haben im Folgenden Aspekte zusammengetragen, die sich von unterschiedlichen Perspektiven mit der vierten Industrialisierung beschäftigen: Nach Bolli (2018) und Deloitte (2015) nimmt in jeder Industrialisierung die Komplexität zu und so spricht man für die vierte Industrialisierung von Hyperkomplexität. Bolli gibt deshalb zu bedenken, dass viele Unternehmen für sich den Modebegriff »Industrie 4.0« beanspruchen, ohne seine Bedeutung wirklich verstanden oder auch nur ansatzweise in ihrer Struktur umgesetzt zu haben. »Es ist per se unmöglich, dass eine Organisation, gerade einmal knapp angekommen in der dritten Industrialisierung, die organisatorischen Belange von Technologien der vierten Industrialisierung von sich aus und ohne massive soziokulturelle Weiterentwicklung stemmen kann« (2018: 5). Hier ist interessant, dass von Seiten der Forschung direkt auf die Notwendigkeit hingewiesen wird, neben einer technologischen auch eine soziokulturelle Entwicklung anzustoßen. Die Vorteile, die sich aus der vierten industriellen Revolution ergeben können, können nur mit einem einhergehenden massiven Kulturwandel, begleitet durch einen Werte- und Mindset-Change in den Organisationen, erschlossen werden.

2.5.1 Industrie 4.0

Zunächst zum Begriff selbst: Die vierte industrielle Revolution beginnt um die Jahrtausendwende basierend auf der Digitalisierung mit den Merkmalen: allgegenwärtiges mobiles Internet, kleinere und leistungsfähigere Sender mit tiefen Herstellungskosten sowie künstliche Intelligenz und maschinelles Lernen. Kennzeichnend für die Industrie 4.0 sind die cyber-physischen Produktionssysteme: Dieser Begriff bezieht sich auf die Verschmelzung der realen und virtuellen Welt, indem sie den Unternehmen dabei helfen, ihre Wertschöpfungsnetzwerke in Bezug auf die Nachfrage beinahe in Echtzeit zu steuern und zu optimieren (Barbian et al. 2017). Dies geschieht, indem Produktionssysteme mit intelligenten Sensoren bestückt werden und so ausgestattet ihre Umwelt zur Datensammlung nutzen. Ein solches System soll via künstliche Intelligenz lernfähig sein, sich selbst optimieren und rekonfigurieren können, um Aufträge an die verändernden Bedingungen anzupassen (Mutschler 2016). Ein Beispiel wäre ein Kühlschrank, der die Verfügbarkeit und das Verfallsdatum von Lebensmitteln überwacht und eine Bestellung für den nächsten Lebensmittelladen aufgibt, wenn der Vorrat eines Lebensmittels unter eine bestimmten Grenze fällt (Kopetz und Steiner 2022).

Diese Bewegung macht auch vor dem Menschen nicht halt: in der Medizin sind heute Dinge möglich, die vor ein paar Jahren als unrealistisch galten. Menschen können durch Implantate im Gehirn ihren Arm wieder bewegen, Gehörlose können Musik fühlen und Blinde wieder sehen. Das sind positive Entwicklungen und doch stellt sich die Frage, wo die Grenze zwischen Menschen und Technik zukünftig verlaufen wird. Ein Begriff, der hier auftaucht, ist der Transhumanismus, eine philosophische Denkrichtung, deren Ziel es ist, den Menschen und die Technik zu verschmelzen. Dabei stellt sich die Frage nach den ethischen Grenzen des Menschen. Es gibt Transhumanisten, die die Zukunft in der totalen Technologisierung des Lebens sehen (Harari 2015; von Becker 2018). Darunter fällt die technische Optimierung des Menschen bis hin zur schlussendlichen Überwindung des Todes (Göcke und Meier-Hamidi 2018). Bereits heute gibt es anerkannte Cyborgs (ein Mischwesen aus einem Menschen und einer Maschine), wobei die Frage auftaucht, ab wann Menschen mit implantierte Technik Cyborgs werden (Weber und Zoglauer 2015). Sind Menschen mit einem Herzschrittmacher oder einer implantierten Retina bereits Cyborgs? In möglichen Zukunftsszenarien werden Cyborgs mit ihren technischen Geräten direkt verbunden sein können. Nach Elon Musk (Dowd 2017) sind Menschen bereits heute schon Cyborgs, denn das

Smartphone und der Computer können als Erweiterungen von uns gelten, mit der Schnittstelle unserer Finger oder Sprache. Vernetzung und Big Data spielen in diesem Kontext eine zentrale Rolle, da auch hier Unmengen von Daten produziert und verarbeitet werden müssen.

Aufbauend auf der Globalisierung und der Auflösung von Ländergrenzen für den Handel im Zug der dritten Industrialisierung profitieren Unternehmen, die selbst keine materiellen Güter produzieren von der Vernetzung des Warenverkehrs. Via weitreichender Netzwerke in den digitalen Medien und virtuellen Plattformen verbinden und kontrollieren diese Unternehmen Konsumenten wie Produzenten, deren Bedürfnisse sie aufgrund der Datensammlung kennen und beeinflussen können. Beispiele dieser Plattformen sind: Amazon (Produkte aller Art), Alibaba (Handel), Booking.com (Hotelbuchungen), Meta (soziale Netzwerke), UBER (Taxidienste), Airbnb (Übernachtungen). Daneben haben Unternehmen wie Apple, Samsung und Huawei, die ihre Gründungszeit teilweise in der dritten Industrialisierung haben, hauptsächlich als Hersteller von Hardware durch ihr Engagement in der Entwicklung von Software und in Kooperation mit Softwareentwicklern und Anbietern den Sprung in die vierte Industrialisierung geschafft. Andere globale Konzerne wie die Automobilindustrie sehen ihre Felle davon schwimmen und versuchen verzweifelt, ihre alten Businessmodelle durch ein bisschen Digitalisierung am Überleben zu halten. Doch hat BMW eine Chance, wenn Google seine selbstfahrenden Elektroautos zur Marktreife entwickelt haben wird und Google Maps für Konkurrenten sperrt?

Bei diesen Entwicklungen fällt auf, dass insbesondere Europa, das über seine hochstehende Maschinenindustrie Treiber der dritten Welle der Industrialisierung war, im Bereich der Computer- und Internettechnologien fast komplett von US-amerikanischen oder chinesischen Produkten abhängig geworden ist. Während die ersten drei Industrialisierungen über zwei Jahrhunderte den Aufstieg Europas zur Weltdominanz begründet haben, bezeugt die gegenwärtige Phase seinen markanten Bedeutungsverlust. Entwicklungspotenziale, auch für die europäische Industrie, könnten sich durch den Durchbruch des 3-D-Drucks und der auf Wasserstoff-Technologie basierenden Verbrennungsmotoren ergeben. Denn jegliche weitere Wegrationalisierung von menschlichen Arbeitsschritten durch Digitalisierung und Robotisierung nivelliert den Standortnachteil zu hoher Löhne, intensiviert aber den Bedarf und Vorteil gut ausgebildeter Ingenieure bei gleichzeitiger Rechts- und Investitionssicherheit. Hier bieten Länder wie Deutschland gegenüber Standorten in China oder Indien nach wie vor einen Vorteil. Sollte sich zudem der wasserstoffbetriebene Verbrennungsmotor durchsetzen, hätten die traditionellen Autoindustrien Europas, Japans und der USA einen erheblichen Vorteil: Der Elektromotor besteht aus vielen, aber wenig komplexen Einzelteilen und kann überall auf der Welt zusammengebaut werden. Ein Verbrennungsmotor dagegen ist viel komplexer und braucht entsprechend anderes Know-how sowie mehr Kapital.

Bezüglich der Finanzinstitute sind die großen Geschäfts- und Investmentbanken spätestens seit den 2000er-Jahre in bedrohliche Schieflage geraten: In diesen Jahren hat sich das Volumenwachstum der vergebenen Kredite und damit die gesamtgesellschaftlichen Schulden immer weiter vom stagnierenden Anstieg des Wachstums der Realwirtschaft entkoppelt. Die wahren Platzhirsche sind heute Investmentgesellschaften wie BlackRock oder Vanguard, welche im Jahre 2019 zusammen ein Anlagevermögen von knapp 12,4 Billionen US-Dollar verwalteten. Die größte Bank der USA, JPMorgan Chase, kommt dabei gerade mal auf 2,6 Billionen US-Dollar. Das Erfolgsrezept heißt »Aladdin« – ein Superrechner und Big Data-Sammelkrake im Besitz von BlackRock, der das Unternehmen zur »NSA&Google&Amazon« aller Wirtschaftsentscheidungen rund um den Globus macht. In anderen Worten ist BlackRock immer schneller und besser informiert als jeder andere Marktteilnehmer, was zu einer Übermächtigkeit führt. Die Investmententscheidungen von Sekundenbruchteilen werden auch nicht von Anlageprofis oder dem

Management, sondern von kühl kalkulierenden Algorithmen gefällt. Inzwischen sind BlackRock und Vanguard nicht nur im Silicon Valley bei praktisch jeder Firma Hauptaktionäre, sondern auch bei zahlreichen europäischen mittelständischen Unternehmen – Vernetzung und Big Data also auch hier (Buchter 2015).

Ein von der realen Welt weitgehend entkoppelter und dadurch nur beschränkt den physischen Begrenzungen unterworfene Markt ist der Cyber-Raum. Egal ob virtuelle Spiele, Beziehungen oder gar Reisen – für die digitale Parallelwelt wird relativ wenig Raum und Material benötigt – abgesehen von Strom für die Rechenleistungen und Rohstoffen für die Rechner. Die daraus entstehenden neuen digitalen Lebenswelten beeinflussen schon jetzt das reale, analoge »Hier und Jetzt« zwischen den Menschen grundlegend, mit welchen gesellschaftlichen sozialen und psychischen Auswirkungen ist noch ungewiss. Die bisher vorliegenden Studien kommen dabei zu sehr widersprüchlichen Ergebnissen – vom sozial entfremdeten Menschen bis zur Sozialutopie ist alles dabei.

Die Covid-Pandemie hat in vielen Ländern einen Digitalisierungsboom ausgelöst, der neue Arbeitsweisen etabliert hat: Viele ehemals physische Meetings werden online durchgeführt und Homeoffice ist für Organisationen selbstverständlicher geworden. Deshalb reduzieren Firmen Büroflächen, weil ein Teil der Belegschaft dauerhaft remote arbeitet. Trotzdem zeigte sich, dass der virtuelle Begegnungsraum Grenzen hat. Vor allem bei komplexeren Themen und längeren Meetings fällt es schwer, die Aufmerksamkeit und Konzentration hochzuhalten und die gleiche Kreativität zu aktivieren. Wir glauben, dass sich diese Einschränkungen auch nicht über zukünftige Virtual Reality Lösungen auflösen werden, denn die Virtuelle Realität hat auch ihre Grenzen und bleibt, wie der Name sagt, virtuell (Lanier 2017).Die vierte industrielle Revolution treibt nicht nur die Entgrenzung von Raum und Zeit weiter voran, sondern führt auch zu einer weiteren Auflösung von alten und der

Entstehung von neuen Ordnungen, Identitäten und Werten. Im Gegensatz zu den liberalen Credos von Individualismus, Freiheit und Effizienz werden nun von immer größeren Teilen der Zivilgesellschaft und der akademischen Welt als auch der Politik zusehends moralische Werte wie Wertschätzung von Menschenrechten, Toleranz bezüglich gesellschaftlicher Diversität und Verantwortung gegenüber Minderheiten und Umweltproblemen gepredigt. Auch globale Konzerne und große Unternehmen stimmen in den Kanon der wertegeführten Unternehmen ein. So haben Themen wie Nachhaltigkeit oder Diversität und Inklusion zumindest in den großen und insbesondere multinationalen Unternehmen einen festen Platz in der Agenda und werden durch eigene Abteilungen, Stellenbesetzungen und Programmen entsprechend vorangetrieben. Compliance heißt das eigens erschaffene Instrument, mit dessen Hilfe sich Unternehmen durch eigene Richtlinien zur Fairness verpflichten, die meist innerhalb der staatlichen Grenzen gelten. Bei vielen ist mehr Schein als Sein dabei und die Bemühungen werden aktiv als Werbetool genutzt, um sich dem erhofften Kundenkreis als ethisch besonders redlich zu positionieren. Positiv ist aber, dass Compliance grundsätzlich im Mainstream angekommen ist.

Ein weiteres relevantes Thema ist die Handhabung der Unmengen von Daten, die gesammelt und genutzt werden können. Dem Umgang mit Big Data kommt auch eine moralische Dimension zu: Wer darf diese Daten zu welchem Zweck benutzen und auswerten? Was darf eine Regierung mit welchem Grund speichern und abhören? Und wie können Unternehmen wie Meta, Twitter, Amazon, TikTok oder Alibaba verantwortungsvoll mit den Daten umgehen? Diese Themen sind relevant, da die Plattformen praktisch monopolistisch den Markt beherrschen und eng mit den Regierungen der konkurrierenden Hegemonien USA und China verbunden sind. Hier stellen sich weitere gesellschaftspolitische Fragen wie: Dürfen Unternehmen ihre Kundendaten oder deren Profile so benutzen, dass gezielt politische Werbung platziert werden darf? Hat der Kunde noch eine Kontrolle, was er wem bei welchem Austausch an Daten anvertraut? Wie bleibt das Recht auf Meinungsfreiheit gewährleistet, wenn Konzerne anhand selbstdefinierter Richtlinien Zensur betreiben? Und inwiefern ist es möglich, in Zukunft Kontrolle über die Entwicklung von künstlicher Intelligenz zu behalten, wenn zum Beispiel das Maschinenlernen noch selbstständiger wird?

2.5.2 Arbeit 4.0

Das Konzept »Arbeit 4.0« wurde 2015 im deutschsprachigen Raum vom Bundesministerium für Arbeit und Soziales vorgestellt (2015). Seither wird es von Gewerkschaften, Arbeitgebern und Industrieverbänden als auch Beratern international verwendet.

Betriebs- und volkswirtschaftliche Arbeitsbedingungen

Zunehmend werden nicht nur physische Produktionsprozesse von Robotern und Computern übernommen, sondern auch zentrale und typische Aufgaben aus dem Dienstleistungsbereich, wie das Sammeln und die Analyse von Informationen, aber auch die Betreuung von Kunden. Hier sind Roboter und Computer nicht nur billiger, sondern auch schlicht weg effizienter (Schwab 2016). Heute scheiden sich die Geister bei der Frage, welche Auswirkungen die vierte »digitale« Revolution auf den Arbeitsmarkt haben wird (Schwab 2016): Da gibt es diejenigen, die an ein Happy End glauben und überzeugt sind, dass die durch den technischen Fortschritt verdrängten Arbeitskräfte neue Stellen in sich neu entwickelnden Feldern finden werden und der Innovationsschub eine weitere Ära des Wohlstandes ermöglicht. Die Kritiker hingeben glauben, dass es zu einer Massenarbeitslosigkeit kommen wird, was in Kombination mit anderen heutigen Herausforderungen zu einer gesellschaftlichen und politischen Apokalypse führen kann. Klaus Schwab (2016) stellt in einer Übersicht Beispiele für Berufe mit hohem Automatisierungs- und geringem Automatisierungsrisiko vor: zu den ersteren gehören Aufgabenbereiche wie Telefonverkäufer, Steuerberater oder Versicherungssachverständige, die durch das Internet entweder überflüssig oder aufgrund ihrer prozesshaften

Abläufe einfacher von Computeralgorithmen durchgeführt werden können. Zur zweiten Berufsgruppe mit geringerem Risiko gehören Berufe wie Sozialarbeiter, Ingenieure, Mediziner und Psychologen, die bei der Arbeit 4.0 über Kompetenzen wie emotionale Intelligenz, Kreativität, Originalität, analytisches Denken, Innovations- und Teamgeist und die Fähigkeit, komplexe Probleme zu stehen, verfügen müssen (World Economic Forum 2018).

Politik

Der heutige politische Diskurs orientiert sich stark an der Agenda 2030, die seit 2012 von der UNO ausgearbeitet wurde und siebzehn Ziele für eine nachhaltige Entwicklung beinhaltet (United Nations 2020). 2015 haben sich alle einhundertdreiundneunzig Staaten verpflichtet, diese Nachhaltigkeitsziele bis 2030 umzusetzen. Neben dem nach wie vor geltenden Postulat nach Wirtschaftswachstum liegt somit der Schwerpunkt politischer Maßnahmen auf sozialer und ökologischer Nachhaltigkeit. Dieser politische Diskurs hat auch Auswirkungen auf die Unternehmen, die sich dem Thema Nachhaltigkeit anders stellen müssen als in den vorhergehenden Industrialisierungen: keine große Organisation kommt mehr an dem Thema vorbei. In der Politik wird immer deutlicher, dass die zu lösenden Probleme globaler Natur sind und daher auch globale und vernetzte Lösungen erfordern. Matthias Desmet zitiert hier Einsteins Zitat und schreibt dazu: »One cannot solve a problem using the same mindset that created it« (Desmet 2022). Wir werden später im Kapitel 3 auf diese Aussage eingehen, was es heißt, mit einer anderen Geisteshaltung ein Problem anzugehen.

Die Komplexität der Herausforderungen ist so anspruchsvoll, dass sie keiner mehr ganz versteht. Das führt bei vielen Menschen zu einer Überforderung und während sie sich für die komplexen Probleme einfache Lösungen wünschen, sorgen sie sich auch darum, ihren in den vergangenen Jahrzehnten erarbeiteten Wohlstand in der Zukunft zu verlieren. Menschen sind verunsichert, und es fällt dem Durchschnittsbürger immer schwieriger, sich umfassend in der heutigen Medienlandschaft zu informieren. Diese komplexen globalen

Herausforderungen haben Mitglieder des WEFs erkannt und 2004 unter Klaus Schwab das Forum der Young Global Leaders gegründet (World Economic Forum 2004). Die Idee dahinter wirkt einleuchtend: Zukünftige Führungspersönlichkeiten aus allen Nationen kommen zusammen, diskutieren mögliche Lösungsansätze und nehmen Einfluss über Grenzen und Sektoren hinweg für eine integrativere und nachhaltigere Zukunft. Knapp zwanzig Jahre später wird vom Gründer berichtet, dass die Alumni in vielen Regierungen Premierminister oder andere hohe Positionen eingenommen haben und Einfluss auf das politische Geschehen haben. Eine weitere Vision des WEFs ist eine globale Regierung, die von Unternehmen und Einzelpersonen geführt wird. Während grundsätzlich nichts gegen internationale Kooperationen spricht, fragen wir uns hier, ob durch solche Entwicklungen die demokratischen Prinzipien und mit ihr vor allem Meinungsvielfalt weiterhin gewährleistet sind.

So hat die Digitalisierung auf die Demokratie und demokratische Grundprinzipien einen widersprüchlichen Einfluss. Zum einen ermöglicht sie theoretisch eine bessere Meinungsbildung, gerade in diktatorischen Regimen: Viele Menschen könn(t)en sehr leicht an einem politischen Diskurs teilhaben und ihre Meinungen verbreiten. Zum anderen aber birgt die Digitalisierung große Gefahren für Demokratien: Durch die Sammlung von Daten kann ein Kontrollsystem geschaffen werden, mit dem die Bürger komplett überwacht und manipuliert werden können. Das gilt für Diktaturen wie demokratische Systeme gleichermaßen. Ein Beispiel ist der »Truckerconvoy« in Kanada Anfang 2022, als die Lastwagenfahrer Blockaden gegen das landesweite Impfmandat erstellten und die Regierung daraufhin mit dem Einfrieren der Bankkonten gedroht hat. Da stellt sich schon die Frage: Wie groß ist die Gefahr, dass eine mögliche totale Kontrolle das Recht auf Meinungsfreiheit und Meinungsäußerung untergräbt? Wie groß ist die Gefahr, dass in einer komplett digitalisierten Welt, Menschen erpressbar werden, weil ihre Privatsphäre nicht mehr geschützt ist?

Reflexion: Freiheit versus Digitalisierung

Wir laden Sie ein, das Buch beiseitezulegen und sich mit den folgenden Fragen zu beschäftigen: Welche Freiheiten sind Ihnen wichtig? Wie viel Freiheit sind Sie bereit, für die Sicherheit (beispielsweise im Verkehr oder in der Gesundheit) und Bequemlichkeit aufzugeben? In welchen Lebensbereichen sehen Sie die fortschreitende Digitalisierung als problematisch an, und wo heißen Sie sie willkommen?

Verhältnis zwischen Angestellten und Unternehmern

Die steigenden psychosomatischen Erkrankungen, die mit der entstandenen Leistungsgesellschaft einhergehen, sind alarmierend (Kivimäki et al. 2015; Martin 2013). Dem gegenüber stehen die Anforderungen der Generation Y (Geburtsjahr 1980 bis 2000) an die Arbeitswelt: Ihnen sind neben Spaß und Abenteuer sinnhafte Arbeitsinhalte genauso wichtig wie Freiheit und Unabhängigkeit (Berger 2012). Sie begegnet dem Arbeitgeber tendenziell mit einem großen Selbstverständnis und Selbstbewusstsein. So werden seit geraumer Zeit zunehmend Forderungen laut, die für eine ausgeglichenere Work-Life-Balance sorgen sollen: Homeoffice, Sabbaticals, Vaterschaftsurlaub, reduzierte Anstellungsgrade werden zunehmend erwartet. Das Thema Achtsamkeit wird ebenfalls einem größeren Teil der Gesellschaft zugänglich. Seit Google, SAP und andere Firmen sich Achtsamkeit auf ihre Fahnen geschrieben haben, offerieren immer mehr Unternehmen ihren Arbeitnehmern auch Kurse in Mindfulness, Meditation oder Yoga. Fraglich ist, aus welcher Haltung die Unternehmen diese Kurse anbieten: Ist das Ziel, die Leistungsfähigkeit der Mitarbeitenden zu erhöhen und dienen die Kurse damit der Produktivitätssteigerung, beziehungsweise der Attraktivität des Arbeitnehmers? Oder handelt es sich um wahrhaftige Wertschätzung und innere Überzeugung, dass es dem Menschen guttut, unabhängig von einem zweckorientierten Kalkül?

Der aus den Neunzigerjahren stammende transformationale Führungsstil, der in vielen Unternehmen noch als das State-of-the-Art-Führungsverständnis eingeführt wird, wird bereits durch neue Führungsformen abgelöst, wie Authentische, Wertschätzende, Bescheidene oder Reflektierende Führung, welche eine andere Haltung der Führungskraft zu ihren Mitarbeitenden betonen. Auch die Forderung, dass Führungskräfte sich eher als Coach verstehen sollten, beflügelt diese Veränderungsdynamik und wird für die auf Selbstorganisation setzenden Organisationsmodelle an Bedeutsamkeit gewinnen. Dennoch sind viele Organisationen mental noch in der zweiten oder dritten Industrialisierung verhaftet geblieben. In vielen Unternehmen werden weiterhin Mitarbeiterbeurteilungen verwendet, in denen kleinteilig und häufig einseitig das Verhalten der Mitarbeitenden bewertet wird.

Wir halten es gleichsam wie Christoph Hilgenfeld, der Mitarbeiterbeurteilungen bereits 1993 in der bekannten Form für einen tayloristischen Anachronismus hielt. Der Trend ist, dass die ersten Firmen Mitarbeiterbeurteilungen abschaffen und durch andere Formate des Feedbacks ersetzen.

Emotionen und Geisteshaltung

In der vierten Industrialisierung beobachten wir trotz der Technikaffinität eine Entwicklung, die im ersten Moment paradox erscheint, sich aber als logische Schlussfolgerung der Entwicklungen entpuppt: In dieser technologisierten Welt wird nicht nur viel mehr über Emotionen gesprochen, sondern auch von Führungskräften eingefordert. Selbst McKinsey fordert, dass sich Führungskräfte heute vor allem durch Fähigkeiten wie Achtsamkeit, Verletzlichkeit, Empathie und Mitgefühl auszeichnen sollten (d'Auria et al. 2020). In vielen Artikeln wird argumentiert, dass gerade in einer von Technik und Digitalisierung geprägten Organisationswelt zunehmend Fähigkeiten von Mitarbeitenden gefragt sind, die den sozialen oder kooperativen Kompetenzen zuzuordnen sind. Während früher analytische und rationale Fähigkeiten die Karriere bestimmt haben, scheinen die emotionalen Fähigkeiten bedeutsamer oder zumindest gleich bedeutsam zu werden (Dean und East, Soft Skills Needed for the 21st-Century Workforce 2019; Klammer 2017).

Aufgrund der Forderung nach mehr Kreativität und komplexer Problemlösungsfähigkeit, aber auch aufgrund der gestiegenen Bedürfnisse nach Unabhängigkeit und Autonomie braucht es neue Organisationsformen, die die Menschen interdisziplinär vernetzt und ihnen mehr Freiheiten gewährt. Dies erklärt die derzeitige Suche nach nicht-hierarchischen und agilen Organisationsstrukturen. Sie findet ihren Ausdruck in neuen Formen wie Soziokratie, Holokratie und anderen, die Selbstorganisation in den Mittelpunkt stellende Unternehmensformen. Darüber hinaus spielen in der vierten Industrialisierung auf einmal neben den bereits erwähnten Idealen der Nachhaltigkeit und Gleichheit auch das persönliche Wachstum eine zentrale Rolle. An der Spitze dieser neuen Entwicklung stehen Untersuchungen wie jene von Frederic Laloux (2014). In der Analyse von zwölf erfolgreichen Unternehmen identifiziert er verbindende Werte wie Selbst-Führung, Ganzheitlichkeit und Sinnhaftigkeit als treibende Kräfte. 2016 haben Robert Kegan und Lisa Laskow Lahey (2016) das Konzept »Deliberately Developmental Organizations« vorgestellt. Sie porträtieren Organisationen, die die persönliche Entwicklung der Mitarbeiter und deren wirtschaftliche Leistung gleich gewichten.

Obwohl die Werte der Nachhaltigkeit, Interdependenz und Rücksichtnahme in der Arbeitswelt in steigendem Masse propagiert werden, darf dies nicht darüber hinweg täuschen, dass wirtschaftliche Entscheidungen nach wie vor den Prinzipien der Gewinnmaximierung und des Wachstums unterworfen sind. Eine andere Denkhaltung ist auch zu Beginn der vierten Industrialisierung weder von einer Mehrheit von Unternehmenseignern noch von Mitarbeitenden zu beobachten. Dazu kommt, dass ein Unternehmen sich eine Wertediskussion leisten können muss. Erst wenn die Grundbedürfnisse gedeckt sind, was in den Wohlstandsländer der Fall ist, sind die Menschen für die Diskussion über eine neue Geisteshaltung erreichbar (Maslow 1958).

Menschlichkeit

Wie sich Organisationen in der vierten Industrialisierung zum Thema Menschlichkeit verhalten werden, ist nicht prognostizierbar. Sollte sich der digitale und technische Fokus durchsetzen, sehen wir schwarz für eine gelebte Menschlichkeit in Organisationen. Allerdings zeichnet sich gleichzeitig erstmals eine Geisteshaltung ab, die eine gelebte Kultur der Menschlichkeit in Organisationen überhaupt ermöglicht. In den Industrienationen haben viele Menschen einen Wohlstand erreicht, der das Bedürfnis nach materiellem Wohlstand so weit erfüllt, dass mehr Wohlstand nicht signifikant mehr Wohlbefinden auslöst. Der Wunsch und die Sehnsucht nach Sinnhaftigkeit und persönlicher Entwicklung findet nicht nur in privaten Weiterbildungsangeboten ihren Ausdruck, sondern beeinflusst auch die Frage, wie Organisationen dem gerecht werden können. Wie aber müsste eine Organisation aussehen, die Menschlichkeit als Kulturprinzip lebt?

2.6 Fazit

Die vorhergehenden Ausführungen zeigen, wie sehr sich die Arbeitswelt bereits gewandelt hat. Es wurde deutlich, wie einzelne Neuerungen und Innovationen weitere Neuerungen und Innovationen ausgelöst haben. Wir haben aufgezeigt, wie stark sich Vorstellungen in der Gesellschaft und das Selbstverständnis von Arbeitnehmern und Arbeitgebern in den letzten dreihundert Jahren verändert haben. In den Anfängen der Industrialisierung ist die Unmenschlichkeit, mit der Arbeiter behandelt wurden, kaum noch vorstellbar. Obwohl mit der zweiten Industrialisierung in Europa und Nordamerika die als unmenschlich zu bezeichnenden Arbeitsbedingungen verschwinden (abgesehen von der Zwangsarbeit im Zweiten Weltkrieg), werden die arbeitenden Menschen weiterhin nur als Produktionsfaktor gesehen. Das ändert sich auch nur scheinbar in der dritten Industrialisierung. Was die vierte industrielle Revolution im Hinblick auf eine Kultur der Menschlichkeit bringen wird, scheint derzeit noch offen. Sollte sich der Fokus auf die Technik und Digitalisierung konzentrieren, wie es Mitglieder des WEF (Parker 2016) oder Historiker (Harari 2015) sich vorstellen, würden wir vermuten, dass eine Kultur der Menschlichkeit oder ein Design humaner Unternehmen für viele Organisationen kein Thema wird, mit dem sie sich strategisch für die Zukunft aufstellen werden.

Wir beobachten die Tendenz, technische Möglichkeiten zu überschätzen. Es kursieren abenteuerliche Vermutungen, was in der nahen Zukunft möglich sein wird. Wenn Elon Musk davon ausgeht, dass sich das Gehirn und die menschlichen Fähigkeiten durch Technologie, Software und Hardware erweitern lassen, dann liegt dem ein Missverständnis zugrunde: Menschliches Denken operiert vollkommen anders als ein Computerprogramm oder künstliche Intelligenz. Insgesamt besteht in der vierten Industrialisierung sogar die Gefahr, dass durch diese Hybris der Technologisierung die Entwicklung der menschlichen Seite in Unternehmen zunehmend aus dem Blick gerät (Spiekermann 2022).

Dem gegenüber stehen viele neue Organisationsformen, die den Menschen ins Zentrum stellen (Kegan und Lahey 2016; Laloux 2014). Vielleicht ist eine Kultur der Menschlichkeit bereits in der vierten Industrialisierung möglich. Selbst wenn sich die vierte Industrialisierung nicht als die erweisen sollte, in der Menschlichkeit als Leitprinzip der Organisationsgestaltung gefordert wird, gibt es heute schon eine kleine Zahl von Wissenschaftlern und Beratern, die davon ausgehen, dass spätestens in einer weiteren Industrialisierungsform, die vorherrschenden Themen Kreislaufwirtschaft und Menschlichkeit sein werden (Bolli 2018). Sie sehen die reale Gefahr, dass in der vierten Industrialisierung Menschen lediglich als Erfüllungsgehilfen für künstliche Intelligenzen betrachtet werden und es noch eine weitere Industrialisierung braucht, bis sich tatsächlich menschzentrierte und nachhaltige Organisationskonzepte durchsetzen werden (Portmann 2022; Cokyasar 2022).

Halten wir fest: Mit der vierten Industrialisierung liegen neue Grundbedingungen in Geisteshaltung und Bewusstseinsentwicklung vor, die es wahrscheinlicher werden lassen, dass Menschlichkeit als Prinzip in Organisationen eine neue Bedeutsamkeit erlangen könnte. Wenn wir vor dreihundert Jahren jemanden erzählt hätten, wie wir heute arbeiten, wie in Organisationen kommuniziert wird und welche Themen in der Organisationsentwicklung diskutiert werden, dann wären wir als Utopisten abgeurteilt worden. Daher ermutigt uns dieser Rückblick und die Zeitreise, dass auch aus heutiger Sicht Entwicklungen möglich sein werden, die heute utopisch klingen mögen. Was aber umfasst eine Kultur der Menschlichkeit und wie könnte ein Design humaner Unternehmen aussehen? Damit beschäftigt sich aus verschiedenen theoretischen Perspektiven das folgende Kapitel, um darauf aufbauend ein Modell der Menschlichkeit zu entwickeln.

3.

Kultur der Menschlichkeit

»Drei Dinge sind im Leben eines Menschen wichtig. Erstens: Menschlichkeit. Zweitens: Menschlichkeit. Drittens: Menschlichkeit.«

Henry James, US-amerikanischer Erzähler

Eine Kultur der Menschlichkeit zu entwickeln, ist aus unserer Sicht nicht nur ethisch geboten, sondern auch ökonomisch notwendig. Die ökonomische Notwendigkeit ergibt sich aus der Erkenntnis, dass sich Organisationen schneller an eine stark verändernde Umwelt anpassen müssen, mithin agiler werden müssen. Gleichzeitig wird deutlich, dass Menschen sich andere Formen der Zusammenarbeit wünschen, in der sie mehr Sinnerfüllung erleben und in denen sie sich sowohl beruflich als auch persönlich entwickeln können, ohne den Preis einer krankmachenden eindimensionalen Leistungsorientierung zu zahlen. Die demografische Entwicklung und der Mangel an qualifizierten Mitarbeitenden erfordert allein aus ökonomischer Sicht, dass Organisationen Arbeitsumgebungen schaffen, in denen sie gute Mitarbeitende gewinnen und auch halten können.

Wir vertreten die Thesen, dass eine Kultur der Menschlichkeit

- ein Umfeld schafft, in dem Menschen ihr Potenzial entfalten können, Sinn erleben und sich professionell und persönlich weiterentwickeln und engagieren können.
- das Potenzial und die Zukunftsfähigkeit jeder Organisation nachhaltig positiv beeinflusst – kulturell als auch finanziell.
- die Kultur ist, die im Rahmen einer agilen Transformation entwickelt werden muss.

Jede Industrialisierung hat zu einer Zunahme an Komplexität geführt (Bolli 2018). Die Herausforderungen, vor denen Organisationen heute stehen, ist ein entsprechender Umgang mit dieser entstandenen Hyperkomplexität, die durch den Gigatrend Digitalisierung ausgelöst wurde (Linden und Wittmer 2018). Gigatrend deswegen, weil durch sie viele anderen Megatrends wie

Globalisierung, Mobilität, Wissenskultur, aber auch Individualisierung und New Work erst möglich werden (Zukunftsinstitut 2021). In dieser Hyperkomplexität suchen Organisationen nach neuen Antworten, um auf diese Herausforderung zu reagieren und eine davon ist Agilität: So sehen neunzig Prozent der befragten zehntausend Senior Exekutives einer Deloitte Studie zufolge Agilität und die sie ermöglichende Form der Zusammenarbeit als die Voraussetzung für den Erfolg ihrer Unternehmen (Denning 2018).

Aber derzeit geht man auch davon aus, dass die Hälfte der agilen Transformationen scheitern werden (Collab.net und Versione.com 2020, Clark 2022). In Literatur und Wissenschaft sind die Gründe hierfür klar benennbar: Es mangelt nicht an technischem Wissen über agile Methoden, sondern an einer Kultur und einem entsprechenden Mindset, die dazu führen, dass die neuen Methoden ihre Wirksamkeit entfalten können (Accenture 2021; Handscomb, Jaenicke, Khushpreet, Vasquez-McCall und Zaidi 2018); (Hofert 2018) (Hofert und Thomet 2019). Agile Transformation gelingt also nicht ohne gleichzeitige Kulturtransformation. Wieso wir überzeugt sind, dass gerade eine Kultur der Menschlichkeit agile Transformationen ermöglichen soll, darauf wollen wir im folgenden Kapitel eine Antwort geben. Dafür werden zunächst die Begrifflichkeiten Haltung, Mindset und Werte genauer unter die Lupe genommen und der Begriff der (Organisations-) Kultur definiert. Anschließend betrachten wir den Begriff »Menschlichkeit« und entwickeln das Modell »Kultur der Menschlichkeit«. So entsteht die Grundlage, um darzulegen, wie sich Agile Transformation und eine Kultur der Menschlichkeit bedingen.

3.1 Werte, Mindset, Haltung – ein Haltungsentwicklungsmodell

»Werte kann man nicht lehren, sondern nur vorleben.«

Viktor Frankl, österreichischer Neurologe und Psychiater

Die Begriffe Werte, Mindset und Haltung tauchen in der fachlichen Diskussion um Veränderungsprozesse und insbesondere auch um agile Transformationen immer wieder auf. Dabei werden die Begriffe in der Literatur häufig eher willkürlich und wenig präzise verwendet: Was genau ist mit Mindset gemeint und was beschreibt die Haltung? Worin unterscheiden sich Werte von diesen beiden Begriffen? Und wie prägen Werte, Mindset und Haltung das sichtbare Verhalten? Dazu betrachten wir zunächst das individuelle Verhalten in der Interaktion zwischen zwei Personen. In einem zweiten Schritt wird dann die Perspektive auf die Organisationsebene übertragen.

Unserem Haltungsentwicklungsmodell[1] liegt das Eisbergmodell zugrunde, das im Kern Folgendes aussagt: Wie bei einem Eisberg sind nur zwanzig Prozent von dem, was in der Kommunikation sowohl intrapersonell (in der eigenen Person) als auch interpersonell (zwischen Personen) passiert, sichtbar und beobachtbar. Die anderen achtzig Prozent befinden sich unter der Oberfläche, sind nicht zu beobachten und beeinflussen dennoch die Kommunikation. Da das Eisbergmodell kein geschütztes Modell ist, wird es ganz unterschiedlich mit Begrifflichkeiten ausgefüllt, sowohl was den sichtbaren Teil angeht als auch den unter der Oberfläche. Wir werden darin etwas Ordnung schaffen: Je tiefer die Begrifflichkeiten im Eisberg verortet sind, umso grundlegender und stärker ist ihr Einfluss auf unser Handeln und Verhalten, aber auch umso weniger bewusst und erfassbar sind diese Aspekte. Aus einer systemischen Perspektive findet Verhalten immer in einem Kontext statt, der dieses Verhalten beeinflusst und dieses Verhalten beeinflusst wiederum den Kontext. Wir haben es hier mit Wechselwirkungen zu tun. So kann es sein, dass der gleiche Mensch sich im privaten Kontext bei ähnlicher Fragestellung ganz anders verhält als im beruflichen Kontext. Insofern ist der Kontext immer mitzudenken und wird in der Grafik symbolisch durch einen Kreis dargestellt. Weiter beeinflussen natürlich nicht nur Werte, Mindset und Haltung das Verhalten, sondern auch die Gefühle und die individuelle Persönlichkeit. Eine extrovertierte Person wirkt anders, auch wenn sie die gleiche Haltung einnimmt wie eine introvertierte Person. Wenn jemand traurig, wütend oder frustriert ist, wird sie sich anders verhalten, als wenn die gleiche Person, fröhlich, wohlwollend und motiviert fühlt. Da nennen wir Stimmung und nicht Haltung. Was beeinflusst das Verhalten unabhängig von der Persönlichkeit und der jeweiligen Stimmung?

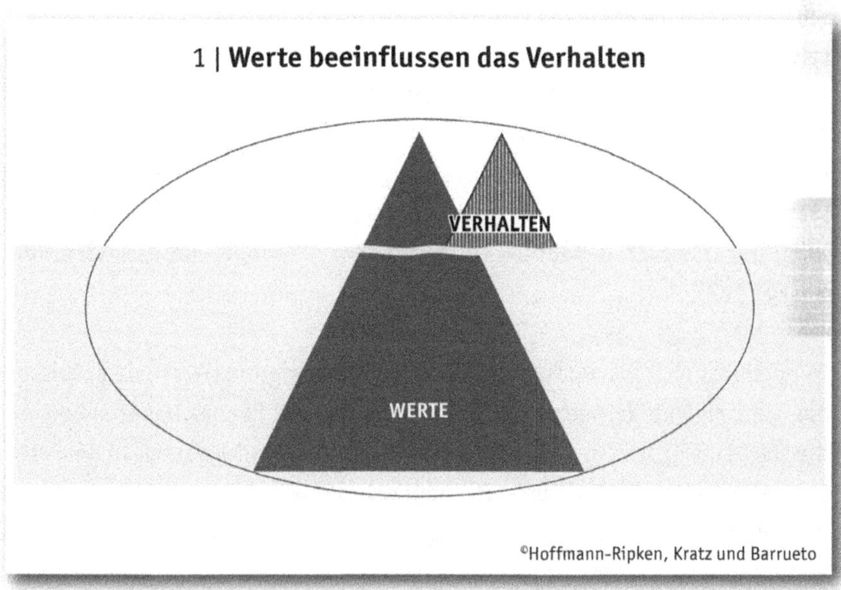

Werte: Etymologisch stammt der Begriff »Wert« aus dem Germanischen und meint sowohl »kostbar« als auch »werden«. Demnach sind Werte Qualitäten oder Eigenschaften, die aus der Perspektive eines Individuums oder einer sozialen Gruppe (Team, Unternehmen, Familie, Branchen) ethisch und moralisch als erstrebenswert betrachtet werden und an denen sich das Handeln ausrichten sollte. Dahinter verbirgt sich folgender Zusammenhang: Indem die geltenden Werte gelebt werden, wird Wert (also etwas Kostbares) geschaffen. Im philosophischen Diskurs beschreibt Wert ebenfalls einen wünschenswerten oder erstrebenswerten Zustand, der bewusst oder auch unbewusst verinnerlicht ist (Frey 2015: 7).

Werte sind demnach aus der Erfahrung heraus verinnerlichte Zielmaßstäbe, die das eigene Handeln beeinflussen (Kluckhohn 1953 und Rokeach 1973 zitiert in: Welzel 209). Die ausführlichste Definition haben wir bei Schwartz und Bilsky (1987) gefunden. Ihnen zufolge handelt es sich bei Werten um Konzepte und Überzeugungen, die (a) erstrebenswerte Verhaltensweisen und Ziele definieren, (b) situationsübergreifend sind, (c) Bewertungsmaßstäbe für Verhalten liefern und verhaltensregulierend wirken und (d) in sich und ihrer relativen Bedeutung untereinander geordnet sind (Schwartz und Bilsky 1987).

In einem ist sich die wissenschaftliche Forschung einig: Werte beeinflussen das menschliche Verhalten auf einer unbewussten Ebene. Daher sehen wir die Werte als die tiefste Ebene in Bezug zu Mindset und Haltung. In dem später vorgestellten Modell Spiral Dynamics wird deutlich, welchen Einfluss das individuelle Wertesystem auf die eigene Bewusstseinsentwicklung hat. Die Bedeutsamkeit der Werte drückt sich in dem Schichtenmodell so aus: Im Hintergrund wirken die Werte durch alle Ebenen des Eisbergs hindurch bis auf die Verhaltensebene.

Haltung: In der Psychologie gilt Haltung als ein wichtiges Konzept, das menschliches Verhalten beeinflusst. Seine Herkunft und Definition sind vage (Reber et al. 2009: 71).

Unsere wichtigsten Erkenntnisse sind:

1. Haltung zeigt sich in der sozialen Interaktion gegenüber Menschen oder auch Situationen.
2. Haltung entsteht aus einem zeitüberdauernden Zusammenspiel von bewussten Meinungen und Überzeugungen, Affekten und Emotionen sowie konkreten Verhaltensabsichten.

Haltung ist damit nicht direkt zu beobachten, sondern beschreibt eine implizite Denkweise, mit der Menschen auf andere Menschen oder Situationen reagieren.

Zum Beispiel:

- Ich verlasse mich nicht gern auf andere.
- Ich vertraue meinen Mitarbeitenden.
- Mir ist wichtig, dass ich meinen Mitarbeitenden auf Augenhöhe begegne.
- Mir ist wichtig, dass man mir in meiner Position Respekt entgegenbringt.
- Ich bin neugierig gegenüber neuen Situationen.
- Ich bin kritisch gegenüber neuen Situationen.

Mit diesen Denkweisen sind bestimmte Emotionen gekoppelt. Wichtig ist, dass zwischen aktuellen und situationsüberdauernden Emotionen unterschieden wird. Situationsüberdauerende Emotionen beschreiben die (Grund-) Haltung des betrachteten Menschen, wie neugierig, ernst, fröhlich oder skeptisch. Aktuelle Emotionen beschreiben Emotionen, die sich von dieser (Grund-) Haltung unterscheiden können. Auch ein sehr positiver und wohlwollender Mensch kann mal unwirsch und frustriert sein. Diese aktuellen Gefühle haben einen großen Einfluss auf die Stimmung, aber nicht auf die grundlegende Haltung.

Da sich die Haltung in der sozialen Interaktion zeigt und ein Ausdruck von bewussten Meinungen als auch konkreten Verhaltensabsichten ist, platzieren wir sie direkt unter der Oberfläche. Sie ist den Werten vorgelagert, weil sie leichter zu dechiffrieren ist. Nach den bisherigen Erkenntnissen wird das normale und erwartbare Verhalten einer Person neben seiner Persönlichkeit und der aktuellen Stimmung sowohl durch die Werte als auch durch die Haltung beeinflusst.

Mindset: Der Begriff Mindset setzt sich aus zwei englischen Wörtern zusammen: mind und set. »Mind« kann übersetzt werden mit Geist oder Verstand; »set« kann übersetzt werden mit »gesetzt« oder »festgelegt«. Mindset bedeutet ein in bestimmter Weise festgelegter Geist oder Verstand. Andere Begriffe für Mindset sind »cognitive maps«; »mental models« oder »belief structures«. Ursprünglich sind das sämtlich Begriffe, die aus der Kognitionspsychologie stammen (Hruby und Hanke 2014).

Im Folgenden verwenden wir Mindset als die Summe der vorherrschenden Glaubenssätze und zugrundliegende Annahmen oder auch die Summe der verinnerlichten Annahmen in Bezug auf einen bestimmen Lebensbereich. Jeder Mensch hat ein Bündel an Glaubenssätzen, die die eigene Person betreffen oder die Frage, wie Organisationen gestaltet sein sollten oder auch die das Konzept von Freundschaft oder Beziehung umfassen. Wir haben unterschiedliche Mindsets, die sich auf verschiedene Lebensbereiche und Lebenssituationen beziehen. Ähnlich wie Werte entwickeln sich Glaubenssätze aus gemachten Erfahrungen und den dabei unbewusst gezogenen Schlussfolgerungen und spiegeln ganz grundsätzliche Sichtweisen wider.

Mögliche Glaubenssätze, die sich auf die eigene Person beziehen, sind in aller Regel entweder ermutigend oder einschränkend, wie:

- Ich bin liebenswert. – Ich bin nicht liebenswert.
- Ich bin klug. – Ich bin dumm.
- Ich bin ein Versager. – Ich kann alles erreichen.
- Ich bin wichtig. – Ich bin unwichtig.

Mögliche Glaubenssätze, die sich auf andere Menschen beziehen oder die Wirkungsweise in der Welt beschreiben (wie Gesellschaft, Politik oder Organisationen), könnten so lauten:

- Menschen arbeiten nur unter Druck gut.
- Menschen übernehmen gerne Verantwortung.
- Privates und Geschäftliches muss man trennen.
- In Organisationen ist es besser, wenn wir uns nur auf der Sachebene bewegen.
- Emotionen haben in Organisationen nichts zu suchen.
- Kapitalismus ist der einzige Weg zu Wohlstand.

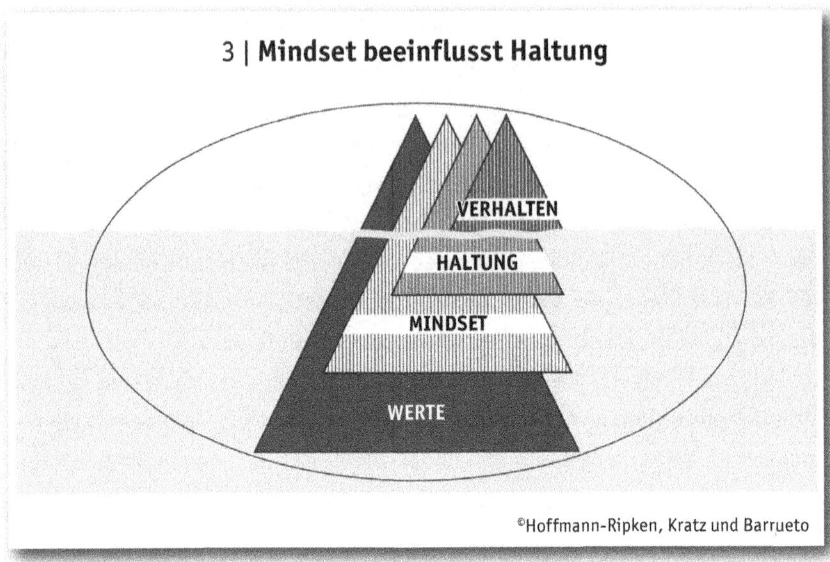

Anhand der Beispiele wird bereits deutlich, dass die in der jeweiligen Situation aktivierten Glaubenssätze die Haltung beeinflussen, mit der Menschen dann in die sozialen Interaktionen treten. Wie die Haltung schließlich aussieht, bestimmt sich sowohl durch den Mindset als auch durch die darunter liegenden Werte.

Beim Glaubenssatz, dass Menschen eher faul sind und ihren eigenen Vorteil suchen, wird je nach dem verinnerlichten Wertekonzept die Haltung und dann auch das Verhalten anders aussehen. Falls dieser Glaubenssatz auf ein Wertekonzept trifft, in dem Sicherheit, Ordnung und Struktur eine zentrale Rolle spielen, dann könnte eine dazu stimmige Haltung sein »Ich bin Menschen gegenüber misstrauisch« und das damit korrespondierende Verhalten könnte sich in Kontrolle und enger Führung ausdrücken. Ein Wertekonzept, das Leistung und Wettbewerb umfasst, wird mit dem Glaubenssatz, Mitarbeitende sind eher faul, vermutlich eine fordernde Haltung bewirken und ein Verhalten auslösen, das auf Leistungsanreize setzt.

Wichtig ist zu erkennen, dass sowohl Werte als auch Mindset die Haltung beeinflussen und damit das von der Person zu erwartende Verhalten. Wie Werte und Mindset zusammenhängen, erscheint diffuser. Wir gehen von einer gegenseitigen Beeinflussung aus, wobei das Mindset stärkeren Einfluss auf die Entwicklung der Werte hat als umgekehrt (dargestellt durch die Pfeile). Das Mindset verorten wir tiefer im Eisberg als die Haltung, aber nicht ganz so tief wie die Werte. In unserem Schichtenmodell liegt es daher vor den Werten und hinter der Haltung. Insgesamt ergibt sich jetzt folgende grafische Darstellung.

4 | **Einfluss von unterschiedlichen Werten und gleichem Mindset auf die Haltung**

Wichtig ist zu erkennen, dass Mindset und Werte nicht einseitig linear miteinander gekoppelt sind: Also gleiche Werte können auf unterschiedliche Mindsets treffen und zu unterschiedlichen Haltungen führen. Unterschiedliche Werte können auf gleiche Mindset treffen und ebenfalls zu unterschiedlichen Haltungen führen.

Wie können nun Werte, Mindset und Haltung verändert werden? Werte und Mindsets verändern sich durch alle Erfahrungen, die die bestehenden Werte und die bestehenden Mindsets irritieren. Diese Erfahrungen können sowohl konkrete Ereignisse im Leben sein (persönliche wie auch gesellschaftliche und politische Erlebnisse) als auch jede Lernerfahrung durch Wissensvermittlung. Veränderung passiert aber nur, wenn sowohl Ereignisse als auch Wissensvermittlung zu einer inneren Irritation führen. Diese Irritationen können auf einer unbewussten Ebene ablaufen oder aber auch bewusst provoziert werden. Bewusste Veränderung von Mindset und Haltung erfordert die Bereitschaft, sich selbst zu reflektierten. Im Coaching gibt es dafür verschiedene Methoden, die der Coach mit seinen Klienten anwendet.

Eine bewusste Veränderung von Mindset und Haltung gelingt im ersten Schritt über Wissensvermittlung und Reflexion. Damit sich aber neue Denkstrukturen im Gehirn verankern können, braucht es im zweiten Schritt neue Erfahrungen, die auf Erleben und Tun beruhen. Menschen müssen ermutigt werden, neues Verhalten auszuprobieren und neue Erfahrungen zu machen. Allerdings wird sich dieses Verhalten anfangs weder authentisch anfühlen noch authentisch wirken. Da braucht es schlicht und ergreifend Training – ganz nach dem Motto von Erich Kästner: »Es gibt nichts Gutes, außer man tut es« (Erich Kästner) oder »fake it until you make it«[2]. Nur durch Training, Erfahrung und Ausprobieren können Mindset und Haltung verändert und schließlich Stimmigkeit mit dem Verhalten erreicht werden. Den Preis, den Menschen zahlen müssen, wenn sie bewusst in eine Veränderung gehen wollen, ist dieses Gefühl, sich für eine Weile nicht authentisch zu fühlen, bis sie eine neue Authentizität erreicht haben.

Nehmen wir folgendes Beispiel eines Klienten von uns: Es handelt sich dabei um eine Führungskraft, die von einem sehr hierarchisch geführten Unternehmen in ein Unternehmen wechselt, das sich »Servant Leadership« auf die Fahnen geschrieben hat, ein Führungsstil, indem Führungspersonen sich als Dienstleister gegenüber ihren Mitarbeitenden verstehen. Dieser Klient merkt schnell, dass er mit seinem alten hierarchischen Führungsverständnis auf Widerstand stößt. Er versucht, sein Verhalten anzupassen, aber das Verhalten stimmt nicht mit der inneren Haltung und seinen (unbewussten) Glaubenssätzen überein, was dazu führt, dass seine Versuche, sich für seine Mitarbeitenden zu interessieren, unecht erscheinen und keine Resonanz beim Gegenüber auslösen. Das Verhalten wirkt taktisch und nicht stimmig. In dem ihm angebotenen Coaching geht es zunächst darum, seiner Haltung und seinen Glaubenssätzen auf die Spur zu kommen, die eine Auswirkung auf sein Verständnis als Führungskraft haben. Ziel ist es, sowohl Haltung als auch Glaubenssätze zu hinterfragen und schließlich neu zu konstruieren, sodass Mindset, die sich daraus ergebende Haltung und das neu zu lernende Verhalten wieder als stimmig erlebt werden. Letztlich entscheidet also die Haltung, ob Verhalten als authentisch wahrgenommen wird. Durch diesen Prozess kann, muss sich aber nicht das Wertekonzept verändern.

Carol Dweck (2006) hat mit ihrer Benennung des »Growth« und »Fixed Mindset« für Aufsehen gesorgt, weshalb wir das Konzept hier vorstellen und unserem Modell zuordnen. Dweck ist Professorin für Psychologie in Stanford und hat sich stark mit Motivations- und Entwicklungspsychologie beschäftigt. Das von ihr beschriebene Mindset beschreibt zwei fundamentale Glaubenssätze in Bezug auf die Lernfähigkeit: Fixed Mindset basiert auf dem Glaubenssatz, dass Intelligenz und Talent angeboren sind und sich nicht ändern lassen. Growth Mindset basiert auf dem Glaubenssatz, dass Intelligenz und Talent entwicklungsfähig sind. Aus diesen beiden Glaubenssätzen leiten sich bestimmte Haltungen ab, wie Menschen mit Herausforderungen umgehen. Ihre Forschungsergebnisse legen nah, dass der Umgang mit diesen Situationen nicht durch die angeborenen Eigenschaften bestimmt wird, sondern durch diese beiden verinnerlichten Glaubenssätze und die dazu korrespondierenden Haltungen. In der nachfolgenden Tabelle beschreibt sie die unterschiedlichen Haltungen, die sich aus diesen beiden Mindsets ergeben:

5 | **Fixed und Growth Mindset**	
Menschen, denen ein Fixed Mindset zugeschrieben wird, • sehen Herausforderungen als Situationen, die möglichst zu vermeiden sind, • bewerten Hindernisse als ein Zeichen, dass es ratsamer ist, aufzugeben, • sehen Anstrengung als nutzlos, • sind der Meinung, dass Kritik vor allem zu ignorieren ist und • fühlen sich durch den Erfolg anderer eher verängstigt und entmutigt.	Menschen, denen ein Growth Mindset zugeschrieben wird, • begegnen Herausforderungen mit Neugierde, • sehen Hindernisse als Möglichkeiten, daran zu wachsen, • bewerten Anstrengung als den Weg, um wirklich gut zu werden, • sehen die Chance, aus Kritik zu lernen und • bewerten den Erfolg anderer als eine Möglichkeit, daraus für sich selbst zu lernen.

© nach Dweck (2006)

Die korrespondierenden Emotionen eines Menschen mit einem Fixed Mindset sind tendenziell frustriert und angestrengt, vielleicht auch resigniert, die eines Menschen mit Growth Mindset eher optimistisch, energetisch und mutig. Hier zeigt sich, wie das Mindset die situationsüberdauernden Grundgefühle beeinflusst, die sich in der Haltung widerspiegeln. Diese sehr eingängige, aber auch komplexitätsreduzierende dichotome Unterscheidung darf nicht darüber hinwegtäuschen, dass das Konzept von Carol Dweck sehr viel differenzierter ist, als es hier jetzt geschildert wird. Sie geht davon aus, dass wir in unterschiedlichen Lebenssituationen mal ein Fixed und oder auch mal ein Growth Mindset haben können. Aber auch hier spielen die verinnerlichten Werte eine Rolle, wie sich eine Person verhält. So ist zu vermuten, dass eine Person mit einem Growth Mindset sich anders verhalten wird, je nachdem ob sie sich beispielsweise an dem Wert Leistungsorientierung ausrichtet oder Harmonie.

3.2 Organisationskultur als Zusammenspiel von Haltung, Mindsets und Werten

Das Modell vom Zusammenspiel von Werten, Mindset und Haltung wird nun auf Organisationen übertragen. Wie geschieht dieses? Die Entwicklung von Haltungen, Mindsets und Werten ist nicht nur ein individuelles Phänomen, sondern vollzieht sich auch in Gruppen, wenn viele Menschen zusammenkommen und über einen gewissen Zeitraum kontinuierlich interagieren. Aus den gruppendynamischen Prozessen entstehen (selbstorganisiert) kollektive Muster, nach denen sich die Menschen in dieser Gruppe wiederum ausrichten und die sich in organisationalen Werten, Mindsets und Haltungen verankern. Diese von und in der Organisation gelebten Werte, Mindsets und Haltungen können zu den individuellen Werten, Mindsets und Haltungen der Mitglieder dieser Gruppe unterschiedlich sein. Auf Organisationen übertragen bilden diese Werte, Mindsets und Haltungen zusammen die Organisationskultur, die das Verhalten der Organisationsmitglieder auf einer beobachtbaren Ebene beeinflussen. Wie auch Individuen sich der eigenen persönlichen Werte, Mindsets und Haltungen häufig nicht bewusst sind, sind sich auch Organisationen ihrer eigenen Kultur häufig nicht oder zumindest nur in Teilen bewusst. Kultur stammt vom lateinischen Wort »cultura« ab, das übersetzt die Bedeutungen »Bebauung«, »Bestellung« und »Pflege« hat. Metaphorisch entspricht die Kultur dem Boden im Ackerbau, auf dem etwas gedeiht.

Übertragen wir alle Ebenen unseres individuellen Haltungsentwicklungsmodells auf Organisationen, können wir anhand von Beispielen das Folgende aussagen:

Verhalten auf der beobachtbaren Ebene umfasst alle sichtbaren, konkret beobachtbaren Artefakte einer Organisation. Das sind sowohl die analogen als auch die abstrakten Artefakte. Analoge Artefakte wären die Gebäude, die Büroeinrichtungen, Duschen, Fitnessräume, Kantinen oder auch markierten

Parkplätzen für das Management. Abstrakte Artefakte wären niedergeschriebene Strukturen und Prozesse, wie das Organigramm, Prozessvorgaben, aber auch Leitbilder und ausformulierte Werte, Mission und Vision der Organisation. Weiter gehört das konkret beobachtbare und sich wiederholende Verhalten der Organisationsmitglieder (Muster) dazu, wie beispielsweise,

- dass man Vorgesetzten eher nicht widerspricht oder dass alles in dieser Organisation diskutiert wird,
- dass Mitarbeitende eher zu spät kommen oder alle pünktlich zu Sitzungen kommen und
- dass der Großteil der Mitarbeitenden gegen siebzehn Uhr das Unternehmen verlassen oder dass alle bis spät in die Nacht im Büro sind.

Anhand des Umgangs mit Arbeitszeitregelungen auf der konkreten Verhaltensebene kann das Zusammenwirken von Haltung, Mindset und Werten auf der Organisationsebene verdeutlichen werden. Es gibt Organisationen, die Ganzjahresarbeitszeiten etabliert haben. Hier müssen die Mitarbeitenden übers gesamte Jahr eine bestimmte Anzahl an Stunden gearbeitet haben, aber sie sind in der Aufteilung, wann sie im Jahr wie viel arbeiten, frei. Die Haltung, die dahinter steckt, könnte sein,

- dass man Mitarbeitenden mehr Freiheit geben möchte oder aber auch
- dass man die Arbeitszeit von Mitarbeitenden bestmöglich nutzen möchte.

Welche Haltung erlebt wird, hängt vom Mindset ab und von den dahinter liegenden Werten. Im ersten Fall könnte folgender Glaubenssatz hinter der Haltung stehen: Menschen arbeiten motivierter, wenn sie mehr Freiraum haben. Die dahinter liegenden Werte könnten Leistungsorientierung und Erfolg sein oder auch persönliche Entwicklung, Rücksichtnahme und Beziehung. Im zweiten Fall könnte aber auch ein ganz anderer Glaubenssatz dahinterstecken, wie: Menschen sind dann bereit, auch über ihre Grenzen zu gehen und weitaus mehr zu arbeiten, wenn sie die Freiheit haben, sich dafür entscheiden zu können.

Wir kennen eine Wirtschaftsprüfungsgesellschaft, die das System der Ganzjahreszeit etabliert hat, weil das Unternehmens weiß, dass es zu bestimmten Zeiten im Jahr eine enorme Arbeitsbelastung gibt, in denen die Mitarbeitenden weitaus mehr arbeiten müssen, als es die Regelarbeitszeit erlauben würde. Je nach Mindset und je nachdem, welche Werte diese Wirtschaftsprüfungsgesellschaft verinnerlicht hat, wird der Umgang mit der Arbeitszeit in der Organisation anders wahrgenommen und erlebt.

Das Konzept der Organisationskultur wird erst ab Mitte der Achtzigerjahre intensiv in der theoretischen und anwendungsorientierten Organisations- und Managementliteratur diskutiert. Allen voran hat Edgar Schein mit seinen Arbeiten den Begriff der Organisationskultur geprägt und damit ein Forschungsfeld eröffnet, in dem heute ganz unterschiedliche theoretische und konzeptionelle Ansätze unterschieden werden (Baitsch und Nagel 2008).

Unabhängig davon, welche der theoretischen oder konzeptionellen Ansätze gewählt werden, besteht in der Managementforschung heute weitgehend Einigkeit über drei wesentliche Aspekte, die die Organisationskultur betreffen:

- Organisationskultur ist ein Wettbewerbsfaktor und beeinflusst unter anderem Kosten, Leistungsfähigkeit und Profitabilität der Organisation;
- Organisationskultur dient als Entscheidungsprämisse und beeinflusst damit das Handeln der Akteure in der Organisation;
- Organisationskultur ist weder direkt beobachtbar noch direkt gestaltbar und nur indirekt veränderbar.

Daraus lassen sich zwei Schlussfolgerungen ziehen:

- Organisationskultur ist für den Fortbestand und den Erfolg einer Organisation sehr wichtig;
- Die Veränderung einer bestehenden Organisationskultur ist eine Herausforderung, für die es keinen Masterplan gibt, sondern die sehr organisationsspezifisch gestaltet werden muss;

Damit möchten wir auch gleich für mögliche Erwartungen von Lesenden klären:

> Auch dieses Buch liefert keinen Masterplan, wie Sie im Schnellverfahren Ihre Organisationskultur verändern können. Wir möchten vielmehr darauf hinweisen, wie komplex ganzheitliche Transformationen von Organisationen sind und dass sie nur gelingen könnten, wenn auch die Organisationskultur mitgedacht und in die gewünschte Richtung beeinflusst wird.

Oft wird in Strategie- und Organisationentwicklungsprozessen als erster Schritt die angestrebte oder gewünschte Kultur definiert, indem Werte benannt werden und Leitbilder ausformuliert werden. Davon raten wir allerdings als ersten Schritt ab, vor allem wenn die gewünschten positiven Werte und Leitbilder in starkem Widerspruch zum gelebten Verhalten stehen. Denn das erzeugt meist mehr Sarkasmus bei den Mitarbeitenden als Motivation, sich für einen Wandel der Organisationskultur einzusetzen. Vielmehr wäre es gut, sowohl selbstkritisch als auch wohlwollend gemeinsam eine Sprache zu finden, wie die Organisationskultur erlebt wird. Erst im nächsten Schritt könnte man definieren, was das Ziel wäre, an welchen Werten sich die Organisation ausrichten möchte, welchen Mindset sie mehr leben möchte und welche Haltung sie intern als auch extern einnehmen möchte. Eine Möglichkeit, die gelebte Kultur zu erfassen, bieten wir mit dem in diesem Buch entwickelten Fragebogen als auch Ideen für entsprechende Workshops an (siehe auch »Digitale Playbox zum Buch«).

Zusammengefasst ist die Organisationskultur ein Zusammenspiel von unbewusst verinnerlichten Werten und Glaubenssätzen (Mindsets), aus denen sich eine Haltung ergibt, die Menschen dann wiederum mehrheitlich in dieser Organisation in der sozialen Interaktion leben und erleben. Eine Veränderung der Organisationskultur kann auf der Haltungs-, Mindset- und Werte-Ebene stattfinden. Je umfassender eine Transformation ist, umso wichtiger wird auch ein Wertewandel.

Im nächsten Schritt erläutern wir, was Menschlichkeit bedeutet und wie eine Kultur der Menschlichkeit aussehen könnte. Darauf aufbauend analysieren wir, warum eine Kultur der Menschlichkeit eine notwendige Rahmenbedingung für gelingende agile Transformationen ist.

3.3 Menschlichkeit in Organisationen – was bedeutet das?

Menschlichkeit und menschlich werden in der Alltagssprache sehr unterschiedlich verwendet. Während Menschlichkeit mit Begriffen wie Respekt, Wertschätzung, Empathie, Mitgefühl, Verständnis, Toleranz und Fairness verbunden wird, wird menschlich häufig als Entschuldigung herangezogen, wenn etwas nicht funktioniert hat. Nach dem Motto: »Das ist menschlich, dass man etwas vergisst«, oder »Das ist menschlich, wenn man nicht so konzentriert ist«. Daher versuchen wir, das Adjektiv »menschlich« in diesem Buch zu vermeiden. Stattdessen verwenden wir den Begriff »Kultur der Menschlichkeit« oder auch das Design humaner Unternehmen – auch wenn der Sprachfluss dadurch manchmal etwas komplizierter wird.

Reflexion: Kultur der Menschlichkeit in Ihrer Organisation
Wir laden Sie an dieser Stelle ein, kurz das Buch zur Seite zu legen und sich selbst zu überlegen: Was können Sie in einer Organisation beobachten, die Menschlichkeit in den Mittelpunkt ihrer Kulturentwicklung stellt?
Wenn Ihnen dazu nichts einfällt, dann überlegen Sie sich, was Sie als das Gegenteil von Menschlichkeit in einer Organisation erleben.
Falls Sie in einer Organisation tätig sind: Was ist Ihre Einschätzung auf einer Skala von 0 bis 10 (0 ist gar nicht erfüllt – 10 wäre optimal)? Wo würden Sie Ihre Organisation in Bezug auf eine Kultur der Menschlichkeit einordnen?

Der Begriff »Menschlichkeit«

Der Begriff Menschlichkeit kann rein definitorisch betrachtet werden, indem er beschreibt, was den Menschen von anderen Lebewesen unterscheidet.

Bei Menschlichkeit schwingt auch eine normative Zuschreibung mit, indem Menschlichkeit auf all die Eigenschaften, Verhaltensweisen, Denkweisen, aber auch Bedürfnisse rekurriert, in denen der Mensch das Gute, Schöne und Wahre in sich zeigt. Dabei bleibt fraglich, was in der jeweiligen Weltanschauung gut, schön und wahr ist.

Der Duden definiert Menschlichkeit als »das Sein, Dasein als Mensch, als menschliches Wesen«. Aus der humanistischen Philosophie und Psychologie umfasst Menschlichkeit die folgenden Fähigkeiten, Verhaltensweisen oder Denkweisen: Fähigkeit zur Anteilnahme und Verständnis für andere Menschen, Hilfsbereitschaft, Rücksichtnahme, Freundlichkeit, Wohlwollen, Fairness, Entgegenkommen, Toleranz, Vorurteilsfreiheit, Gleichwertigkeit und Respekt gegenüber der Würde jedes einzelnen.

Organisationen, in denen Menschlichkeit ein kulturgestaltendes Element ist, wären also Organisationen, in denen Menschen diese Eigenschaften, Verhaltensweisen, Bedürfnisse und Denkweisen entfalten, leben und erleben können.

Notwendige Bedingungen von Menschlichkeit

Menschlichkeit in Organisationen setzen notwendige Bedingungen voraus, die aber noch nicht hinreichend sind, um von einer Kultur der Menschlichkeit zu sprechen:

Fairer und gerechter Lohn, der zunächst einmal von den Beteiligten als fair empfunden wird und von dem ein menschenwürdiges Leben möglich ist. In vielen Ländern gibt es einen Mindestlohn, der genau diesen Anspruch erfüllen sollte. Gerecht bedeutet in erster Linie, dass die Entlohnung von gleicher Arbeit gleich ist.

Sichere Arbeitsbedingungen sollen gewährleisten, dass die Arbeit nicht gesundheitsschädigend ist und für die physische und bis zu einem gewissen Grad auch psychische Sicherheit gesorgt ist. Dazu gehören sowohl sichere Arbeitsumgebungen, wie Schutz vor giftigen Ausdünstungen und vor gefährlichen Maschinen und sichere Gebäude, als auch allgemeine Arbeitsbedingungen, wie entsprechende Schutzkleidung und Pausen- und Ferienregelungen.

Auch hier gibt es Organisationen in der westlichen Hemisphäre und in den Schwellen- und Entwicklungsländern, die diese notwendigen Bedingungen einer Menschlichkeit nicht erfüllen, obwohl einige dieser Bedingungen mit der 1948 von der Generalversammlung der UNO verabschiedeten, allgemeinen Erklärung der Menschenrechte verankert sind, wie in Artikel 23 und Artikel 24 Recht auf Arbeit, gleicher Lohn und Koalitionsfreiheit sowie Recht auf Erholung festgelegt sind.

Auf die Aspekte der notwendigen Bedingungen für Menschlichkeit gehen wir nicht weiter ein, weil sie aus heutiger Sicht selbstverständlich sind, wenn wir von einer Kultur der Menschlichkeit reden. Sie bilden die Voraussetzung dafür, dass Organisationen ein Gesicht der Menschlichkeit zeigen. Aber sie reichen nicht aus, damit Organisationen Menschlichkeit als Kulturprinzip wirklich leben. Sie sind eben die notwendigen Bedingungen, aber keineswegs die hinreichenden.

3.4 Menschlichkeit aus verschiedenen Perspektiven

Im Folgenden untersuchen wir, was aus unterschiedlichen Perspektiven Menschlichkeit in Organisationen umfasst und welche Auswirkungen das auf die Organisationskultur hat.

3.4.1 Die integrale Perspektive

Als Erstes möchten wir Menschlichkeit in Organisationen mit dem Vier-Quadranten Modell aus der Integralen Theorie von Ken Wilber[3] analysieren (Wilber 1996, 2001). Nach dem Vier-Quadranten-Modell kann jedes Phänomen aus vier verschiedenen Perspektiven betrachtet werden, die sich aus je zwei dichotomen Begrifflichkeiten ergeben: Außen- und Innenperspektive sowie individuelle und kollektive Perspektive.

Bevor wir die weiteren Implikationen des Modells auf Organisationen und eine Kultur der Menschlichkeit hin analysieren, erläutern wir die unterschiedlichen Quadranten.

Der Ich-Raum beschreibt das nicht beobachtbare und nur individuell erfahrbare Erleben eines Menschen. Dieser Ich-Raum definiert sich über die gegenwärtige Gefühls- und Gedankenwelt einer Person sowie über ihre als wesentlich erachteten Werte. Menschen, die hauptsächlich aus dem

6 | **Die vier Quadranten**

INNENSICHT	AUSSENSICHT
Ich-Raum Bewusstsein, Gedanken, Gefühle, Werte, Bedürfnisse, innere Zustände, Mentalität, Einstellung, Vision Phänomenologie, Psychologie, Strukturalismus Der Mensch ist ein bewusstes, empfindendes Wesen.	**Es-Raum** (Singular) Verhalten, Auftreten, gezeigte Fähigkeiten, messbare Leistung, Körper, Physiologie, Organismus Naturwissenschaften, Verhaltensforschung Der Mensch ist ein biologisches Verhaltensobjekt.
Wir -Raum Kulturelle Prägungen, geteilte Bedeutungen, Beziehungen, Gruppengeist, kollektive Ethik, gesellschaftliche Werte Hermeneutik, Kulturelle Soziologie Der Mensch ist ein soziales Beziehungswesen.	**Es-Raum** (Plural) Umwelt, Systeme, Regeln, Gesellschaftsstrukturen, Wissenschaft, Technologie, Medien, Märkte, Globus Ökonomie, Ökologie, Systemwissenschaften Der Mensch ist Teil von Systemen.

Ich

Wir

© nach Wilber

Ich-Raum ihr Leben gestalten, fragen sich nach dem inneren Wert, wenn sie etwas tun. Sie sind mit den eigenen Gefühlen und Bedürfnissen verbunden und haben eine gute Grundlage für emotionale Selbstachtsamkeit (intrapersonelle Fähigkeiten). Je achtsamer Menschen nach innen sind, umso eher sind sie sich ihres Ich-Raums bewusst.

Der Wir-Raum beschreibt die in einer betrachteten Gemeinschaft geteilten Werte. Zum Wir-Raum gehört die Verbindung vom »Ich« mit den anderen (interpersonelle Fähigkeiten), die Kommunikation der eigenen Bedürfnisse mit einem oder auch mehreren Menschen sowie auch das Verständnis, was diese Kommunikation beim Gegenüber auslösen kann. Menschen, die stark im Wir-Raum zu Hause sind, erachten Beziehungen, Harmonie oder auch die Meinungen von anderen Menschen als sehr wichtig. Wie auch der Ich-Raum ist der Wir-Raum nicht direkt beobachtbar und schon gar nicht direkt gestaltbar. Ausdruck findet der Wir-Raum über die geteilte Sprache, Symbole, Normen, Rituale, die wir nur in dem jeweiligen kulturellen Kontext lernen und verstehen können. In Organisationen umfasst der Wir-Raum die gelebte Kultur, die nicht direkt beobachtbar ist, nach der sich aber Menschen unbewusst in ihrem Verhalten ausrichten. Die Kultur liefert Entscheidungsprämissen, die Menschen intuitiv erfassen, an denen sie sich orientieren und so ihr gemeinsames Verhalten synchronisieren.

Im Es-Raum Singular spielt alles, was in Bezug auf einen einzelnen Menschen messbar und wissenschaftlich, respektive objektiv beobachtbar ist, eine Rolle. In Organisationen sind das Verhalten und Kompetenzen. Menschen, die vor allem aus dem oberen rechten Quadranten handeln, orientieren sich an dem Faktischen. Auf sich selbst bezogen richten sie ihr Leben weniger an dem aus, was sie fühlen und spüren, als vielmehr, was bestenfalls wissenschaftlich bestätigt als gut und erstrebenswert angesehen wird. Sie haben eine sehr gute Fähigkeit, zu beobachten und nehmen kleine Veränderungen oder Abweichungen wahr, haben also eine Achtsamkeit nach außen.

Es-Raum Plural: Auch hier geht es um messbare Aspekte der zu beobachteten Umwelt. Bezogen auf Organisationen sind das Strukturen, Prozesse, Strategien, Organisationstheorien et cetera. Menschen, die vornehmlich aus dieser Perspektive agieren, sehen gern das größere Bild vor einer Entscheidung, sie benutzen Strategien, Karten oder Übersichten, um etwas besser zu verstehen und danach zu entscheiden. Intuition und Gefühle (Ich-Raum) werden als weniger bedeutsam und teilweise störend angesehen, weil sie als irrational gelten.

Wenn wir das Modell benutzen, um zu verstehen, aus welcher Dimension heraus eine Person die Welt wahrnimmt, sprechen wir von den vier Quadranten eines Individuums (Dimensionen). Andersherum kann jedes Phänomen von den vier Räumen ausgehend analysiert werden. In dem Fall spricht man von den Perspektiven der vier Quadrivia. Je nachdem mit welcher Perspektive ein Betrachter ein bestimmtes Phänomen analysiert, wird er zu unterschiedlichen Schlussfolgerungen oder Lösungen kommen. Alle diese Schlussfolgerungen können für sich genommen richtig sein, erfassen aber immer nur einen Teil des Phänomens, sofern nicht alle Räume betrachtet werden.

Wenn die möglichen Wechselwirkungen zwischen den Räumen und die unterschiedlich erfahrenen Realitäten von Menschen, die aus einem anderen Raum heraus das Phänomen betrachten, nicht berücksichtigt werden, führt dies häufig zu Missverständnissen oder Lösungen, die zu kurz greifen.

Aus einer integralen Perspektive kann analysiert werden, was es braucht, damit Zusammenarbeit in guter Weise gelingen kann: Es braucht Menschen, die in einer bestimmten emotionalen Verfassung sind (Ich-Raum), es braucht gemeinsam geteilte Werte und eine gemeinsame Ausrichtung oder eine gemeinsame Identität (Wir-Raum). Weiterhin braucht es definierte Prozesse und Strukturen, in deren Rahmen die Zusammenarbeit stattfinden soll (Es-Raum Plural) und bestimmte Verhaltensweise und Kompetenzen der einzelnen Individuen (Es-Raum Singular). Aus einer integralen Perspektive werden alle Räume als bedeutsam wahrgenommen. Dabei zeichnen sich gewisse Herausforderungen ab, was vor allem die linke Seite der Quadranten betrifft, weil sie nicht direkt erfahrbar sind. Beobachte ich nur die Verhaltensweisen, kann ich nicht zwangsläufig auf das innere Erleben der jeweiligen Person schließen. Eine aufrechte Körperhaltung, ein interessiertes und zustimmendes Nicken und direkter Augenkontakt kann davon zeugen, dass die entsprechende Person mit aller Aufmerksamkeit und auch Aufrichtigkeit bei ihrem Gesprächspartner ist, kann aber auch vorgetäuscht sein und aus einem opportunistisches Machtkalkül oder einem Gefühl der Abhängigkeit oder Unterlegenheit gegenüber einer ranghöheren Person erfolgen.

Wichtig ist anzuerkennen, dass Menschen und Organisationen eine Tendenz zur Einseitigkeit haben und aus einem Lieblingsraum Phänomene betrachten und analysieren: Am Beispiel des Changemanagements verdeutlichen wir, wie unterschiedlich der dazu aufgegleiste Prozess gestaltet sein kann, je nachdem aus welcher Dimension heraus die Beratenden handeln oder welche Perspektive sie einnehmen. Wenn die Analyse aus dem Ich-Raum erfolgt, wird der Fokus des Beratungsangebots eher auf Coaching und Reflexionsangebote liegen. Aus dem Wir-Raum würde man eher auf gruppendynamische Prozesse setzten, aus dem Es-Raum Singular eher auf Trainings und aus dem Es-Raum Plural eher auf Etablierung von neuen Regeln, Strukturen und Prozessen. Ein Changemanagement muss aber alle vier Perspektiven im Blick behalten, damit Veränderung gelingen kann.

Downloadhinweis: Anleitung Quadranten (nach Wilber)
Menschen haben in aller Regel einen Heimquadranten, also eine Perspektive, mit der sie ihre Umwelt betrachten. Wenn Sie Ihren Heimquadranten ausfindig machen möchten, finden Sie in der digitalen Playbox zum Buch eine Anleitung dazu.

Eine Kultur der Menschlichkeit hat die Inhalte aller vier Quadranten im Blick

Eine Organisation, die eine Kultur der Menschlichkeit etabliert hat, betrachtet Menschen und Organisationen aus einer integralen Perspektive. In der Konsequenz bedeutet das, dass Organisationen Menschen »einladen«, sich sowohl in ihrem Ich-Raum zu zeigen und sich einzubringen als auch in dem Wir-Raum. Weiterhin legt eine entsprechende Organisation großen Wert auf fachliche und persönliche Weiterbildungen (Es-Raum Singular). Und das Ganze ist eingebettet in Prozesse und Strukturen, die sowohl der Organisation dienen als auch den Menschen mit seinen Bedürfnissen im Blick behalten. Man könnte auch sagen, dass eine Kultur der Menschlichkeit alle vier Bereiche in gleicher Weise für bedeutsam hält und allen vier Quadranten ihre Achtsamkeit schenkt.

Natürlich hat jede Organisation eine Kultur (Wir-Raum) und viele bieten entsprechende Weiterbildungen an, auch, um den Ich-Raum zu entwickeln. Aber die Art und Weise, wie die Mehrzahl der Organisationen gedacht und gestaltet werden, erfolgt vor allem aus der rechten Perspektive. Das liegt einerseits daran, dass die beiden rechten Quadranten vordergründig einfacher zu gestalten sind. Sie entsprechen in der Metapher des Eisbergs eher der sichtbaren Ebene, während die linken beiden Quadranten die unter dem Wasser verborgenen Aspekte umfassen. Dabei ist es vermutlich noch einfacher, einen Zugang zum Ich-Raum zu bekommen, als den Wir-Raum bewusst zu gestalten. Das liegt daran, dass wir es im Wir-Raum mit gruppendynamischen Prozessen zu tun haben, die hochkomplex und wenig steuerbar sind.

Wie aber ist es dazu gekommen, dass in Organisationen, oder insgesamt in der westlichen Gesellschaft die rechte Seite der Quadranten vorherrschend ist? Dazu erscheint uns wiederum ein Blick in die Geschichte als hilfreich.

Die Aufklärung, Gewinn und Verlust für die Menschlichkeit

Nach Wilber (2017) kommt der Aufklärung sowohl eine rühmliche als auch unrühmliche Rolle zu, wenn es um die Frage geht, welchen Beitrag sie für die Menschlichkeit geleistet hat. Seiner Ansicht nach besteht der große Verdienst der Aufklärung darin, dass die drei grundsätzlichen Perspektiven »Ich, Wir, Es« – Wilber spricht von den Big-Three – erstmals als voneinander differenzierte Sichtweisen benannt wurden. Mit der Aufklärung wurden also die drei Bereiche (1) Kunst und Subjektivität (Ich), (2) Religiosität und Kultur (Wir) und (3) Wissenschaft und Natur (Es Singular und Plural), separiert, wo sie sich vorher diffus miteinander verschmolzen zeigten. In einer Welt, in der die drei Bereiche nicht klar voneinander getrennt sind, sind wissenschaftliche Erkenntnisse nur aus der gängigen religiösen Haltung akzeptiert. Die religiöse Haltung wiederum prägt nicht nur die Interpretation der beobachtbaren Phänomene, sondern auch insgesamt das Erkenntnisinteresse, als auch das individuelle Erleben. So wurde Galileo als Häretiker verurteilt, weil seine auf wissenschaftliche Weise erworbene Erkenntnis nicht mit den religiösen Vorstellungen vereinbar war. Die Aufklärung trennte diese Big-Three voneinander, aber sie vermochte es nicht, sie anschließend auch wieder in ihren Abgrenzungen und Unterschiedlichkeiten zu integrieren. Was stattdessen geschah, war eine anhaltende Fokussierung auf den äußeren Bereich und damit setzte der Siegeszug der vermeintlichen Objektivität, der Rationalität und der Empirischen Wissenschaften (Natur- und Sozialwissenschaften) gegenüber der Subjektivität, der Emotionalität und den Geisteswissenschaften ein.

Die Trennung zwischen linker und rechter Seite im Modell der integralen Theorie zeigt sich auch in dem nach wie vor für viele geltenden Glaubenssatz, dass zwischen Organisations- und Privatwelt streng zu trennen sei.

Trennung von Organisations- und Privatwelt

Woher kommt es, dass viele denken, es wäre eine gute Idee, diese beiden Welten strikt zu trennen? Welche Haltung und welche Glaubenssätze stecken dahinter? Und welche Auswirkungen hat diese Trennung für die Organisationswelt und für das Erleben von Menschen in ihrer Organisationswelt?

Eine Antwort auf die Frage, wieso es zu diesem Glaubenssatz gekommen ist, sollte im Blick haben, wieso sich überhaupt Unternehmen (verstanden als gewinnorientierte Organisationen) entwickelt haben: Aus rein ökonomischer Sicht betrachtet (rechter, unterer Quadrant) sind Unternehmen entstanden, weil in ihnen die Transaktionskosten zur Herstellung eines Gutes niedriger sind als bei einer Lösung, in denen alle Leistungen einzeln und/oder durch Marktleistungen erbracht werden. Mit der Unternehmensgründung soll das Marktprinzip von Suchkosten, Vertragskosten, Koordinierungskosten, Kontrollkosten ausgeschaltet oder reduziert werden. Aus Sicht der Betriebswirtschaftslehre sind Unternehmen zielgerichtete, zweckrationale und arbeitsteilig organisierte Institutionen. Dahinter steht also ein rationales Prinzip, in dem es um Zielerreichung, meist um Profit geht und zunächst einmal der Mensch in seiner Menschlichkeit keine Rolle spielt.

Wie im Kapitel »2. Entwicklung der Arbeit: Ursprung, Potenziale und Herausforderungen« ausführlich gezeigt wurde, sind Unternehmen im heutigen Sinne mit der ersten Industrialisierung entstanden, in denen das Prinzip der Arbeitsteilung mit dem Konzept des Taylorismus auf die Spitze getrieben wurde. Der Arbeiter und später Mitarbeitende als Mensch hat in aller Regel nicht interessiert, sondern nur sein Beitrag zur Leistungserbringung, der genau und dezidiert vorgegeben wurde. Arbeiter wurden weitgehend behandelt wie Maschinen, die zu funktionieren hatten. Diese Haltung hat aber nur funktioniert, weil die Märkte ungesättigt waren, die Kundenbedürfnisse nicht so anspruchsvoll und insgesamt die Umwelt viel weniger komplex und volatil war. Und sie war in der unmenschlichen Form nur durchsetzbar, weil es sich um einen Nachfragemarkt handelte – es gab mehr Arbeitssuchende als Arbeitsstellen.

Das ausgeprägte hierarchische Denken in den Organisationen entsprach weitgehend auch dem hierarchischen Denken der Gesellschaft. Menschen hatten kaum die Möglichkeit, aus der sozialen Schicht, in die sie hineingeboren wurden, herauszukommen. Arbeit war für die meisten eine reine Existenzsicherungsmaßnahme. Für die meisten Menschen ging es ums Überleben. Je existenzieller die Lebensumstände, umso weniger findet Menschlichkeit ihren Ausdruck im gesellschaftlichen oder auch beruflichen Miteinander.

Heute leben wir in einer viel durchlässigeren, demokratischeren Gesellschaft. Mitarbeitende erwarten, dass sie mit Respekt behandelt werden. Darüber hinaus sind Mitarbeitende häufig gut ausgebildete, hoch spezialisierte Fachkräfte. Hierarchisches Denken gibt es immer noch, aber es wird kritischer betrachtet. Wie eingangs erwähnt, agieren Unternehmen immer mehr in einem Anbietermarkt, wenn es um die Rekrutierung von Mitarbeitenden geht. Der bereits vor zwanzig Jahren prognostizierte War of Talent hat gerade erst angefangen und wird in den kommenden Jahren erst so richtig Fahrt aufnehmen. Gesellschaftlich erleben wir derzeit viele Umbrüche und es scheint so, als würden einige dieser Veränderungen sich nur sehr langsam und mit Verzögerung in der Arbeitswelt abbilden. Eine dieser Relikte aus alten Zeiten ist unter anderem auch die Überzeugung, dass es gut wäre, Arbeitswelt oder Organisationswelt und Privatwelt strikt zu trennen, was auch von vielen jungen Studierenden heute noch wie selbstverständlich verinnerlicht ist.

Reflexion: Privatwelt und Arbeitswelt

Wir möchten Sie an dieser Stelle einladen, selbst über diese Fragen zu reflektieren:

- Wie halten Sie es mit der Trennung von Privatwelt und Organisationswelt?
- Warum sollten die beiden Welten getrennt werden oder warum gerade nicht?
- Welche Annahme (Mindset) liegt Ihrer Idee zugrunde?
- Welche Haltung nehmen Sie dazu ein?

Zudem können Sie sich fragen:

- Wie viel wissen Ihre Vorgesetzten und Kollegen von Ihnen als Privatmensch?
- Wie oft tauschen Sie sich mit Vorgesetzten und Mitarbeitenden über Dinge des Privatlebens aus?
- Wie oft werden Sie danach gefragt?

Aus unserer Sicht verhindert die strikte Trennung von Organisations- und Privatwelt eine integrale Perspektive auf den Menschen und damit auch eine Kultur der Menschlichkeit.

In zahlreichen Gesprächen mit Führungskräften und Mitarbeitenden haben wir verschiedene Gründe identifizieren können, warum dieser Glaubenssatz heute noch so wirksam ist. Da gibt es zum einen die Sorge, dass zu viele Einblicke in die Privatwelt die eigene Position schwächt, sei es, weil man nicht so professionell wahrgenommen wird oder sei es, dass die Informationen politisch gegen einen verwendet werden können. Solche Gedanken legen offen, wie es um die Kultur einer Organisation bestellt ist und wie sie im Hinblick auf Einfühlvermögen und Kooperation gelebt wird. Weitere Bedenken sind, dass man zu nachsichtig, weniger fordernd und verbindlich untereinander werden könnte, wenn man sich persönlich zu gut kennen würde. Dieser Aspekt ist tatsächlich ernst zu nehmen und auch bewusst zu gestalten. Die Spannung zwischen persönlich und professionell muss ausbalanciert sein. Klares Feedback ist essenziell für die professionelle und persönliche Entwicklung und Konfliktfähigkeit ist die Grundlage für vertrauensvolle Beziehungen.

Grundsätzlich entfaltet und entwickelt sich Persönlichkeit als berufstätiger Mensch aus der Wechselwirkung unserer Organisations- und Professionswelt als auch von unserer Privatwelt (Schmid 2008: 66). Eine Kultur der Menschlichkeit zeigt sich also dann, wenn der Mensch mit und in seinen privaten Bezügen in der Organisationswelt gesehen wird, so wie auch umgekehrt die Erfahrungen und Erlebnisse der Organisationswelt sich auf das Private auswirken.

Was also spricht tatsächlich dafür, dass meine Kollegen und Vorgesetzte um meine ungefähre private Situation wissen und bestenfalls ich auch ohne Sorge vor negativen Auswirkungen sagen kann, dass es mir heute nicht so gut geht? Was wäre denn verloren, respektive was wäre gewonnen, wenn meine Kollegen und Vorgesetzten wüssten, was mich sonst noch so im Leben beschäftigt und was mich auch gerade herausfordert: Sei es der pubertierende Sohn oder die demente Mutter im Altersheim, sei es ein Buch, das ich gerade lese oder die Probleme mit den Nachbarn. Nach der integralen Theorie würde eine Kultur der Menschlichkeit den Menschen mehr einladen, sich in seinem Ich-Raum zu zeigen. Aus rein theoretischen Überlegungen (die auch im weiteren Verlauf des Buches thematisiert werden) ist anzunehmen, dass dadurch das erlebte Vertrauen (Wir-Raum) als auch das Lern-Verhalten im (Es-Raum Singular) positiv beeinflusst wird, wodurch positive Auswirkungen auf das Leistungsergebnis erwartet werden können. Lernverhalten und Vertrauen sind dabei beide zentrale Aspekte der Agilität.

Ein Geschäftsführer erzählte uns folgende Geschichte, die unterstreicht, dass Offenheit auch einen positiven Effekt auf Leistung und Ergebnis haben kann: »Bei uns«, so sagte er, »wäre es vollkommen ok, wenn jemand zugibt, dass er gerade nicht so gut drauf sei – sei er müde, deprimiert oder was auch immer. Wenn diese Person an dem Tag eine Vertragsverhandlung oder einen Pitch hat, so schauen wir, ob es möglich ist, dass jemand anderes das in seinem Einverständnis übernimmt. Einerseits schützen wir so unseren Kollegen und andererseits dient es im Zweifel dem Geschäft«.

An diesem Beispiel zeigt sich schön, dass eine Durchlässigkeit von Privatwelt in der Gestalt des Ich-Raums und Organisationswelt nicht nur eine Kultur der Menschlichkeit ermöglicht, sondern auch aus ökonomischer Sicht sinnvoll sein kann.

Nun gibt es auch Vertreter, die davor warnen, dass Organisationen im Trend von New Work Menschen ganz für sich vereinnahmen wollen. Ein aktueller Vertreter dieser klaren Kritiker ist der Soziologieprofessor Stefan Kühl. Er sieht in der Unterscheidung und vor allem in der Trennung von Organisations- und Privatwelt eine Schutzfunktion für die Mitarbeitenden als auch für die Organisation. Kühl warnt vor zu viel Gefühlen in Organisationen (Laudenbach 2019) und vor den gierigen Organisationen. Ein »Zu-Viel« an Gefühlen sei eine Störung für die Organisation, weil es als belastend wahrgenommen wird. Dabei spricht er von Gefühlsausbrüchen oder eskalierenden Gefühlen. Wir befinden uns hier in der negativen Übertreibung der an sich positiven Eigenschaft von »Gefühlsregungen zulassen und zeigen«. Es geht nicht darum, »sich rückhaltlos emotional« zu öffnen, das tun wir in unser Privatwelt auch nur in eskalierenden Streit, die meist mehr Schaden anrichten und bei denen wir uns rückblickend häufig mehr innere Steuerung gewünscht hätten. Wenn wir davon sprechen, dass »Gefühle zeigen« auch eine Daseinsberechtigung in Organisationen haben, dann geht es darum, dass ein Bewusstsein geschaffen wird, dass Gefühle immer da sind und sie das Denken und Handeln beeinflussen. Die Einführung von Praktiken der Achtsamkeit oder auch durch Gestaltung von Gesprächsformaten, in denen die Mitarbeitenden eingeladen werden, sich zu öffnen, sind Formen, in denen es nicht darum geht, Gefühlsausbrüche zu provozieren, sondern darum, Menschen einzuladen, sich in ihrem Ich-Raum zu zeigen.

Weiterhin bezieht sich Kühl in seiner Argumentation auf einen amerikanischen Soziologen Lewis A. Coser, der von gierigen Organisationen spricht. Hier steckt die Annahme dahinter, dass diese Organisationen mit Konzepten von New Work einzig das Ziel verfolgen, die Produktivität zu steigern und aus Mitarbeitenden noch mehr Leistung herauszuholen. Tatsächlich wird Google & Co. auch vorgeworfen, dass sie die Arbeitsatmosphäre vor allem so angenehm, hipp und locker gestalten, um die Mitarbeitenden noch mehr an das Unternehmen zu binden und die Leistung noch mehr zu steigern. Fraglich ist, ob wir solchen Organisationen eine Kultur der Menschlichkeit attestieren würden. Wir werden noch später darauf zu sprechen kommen, dass sich Menschlichkeit von Organisationen zwar auch in bestimmten Praktiken, Methoden und Normen zeigt, vor allem aber in den Werten und der sie ermöglichenden Haltung, aus der heraus diese Praktiken, Methoden und Normen leben (siehe Abschnitt »Spiral Dynamics«).

Halten wir zunächst einmal fest: Eine Kultur der Menschlichkeit schreibt den beiden Ich- und Wir-Räumen die gleiche Bedeutsamkeit zu, wie den beiden Es-Räumen.

Im Folgenden wollen wir aus der Betrachtung anderer theoretischer Modelle und Ansätze erarbeiten, warum gerade eine Kultur der Menschlichkeit, die beiden linken Quadranten mehr in den Blick nimmt und damit auch einer agilen Transformation dient. Dabei beginnen wir mit einer evolutionären und neurobiologischen Perspektive, um besser zu verstehen, warum Menschen sich in der Weise entwickelt haben, wie sie sind und welche Spuren das im Gehirn hinterlassen hat.

3.4.2 Menschlichkeit aus evolutionärer und neurobiologischer Perspektive

Aus der darwinschen Lehre hat sich im letzten Jahrhundert die Idee durchgesetzt, dass alles ein Kampf ums Überleben ist. Das entspricht zwar nicht der Aussage von Darwin, wurde aber so interpretiert. Demnach könnte man der Ansicht sein, menschliches Verhalten sei biologisch betrachtet vor allem konkurrenzorientiert. Die Idee, dass Menschen eine bessere Leistung zeigen, wenn sie durch interne Konkurrenz unter Druck gesetzt werden, prägt bis heute vielfach den sozialen Umgang insbesondere in Unternehmen. Viele interne Organisationsstrukturen sind darauf ausgerichtet, die interne Konkurrenz anzukurbeln. Dahinter steckt die Annahme, dass der Beste überlebt und um den Besten herauszufinden, muss er sich in schwierigen, kompetitiven Situationen bewähren.

Neurobiologische Untersuchungen legen nahe, diesen Ansatz gründlich zu revidieren. Man kam zu dem Ergebnis, dass das menschliche Gehirn in seiner Grundkonzeption darauf ausgerichtet ist, Kooperation und soziales Verhalten zu belohnen und zwar mit der Ausschüttung von Botenstoffen, die unser Wohlgefühl und unsere Produktivität steigern (Bauer 2008).

- Im Mittelhirn ist eine Nervenfaserstruktur identifiziert worden, die sowohl für das motivierende als auch für das demotivierende Verhalten von Menschen als zentrale Steuerungsquelle gilt. Über Nervenbahnen ist diese Struktur mit vielen anderen Hirnregionen verbunden und dadurch mit ihnen in ständigem Informationsaustausch.
- Die eingehenden Informationen bestimmen, ob das Motivationssystem angesprochen wird oder nicht. Angesprochen wird es dann, wenn Vertrauen, Kooperation und soziale Resonanz zu erwarten sind. Dann schüttet das Motivationssystem Dopamine aus, die den Körper physisch und psychisch in Handlungsbereitschaft versetzen. In Folge werden dann körpereigene Opioide ausgeschüttet, die keinen betäubenden, sondern

aufgrund ihrer feinen Abstimmung einen wohltuenden Effekt auf den Körper haben, indem sie die Lebensfreude steigern und das Ich-Gefühl stärken. Als dritter Botenstoff wird das Oxytocin ausgeschüttet, das Stress und Angst reduziert. Oxytocin wird auch als Vertrauensbotenstoff bezeichnet.

- Alle drei Botenstoffe werden dann ausgeschüttet, wenn der Mensch zwischenmenschliche Anerkennung, Zuwendung und Zuneigung erfährt. Sie springen aber auch an, wenn man selbst Anerkennung, Zuwendung und Zuneigung gibt!

Ein wesentliches Merkmal des Menschen ist die Differenziertheit seiner Kommunikationsfähigkeit. Aus neurobiologischer und anthropologischer Sicht ist der entscheidende Schritt in der menschlichen Entwicklungsgeschichte darin zu sehen, dass der Mensch mit anderen Menschen anfing zu kooperieren, auch über Stammesgrenzen, später dann auch über Ländergrenzen hinweg. Kooperation bedeutet hier, dass unterschiedliche Personen gemeinsame Ziele verfolgen. Das können sie aber nur, wenn sie sich zuvor über ein gemeinsames Ziel ausgetauscht haben. Offenbar hatten in der Evolution »Individuen, die mit gemeinsamen Absichten, gemeinsamer Aufmerksamkeit und kooperativen Motiven ein gemeinsames Ziel verfolgen konnten, einen Anpassungsvorteil« (Tomasello 2009: 19).

Der Vorteil kooperativen Verhaltens hat offensichtlich Spuren in der Konstruktion unseres Gehirns hinterlassen. Wie oben beschrieben ist neurobiologisch betrachtet das menschliche Gehirn so konstruiert, dass Menschen sich dann motiviert, aktiviert und handlungsbereit fühlen (Ich-Raum), wenn sie Situationen als kooperativ erleben (Hüther 2013 und 2018; Bauer 2008). Kooperation wiederum erzeugt Resonanz und Resonanz wiederum erzeugt ein Gefühl, in dem sich Menschen geborgen und sicher fühlen. Daraus folgt, dass ein wertschätzender, beziehungsorientierter und kooperativer Umgang sowohl im organisatorischen Kontext als auch außerhalb sehr viel zieldienlicher ist, um Menschen zu Leistungen anzuspornen, als das vorherrschende Dogma der Konkurrenz und des Drucks. Ein vornehmlich auf Druck und Konkurrenz orientierte Unternehmenskultur führt nicht nur dazu, dass die oben beschriebenen motivationalen Leistungen des Gehirns ausbleiben, sondern dass auch der Aggressionspegel steigt. Untersuchungen haben gezeigt, dass erhöhte Aggressionshormone im Blut nachweisbar sind, wenn Menschen Misstrauen erfahren. Dagegen steigt der Oxytocin-Spiegel an, wenn Menschen mit Vertrauen begegnet werden.

Grundsätzlich gilt: Anhaltende Angst reduziert die kognitiven und motivationalen Fähigkeiten von Menschen, lässt Mitarbeiter mithin weniger effizient und effektiv werden. Anerkennung und Wertschätzung dagegen führen zu einer Steigerung der allgemeinen Leistungsfähigkeit.

Zunächst einmal verweist Menschlichkeit aus einer evolutionären und neurobiologischen Perspektive in diesem Sinne auf das tiefe und grundlegende Bedürfnis des Menschen nach sozialer Eingebundenheit und Resonanzerfahrung in dieser Eingebundenheit. Resonanzerfahrung ist die Erfahrung von menschlicher Zuneigung, die ihren Ausdruck in Wertschätzung und Anerkennung findet (Bauer 2008: 23). Allerdings nicht nur über die Ergebnisse, die jemand leistet, sondern auch durch das So-Sein oder pure Da-Sein. Was ist damit gemeint? In der Transaktionsanalyse[4] unterscheidet man die bedingte Zuwendung und die bedingungslose Zuwendung. Die bedingte Zuwendung wäre eine Honorierung einer Leistung, nach dem Motto: »Das hast du gut gelöst«. Die bedingungslose Zuwendung drückt sich darin aus, dass ich mich einfach über die Anwesenheit des Gegenübers freue, aber nicht, weil damit irgendein Tun verbunden wäre, sondern einfach nach dem Motto: »Schön, dass du dabei bist«. In einer Kultur der Menschlichkeit werden Mitarbeitende als Individuen wahrgenommen mit ihren Bedürfnissen und Gefühlen und nicht nur als »Objekt« oder Produktionsfaktor. Das widerspricht dem vorherrschende Mindset und häufig auch den verinnerlichten Werten wie Leistung und

Erfolg, nachdem Organisationen zielorientierte, zweckrationale Institutionen sind, die mit einem effizienten Mitteleinsatz ihr Überleben sichern, bestenfalls Gewinn machen. Aus diesem Mindset heraus konstatieren Zwack et al. wohl auch Folgendes: »Menschen kommen in Organisationen zusammen, um Aufgaben zu erfüllen. Die Primärerwartung an ihre Person ist funktionsgebunden« (2011: 434).

Die in der Betriebswirtschaft häufig verwendeten Begriffe Human Capital oder Human Ressource Management zeigen, wie Menschen verdinglicht und als Objekte behandelt werden (müssen), damit sie überhaupt im rein ökonomischen Sinn als bedeutsam wahrgenommen werden (können).

Ein anderes Mindset wäre die Überzeugung, dass Menschen in Organisationen zusammenkommen,

- um sich persönlich und professionell weiterzuentwickeln;
- um die Kultur der Organisation mitzugestalten und zu entwickeln;
- um gemeinsam erfolgreich zu sein, zum Nutzen der Kunden und der Umwelt.

Die bisherige Antwort auf die Frage, was eine Kultur der Menschlichkeit bedeutet, lautet: Menschen sind per se soziale Wesen, die auf Kooperation ausgerichtet sind und als Menschen wahrgenommen werden wollen. In einer Kultur der Menschlichkeit wird ein wertschätzender, respektvoller und fairer Umgang gelebt. Fair bedeutet auch, dass Unterschiede in Leistung und damit auch von Rolle und Status gewürdigt und wahrgenommen werden. Anders formuliert geht es nicht darum, alle gleich zu machen, sondern vielmehr die Dinge klar zu benennen. Weiterhin ermöglicht eine Kultur der Menschlichkeit, dass die Mitarbeitenden ein hohes Maß an Autonomie erleben. Das bedeutet, dass sie Möglichkeiten erhalten, Verantwortung zu übernehmen.

Die Frage stellt sich also, was eine Organisation tun kann, damit Mitarbeitende sich als soziale und auf Kooperation ausgerichtete Wesen auch in ihrem Ich-Raum erleben. Welche Verhaltensweisen von identitätsstiftenden Personen in Organisationen (Es-Raum Singular), welche Prozesse und Methoden (Es-Raum Plural) und auch welche Kultur (Wir-Raum) ermöglicht oder verhindert es?

Reflexion: Wie gut gelingt Kooperation in Ihrer Organisation?
An dieser Stelle möchten wir Sie einladen, folgende Fragen zu reflektieren:

- Wie gut gelingt es Ihrer Organisation, Kooperation zwischen den Organisationsmitgliedern (sowohl im Team als auch zwischen Teams, Abteilungen und Bereichen) herzustellen?
- Welche organisationalen Strukturen und Prozesse fördern Kooperation?
- Welche organisationalen Strukturen und Prozesse verhindern Kooperation?
- Wie sehr und vor allem von wem innerhalb der Organisation fühlen Sie sich in erster Linie und vor allem als Mensch gesehen?
- Wann haben Sie den Eindruck, dass Sie eher als Objekt (Human Capital, Kostenfaktor, Leistungserfüller) gesehen und behandelt werden?
- Was können Sie dazu beitragen, eher als Mensch wahrgenommen zu werden?

3.4.3 Menschlichkeit aus der Perspektive der Humanistischen Psychologie

Eine weitere theoretische Perspektive auf das Thema Menschlichkeit stellt die Humanistische Psychologie dar. Die Humanistische Psychologie geht von der Grundannahme aus, dass der Mensch nach Selbstentfaltung strebt. Selbstentfaltung bedeutet, dass der Mensch eine in sich selbst begründete Motivation mitbringt, seine angelegten Potenziale zu entfalten und zu verwirklichen, mit dem Ziel Unabhängigkeit und Selbstbestimmung zu erlangen. Dieses Bild entspricht weitgehend dem Y-Menschenbild in der Theorie von McGregor. Bereits die alten Griechen waren überzeugt, dass der Mensch eine angeborene Wissbegier hat und Neugierde zur Eigenart des Menschen gehört. Ihrem Verständnis nach streben Menschen nicht nur aus ihrer Natur nach Wissen, sondern sie betrachten Wissen als eine Quelle des Glücks.

Die humanistische Tradition geht dann noch einen Schritt weiter: Unter der Voraussetzung, dass Menschen psychisch gesund sind und in einem nährenden, unterstützenden und insgesamt Sicherheit gebenden Umfeld aufwachsen, entwickeln sie ihre wahre Natur als soziale Wesen. Aggressives und destruktives Verhalten entspringen einem Erleben der Angst aufgrund einer mangelnden Erfahrung an Wertschätzung, Resonanz und Zugehörigkeit. Menschen neigen dann zu einem aggressiven Verhalten, wenn sie zu wenig positive Beachtung in ihrer Entwicklung erfahren haben. Allerdings ist diese Erfahrung keineswegs irreversibel. Auch wenn Menschen aufgrund ihrer Sozialisation eher weniger soziale Eigenschaften ausgeprägt und entwickelt haben, so können sie später in einem nährenden, wohlwollenden und die eigene Entwicklung unterstützendes Umfeld neue Erfahrungen machen, die wiederum ihr Erleben und Verhalten so verändern, dass ihre soziale und entwicklungsorientierte Natur sich entfalten kann. Hier kommt die Zirkularität von Kontext oder Umfeld und Verhalten zum Ausdruck. Die Zirkularität soll vor allem darauf hinweisen, dass das zu beobachtende Verhalten von Menschen möglicherweise genauso wenig oder viel über den Menschen an sich aussagt, wie auch über das Umfeld, in dem das Verhalten zu beobachten ist. Die Schlussfolgerung also, dass der sich nicht kooperativ verhaltende Mensch ein egoistisches Wesen sei, greift hier zu kurz. Der Bestseller »Im Grunde Gut« (Bregman 2022) weist in die gleiche Richtung und räumt mit manchen falschen Annahmen über die Natur des Menschen auf, indem er zahlreiche als wissenschaftlich belegte Aussagen überprüft und revidiert.

Das Verhalten muss immer auch vor dem Hintergrund des Umfeldes, in dem das Verhalten zu beobachten ist, beurteilt werden, also auch genau genommen vor dem Hintergrund der Sozialisation, in dem der Mensch aufgewachsen ist oder der Kultur, respektive Kontext, in dem sich der Mensch bewegt. Der Grundgedanke der Zirkularität wird uns noch öfter begegnen. Er ist ein wesentlicher Bestandteil des systemischen Verständnisses.

Ein Experiment unterstreicht auf sehr eindrückliche Weise die obenstehende Zirkularität und zeigt, wie sehr bereits Sprache unbewusst unser Verhalten beeinflusst. Dafür wurde die Grundsituation des Gefangenendilemmas in ein Spiel übersetzt, bei dem zwei Spieler folgende Möglichkeiten haben: Wenn beide kooperieren, ist die Spielauszahlung für beide gleich hoch. Wenn der eine kooperiert, die andere Person aber nicht, erhält die nicht-kooperierende Person eine höhere Spielauszahlung, als wenn er kooperiert hätte, während die kooperierende Person Geld verliert (Libermann et al. 2004). Wenn beide nicht kooperieren, verlieren beide Geld. Bei den Probanden handelte es sich einerseits um Studierende und andererseits um Trainees der israelischen Elite Air Force. Den Teilnehmenden wurde gesagt, dass es zwei Spiele gibt: eines wurde Community Game genannt, das andere Wall Street Game. Alle Teilnehmer wurden gefragt, ob die Bezeichnung des Spiels ihre Spielstrategie beeinflussen würde, was alle mehrheitlich eher verneinten. Tatsächlich zeigte sich aber, dass unabhängig von der Selbst- und Fremdeinschätzung über die persönliche Tendenz, eher kooperativ oder kompetitiv veranlagt zu sein, die Spieler des Spiels Community, deutlich kooperativer spielten als diejenigen, die das Wall Street Game spielten. Bei den Studenten spielten rund siebzig Prozent kooperativ im Community Game, während nur fünfunddreißig Prozent im Wall Street Game eine kooperative Strategie wählten. Bei den Trainees der Air Force spielten fünfundvierzig Prozent kooperativ im Community Game und nur fünfundzwanzig Prozent im Wall Street Game (Libermann et al. 2004).

Auf Organisationen bezogen bedeutet das, der verwendeten Sprache und den verwendeten Begrifflichkeiten mehr Achtsamkeit zu schenken. Sprache ist ein Indiz von Kultur und wenn in Unternehmen von internem Wettbewerb, von Stars und Verlierer, von Grabenkämpfen, Silos und Fronten gesprochen wird, so wird damit ein Verhalten tendenziell induziert, dass mehr trennt als zusammenfügt, was Kooperation über Abteilungsgrenzen hinweg und auch in Teams schwieriger macht.

> **Reflexion: Die Sprache in Ihrer Organisation**
> »Sprache gestaltet Wirklichkeit« ist ein zentraler Ansatzpunkt der Systemtheorie. Eine spannende Feldbeobachtung, die viel über die gelebte Kultur in einer Organisation verrät, ist folgende:
> Achten Sie einmal in Ihrer Organisation darauf, welche Sprache dort gesprochen wird, welche Ausdrücke, welche Metaphern verwendet werden und überlegen Sie sich, ob diese Ausdrücke und Metaphern eher die Kooperation in Ihrer Organisation fördern oder eher den internen Wettbewerb anheizen?

Selbstentfaltung als Ausdruck von Menschlichkeit

Die humanistische Tradition geht also davon aus, dass sich der Mensch in einem entsprechenden Umfeld nicht nur zu einem sozialen Wesen entwickelt und nach Kooperation, sondern auch nach Selbstentfaltung strebt. Selbstentfaltung bedeutet hier im humanistischen Sinn, dass Menschen aus einem ihnen innewohnenden inneren Antrieb das Bedürfnis haben, stetig zu lernen, sich zu entwickeln und ihre Potenziale auszuloten. Dabei entfalten Menschen als soziale Wesen ihre Potenziale nur in der Interaktion mit anderen: Sie brauchen einerseits die positive Zuwendung anderer Menschen als Ermutigung und deren kritisches Feedback, das ihnen ihre blinden Flecken aufzeigt. Selbstentfaltung ist aber auch nur dann möglich, wenn Menschen Verantwortung übernehmen und so neue Erfahrungen machen können. Der inhärente Wunsch des Menschen nach Selbstentfaltung wird dabei sowohl von der Entwicklungspsychologie als auch von vielen neurobiologischen Untersuchungen bestätigt.

Der Begriff »Selbstverwirklichung« wird hier bewusst vermieden, weil damit umgangssprachlich häufig ein tendenziell egozentrisches Verhalten assoziiert wird, indem Menschen nicht nur konsequent, sondern zum Teil auch rabiat, rücksichtslos und auf Kosten anderer bestimmte Lebenskonzepte oder Weltanschauungen versuchen umzusetzen. Dahingegen bezieht sich Selbstentfaltung in unserem Verständnis vor allem auf die Entwicklung der Persönlichkeit und der individuellen im Menschen angelegten Potenziale (sowohl im Ich-Raum als auch im Es-Raum Singular). Potenziale meint hier die genetisch bedingten, aber auch vom sozialen Umfeld geförderten kognitiven, geistigen, körperlichen und sozialen Fähigkeiten.

Eine Kultur der Menschlichkeit in Organisationen entspricht also einem Umfeld, in dem Mitarbeitende ermutigt werden, sich in ihrer ganzen Persönlichkeit einzubringen und sich weiterzuentwickeln. Persönlichkeitsentwicklung setzt Möglichkeiten voraus, dass Menschen Verantwortung übernehmen dürfen und können, um daran zu wachsen.

Selbstbestimmung als Voraussetzung für intrinsische Motivation

In der humanistischen Tradition steht auch die Selbstbestimmungstheorie von Deci und Ryan, die sie bereits in den Siebzigerjahren aufgestellt und fortlaufend weiterentwickelt haben (Deci und Ryan 2008) (Ryan und Deci 2000)

(Deci und Ryan 2000). Sie haben sich einerseits intensiv mit den Voraussetzungen beschäftigt, die erfüllt sein müssen, damit Menschen aus sich selbst heraus motiviert sind (intrinsisch) und in ihrem Verhalten dem Y-Menschenbild nach McGregor entsprechen. Andererseits haben sie auch untersucht, welche Rahmenbedingungen, Umgebungen und welches Verhalten dazu führt, dass Menschen in ihrer intrinsischen Motivation geschwächt werden. Dabei haben sie ein differenziertes Modell entwickelt, inwiefern äußere Anreize (sowohl materielle wie Bonuszahlungen als auch immaterielle Anreize) die intrinsische Motivation verdrängen (Korruptionseffekt) können. Sie kommen insgesamt zu folgenden Ergebnissen:

1. Wenn Menschen sich durch entsprechende Anreize kontrolliert, manipuliert und instrumentalisiert fühlen, die Anreize also ein bestimmtes Verhalten bewirken sollen, sinkt die intrinsische Motivation (Wunsch nach Autonomie).
2. Die intrinsische Motivation steigt, wenn Menschen sich als kompetent und (selbst)wirksam erfahren, also den Eindruck haben, dass die geforderten Tätigkeiten sie herausfordern, aber auch nicht überfordern und dass sie auf das, was und wie sie es tun, Einfluss nehmen können (Kompetenzerleben).
3. Die intrinsische Motivation steigt, wenn Menschen sich sozial eingebunden und zu einer Gruppe zugehörig fühlen (soziale Eingebundenheit).

Hier zeigt sich wiederum das Bedürfnis nach Autonomie, nach Entwicklung und Zugehörigkeit. Interessant erscheint auch, dass Menschen intuitiv allergisch auf Formen der Instrumentalisierung reagieren.

Insgesamt decken sich ihre Erkenntnisse in den wesentlichen Aspekten mit den Erkenntnissen aus der neurobiologischen Forschung im Hinblick auf die notwendigen Bedürfnisse, die beim Menschen erfüllt sein müssen, damit sie sich ihrer menschlichen Natur entsprechend, motiviert, engagiert, neugierig, mutig und lernfreudig zeigen und erleben. Dabei sehen Deci und Ryan eine positive Korrelation zwischen dem Grad der Erfüllung dieser Bedürfnisse, die sie als kulturunabhängig und damit universell gültig betrachten und der erlebten Motivation.

Was sind die Schlussfolgerungen aus den Erkenntnissen?

Zu erwartende, an Leistungen gekoppelte externe Anreize wie Bonuszahlungen oder ähnliches reduzieren zuverlässig intrinsische Motivation, weil sie das Bedürfnis nach Autonomie verletzen (Ryan und Deci 2000: 70). Unter Arbeit 3.0 haben wir darauf hingewiesen, dass leistungssteigernde extrinsische Anreize, außer bei repetitiven Aufgaben, weder zu einer Leistungssteigerung und schon gar nicht zu Kreativität führen. Aus welchem Wert und welchem Mindset heraus, setzten heute noch Organisationen auf diese Maßnahme?

Das Bedürfnis nach Autonomie kann durch externe Anreize, Deadlines, Regeln oder auch erzwungene Evaluationen beeinträchtigt werden, wenn diese nicht als sinnvoll und nachvollziehbar erachtet werden. Hier wird deutlich, wie wichtig die Herstellung von Sinnhaftigkeit ist, wenn neue Prozesse, Modelle oder Methoden eingeführt werden. Dabei ist zu berücksichtigen, dass möglichst aus allen vier Quadranten Angebote gemacht werden sollten, Sinnhaftigkeit herzustellen.

Das Bedürfnis nach Kompetenzerleben ist dann erfüllt, wenn Menschen sich selbstwirksam erleben. Neben entsprechenden Weiterbildungen ist wohlwollendes positives und kritisches Feedback notwendig, um die eigenen Kompetenzen weiterzuentwickeln. Die berühmte und nach wie vor rein methodisch vermittelte Sandwich-Methode nach dem Motto, sag erst etwas Positives, dann werde deine Kritik los und schließe mit etwas Positivem ab, hat meist eher eine kontrollierende und manipulative Wirkung auf Menschen. Wir hören in unseren Kursen immer wieder Aussagen wie »Wenn mein Vorgesetzter anfängt, etwas Positives zu sagen, läuten bei mir die Alarmglocken« oder »Es ist so durchschaubar und irgendwie auch lächerlich, wenn ich sehe, wie meine Vorgesetzte erst sich was Positives aus den Fingern saugt, um mir dann das zu sagen, was sie eigentlich sagen möchte«. Feedback geben und eine gute Feedbackkultur zu entwickeln ist eine zentrale Aufgabe, um eine Kultur der Menschlichkeit zu entwickeln. Wirksames Feedback zu geben, braucht eine entsprechende Haltung, viel Übung und Achtsamkeit.

Das Bedürfnis nach sozialer Eingebundenheit umfasst sowohl den Wunsch, wahrgenommen, gewürdigt und gesehen zu werden als auch den Wunsch, für andere da zu sein und ihnen Bedeutsamkeit zu geben.

Menschlichkeit aus der humanistischen Tradition legt also ihren Fokus auch darauf, dass Rahmenbedingungen geschaffen werden, die den drei Grundbedürfnissen (Autonomie, Kompetenz und soziale Eingebundenheit) gerecht werden. Eine differenzierte und gelebte Feedbackkultur spielt dabei eine wesentliche Rolle.

Die Erfüllung dieser drei Grundbedürfnisse ist dabei nicht nur gekoppelt an das Ausmaß der erlebten intrinsischen Motivation, sondern hat auch einen belegbaren Einfluss auf das Wohlbefinden und die Gesundheit, was durchaus auch aus ökonomischer Sicht ein wichtiger Faktor ist.

Sowohl Emotionen als auch Kognitionen sind inhärente Bestandteile des Ich-Raums, der am meisten die Persönlichkeit des Menschen im Blick hat. Der Ich-Raum beschäftigt sich mit den Gedanken und Gefühlen des einzelnen Menschen. Deshalb ist eine weitere wichtige Perspektive, um eine Kultur der Menschlichkeit zu erforschen, die der Emotionalen Intelligenz und der Kognitionen.

3.4.4 Menschlichkeit aus der Perspektive der Emotionalen Intelligenz und der Kognitionen

Der Begriff der Emotionalen Intelligenz geht auf einen Artikel von Peter Salovey und John D. Mayer zurück, der 1990 veröffentlich wurde. Darin unterscheiden sie die Verarbeitung emotionaler Prozesse von der Verarbeitung kognitiver Prozesse. Aufgrund der Beobachtung, dass auch hochintelligente Menschen im Umgang mit anderen Menschen sich als wenig sozial kompetent zeigten und Schwierigkeiten hatten, Beziehungen zu gestalten, stellten Salovey und Mayer die Vermutung auf, dass hier der Umgang mit Gefühlen eine zentrale Rolle spielt. Und so definieren sie emotionale Intelligenz als »the subset of social intelligence that involves the ability to monitor one's own and other's feelings and emotions, to discriminate among them and to use this information to guide one's thinking and actions« (Salovey und Mayer 1990: 198).

Voraussetzung für die Entwicklung von Emotionaler Intelligenz ist die emotionale Selbstachtsamkeit (Stein und Book 2011), also die Fähigkeit, die eigenen Emotionen wahrzunehmen und ihnen Bedeutsamkeit zu geben. Je besser die eigene emotionale Selbstachtsamkeit, um so offener und besser sind wir auch, die Gefühle anderer zu deuten.

Marshall Rosenberg, der Begründer der Gewaltfreien Kommunikation, hat immer wieder darauf hingewiesen, dass wir – mindestens in der westlichen Hemisphäre der Welt – eine Kultur geschaffen haben, in der viele von uns gar keinen umfangreichen Wortschatz für Gefühle entwickelt haben. Wir äußern uns zwar häufig in dem Sinne wie »Ich habe das Gefühl«. (übrigens auch in Organisationen, achten Sie drauf!), was dann aber folgt ist eine Meinungsäußerung und eben keine Gefühlsäußerung. Beispiele wären »Ich habe das Gefühl, da stimmt etwas nicht« oder »Ich habe das Gefühl, wir haben etwas vergessen ...«. Beide Beispiele beschreiben kein Gefühl. Das Gefühl, das hinter den beiden Beispielen stecken könnte, wäre verunsichert, besorgt oder beunruhigt.

Downloadhinweis: Eigener Wortschatz an Gefühlsausdrücken
Wenn Sie wissen wollen, wie es um Ihren Wortschatz der Gefühle bestellt ist, dann füllen Sie doch die Tabelle über Gefühlsausdrücke in der digitalen Playbox zum Buch aus. Hier finden Sie auch eine Anleitung zum Erkunden Ihrer Gefühlswelt.

Emotionale Selbstachtsamkeit kann aber trainiert und entwickelt werden. Sie ist die Voraussetzung für die Entwicklung der eigenen inneren Steuerungsfähigkeit und damit auch ein Baustein für jede Persönlichkeitsentwicklung. Abgesehen davon dient die emotionale Selbstachtsamkeit auch der Stressreduktion und damit der Gesundheitsförderung.

Empathie als Ausdruck von Menschlichkeit
Während die Selbstachtsamkeit der Wahrnehmung und Steuerung der eigenen Gefühle dient, bezieht sich Empathie auf die Fähigkeit, die Gefühle anderer Menschen wahrnehmen und nachempfinden zu können (Polychroniou 2009). Empathie erlaubt mit positiven oder negativen Gefühlen eines Gegenübers zu resonieren (Singer und Klimecki 2014). Die Herausforderung dabei ist, empathisch zu sein und sich gleichzeitig von negativen Gefühlen des Gegenübers abzugrenzen, um empathischen Stress zu vermeiden. Diese Fähigkeit ist vor allem entscheidend, wenn beispielsweise kritisches Feedback gegeben wird, dass den Gegenüber verletzt oder auch wenn disziplinarische Maßnahmen ausgesprochen werden. Die Fähigkeit, sowohl mitfühlend zu sein und gleichzeitig klar und konsequent, ist eine Herausforderung, in denen Menschlichkeit in Organisationen zum Ausdruck kommt. Weiter fällt es Menschen umso schwieriger, mit anderen in Empathie zu gehen, je fremder sie einem sind, auch was kulturelle oder soziale Unterschiede angeht (Bloom 2018). Für international operierende Unternehmen und virtuelle Teams entsteht hier eine besondere Gestaltungsaufgabe.

Empathie wird häufig mit »Verständnis für andere haben« gleichgesetzt. Verständnis haben bedeutet aber nicht, mit dem, was ein Mensch tut, einverstanden zu sein. Ich kann empathisch mit einer Person sein und nachvollziehen, warum sie sich verhält, wie sie sich verhält und dennoch nicht einverstanden sein, dass sie sich so verhält, wie sie sich verhält.

Empathie ist ein Begriff, der insbesondere mit der digitalen Transformation eine neue Bedeutsamkeit und Beachtung erfahren hat, wie überhaupt der Kanon der ganzen sozialen oder auch gern als »weich« bezeichneten Kompetenzen. Die bereits in Kapitel »2. Entwicklung der Arbeit: Ursprung, Potenziale und Herausforderungen« formulierte Hypothese lautet:

In einer digitalisierten Welt, in der viele Denkaufgaben zunehmend mehr von Computern, Analytics und künstlicher Intelligenz übernommen werden, werden soziale Kompetenzen, auch als Soft Skills bezeichnet, für die Karriere zunehmend wichtiger.

An dieser Stelle soll auf den Begriff »Soft Skills« eingegangen werden, weil wir glauben, dass die Bezeichnung Soft Skills nicht nur irreführend ist, sondern auch dazu beigetragen hat, dass die mit Soft Skills bezeichneten Kompetenzen zwar immer wieder als match-entscheidend für Karriere und organisationalen Erfolg identifiziert wurden und dennoch häufig Menschen Karriere machen, denen es an diesen Kompetenzen ganz offensichtlich mangelt, beziehungsweise die sie nicht zeigen. Der Begriff »Soft Skills« geht auf Forschungen zurück, die im US-Militär durchgeführt wurden. Ende der 1960iger-Jahre stellten sie in verschiedenen Trainings fest, dass der Erfolg von einzelnen Truppen oder Teams nicht nur davon abhing, wie gut die Einzelnen mit den technischen Herausforderungen umgingen, sondern wie sie als Gruppe miteinander interagierten. Ihre Definition von Soft Skills lautet wie folgt: »Soft skills are (1) important job-related skills (2) which involve little or no interaction with machines ...« (Whitmore und Fry 1974).

Weiter wird konstatiert, dass die US Army zwar viel davon versteht, wie sie technische Skills vermitteln, aber wenig, wie sich diese Soft Skills entwickeln oder wie sie trainiert werden können.

> **Reflexion »weiche Faktoren«**
> Bevor Sie weiterlesen, schreiben Sie bitte auf, welche anderen Wörter Ihnen einfallen, wenn Sie jemanden in der Geschäftswelt als »weich« beschreiben. Lesen Sie erst weiter, wenn Sie ein paar Synonyme für weich aufgeschrieben haben.
> Wenn Sie die Begriffe nun analysieren – sind es eher Wörter, die Sie als positiv bewerten und wie Sie auch gern beschrieben werden wollen würden im beruflichen Umfeld?
> Oder sind es eher Begriffe, die tendenziell deplatziert wirken im Geschäftsumfeld – warum auch immer?

Wie sehr Sprache einen Einfluss auf das Verhalten hat, wurde an dem Beispiel des Gefangenendilemmas bereits beschrieben. Die Bedeutsamkeit und Wirksamkeit von Sprache werden auch an dem Begriff »Soft Skills« überdeutlich. »Weich« wird in unserer westlichen Sprache von den meisten Menschen im Berufsumfeld als tendenziell deplatziert angesehen. Wenn Sie in einem Thesaurus wie dem Schreibprogramm Word Synonyme für »weich« suchen, dann werden Sie Worte finden wie »sachte«, »leicht«, »lau«, »gelinde«, »leise«, »mild«, »sanft«, »ruhig« oder »tonlos«. Alles Begriffe, bei denen man sich tatsächlich fragt, ob es erstrebenswert ist, so in seinem beruflichen Kontext wahrgenommen zu werden.

Daher sind wir der Meinung, dass es sinnvoll wäre, den Begriff »Soft Skills« umzubenennen, um einen anderen Fokus zu setzen und um die Bedeutsamkeit dieser Kompetenzen stärker herauszustreichen. Unser Vorschlag ist die Unterscheidung zwischen »technical skills« und »people skills« oder Technischen Kompetenzen und Personen-Kompetenzen, die für uns sowohl die intrapersonellen (als Fähigkeiten, mit sich selbst umzugehen, wie Selbststeuerung oder auch Kreativität) wie auch die interpersonellen Kompetenzen (also Fähigkeiten, mit anderen zu kooperieren) umfassen.

Für die Entwicklung einer Kultur der Menschlichkeit geht es mit Blick auf Empathie darum, anzuerkennen, dass alle Menschen emotionale Wesen sind. Das Unbewusste und Gefühle sind die Triebfeder von Motivation. Man könnte es auch so formulieren: Den Ich-Raum nehmen wir überall mit hin, auch in die Organisation und wie wir gesehen haben, beeinflusst er vor allem den Wir-Raum, aber auch den Es-Raum Singular. Insofern erscheint es auch als Organisation sinnvoll, Menschen zu ermutigen, über ihre Emotionen zu reflektieren. Damit wir über unsere Emotionen reflektieren können, müssen sie einerseits wahrgenommen werden und andererseits brauchen wir dafür eine Sprache, mit der wir sie benennen können. Dieser Prozess des Wahrnehmens und Reflektierens ist Voraussetzung für die Entwicklung von Empathie und erfordert in erster Linie Achtsamkeit.

Empathie im Unternehmenskontext meint aber vor allem, dass überhaupt den Emotionen eine Bedeutsamkeit gegeben wird. Sprüche, wie wir sie im Organisationsalltag immer wieder hören sind: »Keep emotions out«, »Jetzt sei nicht so emotional« oder »Lassen Sie lieber Ihre Emotionen zu Hause!«. Sie sind jedenfalls Ausdruck von einer Haltung und Kultur, die Emotionen und damit auch der Empathie wenig Bedeutsamkeit schenkt. So erstaunt auch nicht, dass eine dreijährige Studie einer Universität im Einzugsbereich von Los Angeles bestätigt, dass Empathie von Studierenden eines Kurses über »Leadership Theory and Practice« konstant als die am wenigsten wichtigste Führungsqualität eingeschätzt wurde und dies unabhängig vom Alter der Studierenden als auch von der Semesterstufe (Holt und Marques 2012).

Als Begründung wurde unter anderem genannt,

- dass Empathie nicht als angemessen im Business Umfeld angesehen wurde,
- dass Empathie als ein Zeichen der Schwäche interpretiert wurde,
- und dass die Probanden dazu tendieren, geschäftliche und menschliche Komponenten strikt zu trennen.

Inwiefern in einer Organisation eine Empathiekultur gelebt wird, kann über die im Unternehmenskontext als adäquat erlebte Sprache analysiert werden: Ist es akzeptiert, Gefühlsausdrücke zu verwenden, wie erschöpft, gekränkt oder erfüllt und glücklich oder würde das eher Befremden hervorrufen? Gibt es Meeting Formate, Meditationsangebote oder andere Anlässe, in denen Möglichkeiten angeboten werden, sich mehr mit seinem Ich-Raum auseinanderzusetzen? Das könnten Dialoge über die Frage sein, wie man mit Verantwortungsübernahme umgeht. Welche Gedanken oder auch Sorgen löst Verantwortungsübernahme in einem aus? Welche Auswirkungen hätte das auf die Verhaltensebene (Es-Raum) und welche Wechselwirkungen könnten sich damit für die Kultur ergeben? Die dafür notwendige Reflexionsfähigkeit ist vermutlich auch eine Fähigkeit, mit der sich Menschen von anderen Lebewesen auszeichnen.

Reflektieren bedeutet, dass Menschen über sich und ihr Verhalten nachdenken und bestenfalls daraus lernen. Daher wenden wir uns im nächsten Abschnitt den Kognitionen und der menschlichen Fähigkeit zur Reflexion zu und damit der Frage, was unser Denken beeinflusst und wie wir lernen und uns entwickeln.

Kognitionen als Voraussetzung für Reflexion

Der lateinische Begriff »cognitio (-onis)« kann mit Kennenlernen, Erkennen, Kenntnis übersetzt werden. Grundsätzlich verstehen wir heute unter Kognitionen die Gesamtheit der Prozesse und Strukturen, die ermöglichen, dass

Menschen Informationen aus ihrer Umgebung wahrnehmen, sie bewerten und interpretieren und schließlich für sich daraus Erkenntnisse ableiten. Kognition wird definiert als die Aktivität des Wahrnehmens und die Verarbeitung des Wahrgenommenen durch Denken, Erinnern, Verstehen, Lernen und Schlussfolgern (Hoffmann-Ripken 2003: 129).

Fühlen und Denken stehen allerdings in Wechselwirkung. Wie wir im Abschnitt der neurologischen Perspektive gesehen haben, wirkt sich beispielsweise (Dis-)Stress negativ auf das Denken aus sowie auf Lernen und Kreativität.

Nach wie vor gehen viele davon aus, dass Wahrnehmung eine objektive Verarbeitung unserer Sinnesorgane von Reizen ist, die wir aus der Umwelt aufnehmen. Dabei ist es aus kognitionspsychologischer Sicht so, dass aus einer Vielzahl von potenziellen Reizen, die wir aus der Umwelt aufnehmen könnten, nur eine kleine Selektion aufgenommen wird. Diese aufgenommenen Reize werden dann aber nicht objektiv verarbeitet, sondern nach individuellen kognitiven Prozessen basierend auf Erfahrung, Wissen und Persönlichkeitsstruktur interpretiert. Daher konstruieren sich Menschen aus kognitionspsychologischer Sicht ihre subjektive Realität – was auch erklärt, dass gleiche Situationen vollkommen unterschiedlich erlebt werden. Wichtig ist, dass dabei die vorgenommene Interpretation der Reize wiederum Einfluss darauf hat, welche Reize zukünftig überhaupt wahrgenommen werden (Zirkularität) (Hoffmann-Ripken 2003: 134). Daher gibt es berechtigte Zweifel, inwiefern es Menschen möglich ist, Realität objektiv zu erfahren (Zimbardo und Gerrig 1999: 13 f). Mit dieser Frage beschäftigt sich auch der Konstruktivismus. Konstruktivismus im wissenschaftstheoretischen oder erkenntnistheoretischen Sinn beschäftigt sich mit der Frage, was Wirklichkeit ist und wie sich einerseits der menschliche Erkenntnisprozess vollzieht und andererseits das subjektiv Erlebte im gesellschaftlichen Diskurs Objektivität erlangt (Hoffmann-Ripken 2003: 22 ff).

Das Denken vollzieht sich nur zum Teil auf einer sehr bewussten, analytischen und rationalen Ebene. Der größere Teil dessen, was wir erleben, denken und tun, ist unbewusst und zeichnet sich dadurch aus, dass es ohne willentliche Steuerung geschieht, also unwillkürlich und auch unbewusst. So werden sehr viele Informationen gleichzeitig verarbeitet und gedacht, ohne dass sie bewusst wahrgenommen werden. Dieses Denken wird vom Wirtschaftsnobelpreisträger David Kahneman als System 1 bezeichnet oder als schnelles Denken. Dagegen wird das bewusste analytische und rationale Denken auch als langsames Denken oder als System 2 bezeichnet (Kahneman 2011). Der Neurobiologe Gerhard Roth schätzt, dass nur 0,1 Prozent dessen, was unser Gehirn gerade tut, uns bewusst ist. Darüber hinaus wissen wir, dass Denken und Fühlen in Wechselwirkungen stehen. Das Denken beeinflusst das Fühlen, wie auch das Fühlen das Denken. Besonders in emotional aufgeladenen Situationen können wir aus neurobiologischer Sicht gar nicht mehr rational und kühl denken. Je besser wir aber lernen, achtsam mit dem eigenen inneren Erleben zu sein, umso eher können wir uns innerlich steuern. Daher bildet Achtsamkeit gegenüber dem eigenen Denken die Basis für innere Steuerung und damit auch für all das, was wir unter Selbstmanagement zusammenfassen können.

Man könnte auch sagen, es ist sehr rational und dient der Rationalität, anzuerkennen, dass Menschen in erster Linie emotionale Wesen sind. Wenn wir anfangen, über etwas zu reflektieren, wird uns bisher unbewusstes Wissen über Informationen, aber auch über Bedürfnisse und Gefühle bewusst. Damit erweitert sich das eigene Verständnis und auch das eigene Wissen. Wenn wir verstehen, aus welchen Bedürfnissen heraus wir gehandelt haben, können wir auch empathischer mit uns sein, insbesondere in Situationen, in denen wir uns für das Verhalten oder die Reaktion im Nachhinein schämen oder ärgern.

Reflexion ist also eine Möglichkeit, unbewusstes Wissen zu aktivieren und ins Bewusstsein zu heben. Reflexion ist aber auch der Weg, über den wir uns persönlich weiterentwickeln. So wird die Persönlichkeit dadurch erkennbar, dass Menschen eine individuelle, wiedererkennbare Art und Weise entwickeln, wie sie fühlen, denken und sich verhalten (Pervin et al. 2005: 31). Persönlichkeitsentwicklung findet also auch statt, wenn wir die Muster unseres Denkens erkennen und auch erweitern und variieren können. Damit stellt ein Ausgangspunkt für Persönlichkeitsentwicklung die bewusste Reflexion dar. Erst wenn ich die eigenen Muster des Denkens erkenne, kann ich anfangen, sie bewusst zu verändern.

Halten wir zunächst einmal fest. Menschlichkeit in Organisationen zeigt sich, wenn Prozesse, Strukturen und Managementsysteme darauf ausgerichtet sind, Kooperation zwischen ihren Mitgliedern zu fördern. Dafür ist es notwendig, dass die in ihnen handelnden Menschen als Subjekte und in ihrer ganzen Persönlichkeit wahrgenommen werden. Dies ist der Fall, wenn Menschen eingeladen werden, sich auch aus ihrem Ich- und Wir-Raum zu zeigen. Darüber hinaus trägt eine Kultur der Menschlichkeit der Überzeugung Rechnung, dass Menschen ein inhärentes Bedürfnis haben, sich weiterzuentwickeln und zu lernen. Dabei spielt die in der Organisation erlebte Empathie als auch die Möglichkeit, sich und das eigene Handeln zu reflektieren, eine zentrale Rolle. Achtsamkeit stellt eine Voraussetzung dar, um tiefer gehende und auch persönlichkeitsentwickelnde Reflexionen zu ermöglichen.

Damit Menschen sich in ihrem Ich-Raum zeigen können und auch aus dem Ich-Raum heraus über sich und auch ihre Wirkung auf andere reflektieren können, brauchen Menschen Vertrauen. Daher beschäftigen wir uns im folgenden Abschnitt mit der Frage, wie Vertrauen noch näher zu fassen ist, wie es entsteht und wie es zerstört wird.

3.4.5 Vertrauen als Voraussetzung für Menschlichkeit in Organisationen

Unbestritten scheint, dass Vertrauen einen positiven Effekt auf Mitarbeiterbindung und Mitarbeiterengagement wie auch Arbeitsmotivation und Zufriedenheit hat und damit auch auf die individuelle und organisationale Performance.

Wenn Menschen aus neurobiologischer Sicht eine Tendenz zu einem kooperativen Verhalten zeigen, dann scheint Vertrauen ein Teil des notwendigen Kontextes zu sein, damit Menschen dem inhärenten Wunsch nach Kooperation und damit auch sozialer Eingebundenheit nachkommen können. Vertrauen ist in dem Sinn keine Fähigkeit, die den Menschen allein auszeichnet, doch ist Vertrauen die Grundlage, auf der sich eine Kultur der Menschlichkeit entfalten kann.

Vertrauen im Organisationskontext ist wissenschaftlich betrachtet ein weites Feld. Hier geht es aber weniger um eine tiefe akademische Auseinandersetzung des Begriffs und Konzepts von Vertrauen als um die Suche nach einem pragmatischen und dennoch fundierten Ansatz und Verständnis, wie Vertrauen entsteht und welche Auswirkungen Vertrauen hat. Pragmatisch unterscheiden wir zwischen Erfüllungsvertrauen und Psychologischem Vertrauen.

Erfüllungsvertrauen ist als eine Eintrittswahrscheinlichkeit zu verstehen, mit der eine andere Person ein bestimmtes Verhalten, ein Versprechen oder eine getroffene Abmachung einhält (Gambetta 1988). Eine andere Qualität des Vertrauens beantwortet die Frage, ob man der Person als Mensch vertraut, was wir Psychologisches Vertrauen nennen.

Die wegweisenden Arbeiten von Mayer, Davis und Schoormann (1995) weisen darauf hin, dass Vertrauen vor allem aus der Beziehungserfahrung entsteht. Dabei spielen drei Aspekte in der Einschätzung desjenigen, dem man vertraut, eine Rolle:

- Wie werden die Fähigkeit und das Können der Person eingeschätzt (Erfüllungsvertrauen)?
- Wie wird das Wohlwollen der Person eingeschätzt (psychologisches Vertrauen)?
- Wie wird die Integrität der Person eingeschätzt (psychologisches Vertrauen)?

Integrität bedeutet, dass man davon ausgeht, dass die zu vertrauende Person einen ausgeprägten Gerechtigkeitssinn hat und dass sie kongruent handelt, also das tut, was sie sagt. Denn letztlich brauchen wir nur dann Vertrauen, wenn wir ein Risiko eingehen. Wenn mein Handeln kein Risiko mit sich birgt, kann ich Vertrauen haben, muss ich aber nicht. Unter Risiko wird verstanden, dass eine Person sich durch den Akt des Vertrauens vulnerabel macht, also verwundbar oder angreifbar. Das bedeutet aber auch, dass wenn wir Vertrauen erleben, die menschlichen Bedürfnisse nach Sicherheit, sozialer Eingebundenheit und Respekt erfüllt werden – alles Voraussetzungen, die dazu führen, dass Menschen aus rein neurobiologischer Sicht in einen kooperativen, motivationalen Zustand kommen. Aus dieser Sicht scheint Vertrauen eine Voraussetzung zu sein, eine Kultur zu schaffen, in der Menschen sich entfalten können. Wenn eine Kultur der Menschlichkeit Persönlichkeitsentwicklung als wichtig erachtet, dann müssen die Mitarbeitenden darauf vertrauen, dass sie sich in einem sicheren Raum bewegen, in denen ihnen mit Wohlwollen und Integrität begegnet wird. Andernfalls würden sie das Risiko, sich zu öffnen und damit verletzlich zu zeigen, nicht eingehen.

Diese Qualität des Vertrauens bezeichnet die Harvard-Professorin Amy Edmondson im organisatorischen Kontext mit Psychologischen Sicherheit. »Psychological safety is a sense of confidence that the team will not embarrass, reject, or punish someone for speaking up« (Edmondson 1999: 354). Psychologische Sicherheit zeigt sich in einem Team dann, wenn die Mitglieder bereit sind,

- Schwäche zu zeigen (Fehler einzugestehen, Unwissenheit zuzugeben, um Hilfe bitten et cetera).
- in Auseinandersetzung zu gehen und das zu sagen, was sie für richtig und bedeutsam halten (Kritik zu äußern, beziehungsweise den Status quo auch über Hierarchiegrenzen hinweg zu hinterfragen).

Immer dann, wenn sich Menschen tendenziell wirkungsorientiert verhalten, ist wenig Psychologische Sicherheit vorhanden. Wirkungsorientiert bedeutet, dass Mitarbeitende das, was sie für bedeutsam, richtig und wahr halten, nicht sagen, weil sie negative Konsequenzen fürchten (Hoffmann und Hanisch 2021).

Wer hat nicht schon einmal solche oder ähnliche Erfahrungen gemacht, dass in Projektsitzungen, Timelines abgenickt werden, die praktisch keiner für realistisch hält, aber keiner sich traut, dies zu äußern. Allenfalls beim Verlassen des Besprechungsraum und im anschließenden Mittagessen mit den Kollegen schüttelt man den Kopf über so viel Irrationalität. Ein Klient erzählte uns, dass er am Anfang in seiner neuen globalen Rolle tatsächlich einmal in der oben beschriebenen Situation die Frage aufgeworfen hätte, wie realistisch die vorgeschlagene Einschätzung wäre. Darauf wurde ihm unmissverständlich klar gemacht, dass er offenbar seinen Bereich nicht im Griff habe, wenn er nicht in der Lage wäre, den Zeithorizont einzuhalten. Solche Aussagen zerstören Psychologische Sicherheit.

In ihrem Buch »An everyone culture« von Kegan und Lahey (2016: 1) konstatieren die beiden Autoren gleich zu Beginn, dass die meisten Menschen in ihren Organisationswelten noch einen zweiten Job machen, für den sie nicht bezahlt werden, der aber viel Zeit und Energie kostet: In der Hoffnung und im Versuch, ihre Schwächen, Unsicherheiten und Fehlerhaftigkeiten (die jeder Mensch hat) zu verbergen, betreiben viele Mitarbeitende (vom Arbeiter bis zum Top Manager) Impression-Management, in dem sie sich möglichst unangreifbar, überlegen und souverän zeigen. So versuchen die Mitglieder der meisten Organisationen möglichst ihr wahres Innenleben und auch Erleben, also ihren Ich-Raum – zumindest in Situationen der Unsicherheit – zu verbergen. Schlimmstenfalls versuchen sie eher, wenn sie bestimmten Entscheidungen nicht zustimmen, die persönliche Überzeugung mittels politischen Spielchens oder auch Gerede hinter dem Rücken durchzubringen, als dass sie den Mut aufbringen, direkt in eine Auseinandersetzung zu gehen. Bestenfalls zeigen sie ein Verhalten, dass man sozialen Konformismus nennt, also eine Tendenz, dass sich Gruppenmitglieder so verhalten, wie sie glauben, dass es von ihnen erwartet wird (Hoffmann und Hanisch 2021: 4).

Psychologische Sicherheit weist also auf ein gruppendynamisches Erleben hin. Nicht ein Einzelner vertraut einem anderen, sondern ein Einzelner vertraut der Gruppe, dass die vorgebrachten Anliegen, wertschätzend und wohlwollend aufgenommen werden. Der Fragebogen, mit dem Psychologische Sicherheit in Team erfasst wird, unterstreicht diesen gruppendynamischen Aspekt (Edmondson 1999).

> **Downloadhinweis:** Evaluation Ihrer Psychologische Sicherheit
> Wir haben für Sie eine paar Fragen zusammengestellt, um Ihnen einen Hinweis zu Ihrer Psychologischen Sicherheit zu offerieren.

Kommunikation auf Augenhöhe braucht Psychologische Sicherheit

Psychologische Sicherheit führt also dazu, dass Kritik auch über Hierarchiegrenzen hinweg und Kommunikation auf Augenhöhe möglich wird. Der Wunsch und die Forderung nach Kommunikation auf Augenhöhe begegnet uns in unserer beraterischen Praxis immer öfter. Dabei werden die Herausforderungen einer solchen Kommunikation von vielen massiv unterschätzt, weil in jeder Beziehungsgestaltung die Verteilung von Macht und die Ausprägungen des Ranges einen Einfluss auf die Kommunikation haben. Beide Begrifflichkeiten, Rang und Macht, hören sich möglicherweise für viele nicht mehr zeitgemäß an. Aber es wäre vermessen und auch naiv, etwas Faktisches zu leugnen, was in Beziehungsgestaltungen eine Rolle spielt. Grundsätzlich zeigt sich der Rang in drei Ausprägungen, wobei die beiden ersten eher äußerlich sichtbar und faktisch sind und der letzte weniger offensichtlich und im ersten Moment weniger einflussreich erscheint: (1) Sozialer Rang, (2) Struktureller Rang, (3) Psychologischer und Spiritueller Rang.

Sozialer Rang beschreibt den sozialen Status innerhalb einer Gesellschaft. Je nach betrachteter Gesellschaft können andere Aspekte den sozialen Status definieren, aber in aller Regel sind das vor allem Beruf, Ausbildung, ökonomische Situation, wie auch Herkunftsfamilie (neureich, adelig, Arbeiterfamilie, Professorenfamilie). Darüber hinaus spielen meist Alter, Gesundheit, Gender, sexuelle Orientierung, ethnische Zugehörigkeit, Hautfarbe, aber auch in bestimmten Gesellschaften Religionszugehörigkeit eine Rolle.

Struktureller Rang bezieht sich auf die Position, die eine Person in dem betrachteten System einnimmt. Ein GL-Mitglied hat einen höheren strukturellen Rang als Abteilungsleitende oder Mitarbeitende. Lehrer haben einen höheren sozialen Rang als ihre Schüler. Häufig, aber nicht immer, sind sozialer und struktureller Rang gekoppelt. Es kann aber auch sein, dass die vorgesetzte Person aus einfacheren Verhältnissen kommt oder einen geringeren Bildungsabschluss hat als der Mitarbeitende.

Psychologischer und spiritueller Rang beschreibt das innere Selbstbewusstsein einer Person, unabhängig vom strukturellen und sozialen Rang. Es gibt Menschen, die sehr in sich ruhen und mit sich und der Welt zufrieden sind. Häufig ist dieser Zustand das Ergebnis eines fordernden inneren (psychologischen) Prozesses. Der Dalai Lama wäre ein Beispiel für eine Person mit einem hohen psychologischen und spirituellen Rang. Aber es können auch Menschen sein, die gar nicht in der Öffentlichkeit stehen und auch sonst keine besondere Rolle einnehmen.

Wir sind der Meinung, dass der Rang so etwas wie der Elefant im Raum ist. Er ist wirksam, mächtig und wird ungern benannt, weil wir gerne so tun, als hätte das alles keine Auswirkungen auf uns sowie auf die Beziehung und die Kommunikation. Dabei wird ebenso häufig übersehen, dass mit dem jeweiligen Rang auch bestimmte Privilegien verbunden sind. Häufig sind diese Privilegien so selbstverständlich, dass der sich daraus ergebende Vorteil für die Person gar nicht bewusst ist. Dagegen nehmen Menschen, die einen Rang nicht haben, die damit verbundenen negativen Auswirkungen oder mangelnden Privilegien viel stärker wahr.

Gerade im Organisationskontext sind vor allem die strukturellen Ränge sehr offensichtlich. Ob Kommunikation auf Augenhöhe gelingt, ist daher eine Gestaltungsaufgabe, die insbesondere von der Person wahrgenommen werden muss, die den höheren Rang einnimmt. Viele Führungskräfte sind zu wenig achtsam, wie sehr ihre Rolle und damit ihr Rang einschüchternd wirkt. Ein guter Gradmesser, ob Kommunikation auf Augenhöhe gelebt wird, ist der Reversibilitätstest (Wolf und Jiranek 2016: 69). Dabei stellen Sie lediglich folgende Frage: Kann das, was A zu B sagt, auch sanktionsfrei und genauso selbstverständlich B zu A sagen?

Zurückkommend auf die Frage, was Menschlichkeit in Organisationen bedeutet, ist die Antwort hier: Das Gefühl nach Gleichwertigkeit ist ein tiefes menschliches Bedürfnis und umschließt die Würde des Menschen. Psychologische Sicherheit schafft einen Kontext, in dem Kommunikation auf Augenhöhe über Hierarchieebenen und unterschiedlichen Rollen hinweg möglich wird. Organisationsweit wird das aber nur gelingen, wenn durch entsprechend institutionell verankerten Regeln, Gebote, Kommunikations-, Führungskräfte- und Achtsamkeits-Trainings eine Kultur gestaltet wird, mit denen die Menschen – und zwar sowohl Mitarbeitende als auch Führungskräfte – auch die Kompetenzen erwerben, solche psychologisch sicheren Räume zu gestalten.

Psychologische Sicherheit ermöglicht Persönlichkeitsentwicklung

Wenn wir Vertrauen im Organisationskontext als Psychologische Sicherheit verstehen, dann entsteht ein Raum, in dem Kritik geäußert und Fragen gestellt werden dürfen. Die Glaubwürdigkeit steigt, wenn Fehler zugegeben werden – unabhängig von der Rolle und der hierarchischen Position. Interessanterweise hat Edmondson festgestellt, dass Teams mit hoher Psychologischer Sicherheit sogar eine höhere Fehlerquote aufweisen, aber nicht, weil sie mehr Fehler machen, sondern weil sie bereit sind, die Fehler offenzulegen, um daraus zu lernen. Insgesamt spielt das Konzept der Psychologischen Sicherheit für die Gestaltung von Lernräumen eine wichtige Rolle (Meyer, Wrba und Bachmann 2018: 194). Dabei ist interessant, dass Psychologische Sicherheit allein nicht zu einem produktiven Zustand des Lernens führt, sondern nur dann, wenn die Teammitglieder auch bereit sind, Verantwortung zu übernehmen.

Komfortzone: Die Mitarbeiter arbeiten sehr gerne miteinander zusammen, doch fühlen sich nicht besonders herausgefordert und übernehmen keine Verantwortung, was zwar als angenehm, aber auch wenig energetisierend wahrgenommen wird.

Lernzone: Hier liegt der Fokus auf der Zusammenarbeit und Lernen mit dem Ziel, Hochleistungsergebnisse zu erzielen. Mitarbeitende erleben sich als produktiv und selbstwirksam. Sie werden herausgefordert, können aber auch zugeben, wenn sie sich überfordert fühlen und erhalten dann die notwendige Unterstützung.

Apathiezone: Mitarbeiter haben innerlich gekündigt oder machen aus Gewohnheit nur Job nach Vorschrift. Die Arbeit wird als energiezehrend wahrgenommen. Sinnhaftigkeit wird nicht erlebt.

Angstzone: Mitarbeitende fühlen sich überfordert. Ihnen wird Verantwortung übergeben, zu denen ihnen aber die fachliche und/oder persönliche Kompetenz fehlt. Fehler werden vertuscht und Verantwortung wird hin und her geschoben.

Die Entwicklung einer Verantwortungskultur ist also eine zentrale Voraussetzung, wenn Mitarbeitende in die Lernzone kommen sollen. Am Institut für systemische Beratung wurde von Bernd Schmid, Arnold Messmer und Ingeborg Weidner dazu ein Konzept entwickelt, das hier kurz vorgestellt werden soll (Schmid et al. 2005: 48 ff): Wer Verantwortung übernimmt, gibt Antworten auf bestimmte Fragestellungen. Inwiefern aber jemand Antworten geben kann, hängt sowohl von der Person als auch von der Organisation ab. Aus der personenzentrierten Perspektive muss die Person nicht nur Antwort geben wollen, sondern auch Antwort geben können. Antwort geben wollen, spricht den Ich-Raum an, also die Frage, ob sich die Person zutraut, Verantwortung zu übernehmen. Antworten geben können spricht den Es-Raum an, also die Frage nach den Kompetenzen, ob eine Person das Wissen und die Kenntnisse hat, Verantwortung für einen bestimmte Aufgabe zu tragen. Dabei kann es sein, dass jemand absolut die Kompetenzen mitbringt, aber es eine Blockade im Ich-Raum gibt, aus der heraus jemand nicht den Schritt wagt, Verantwortung zu übernehmen. Aber selbst wenn beides gegeben sein sollte, so reicht es nicht aus, dass Menschen tatsächlich Verantwortung in Organisationen übernehmen.

Von organisatorischer Seite müssen Personen sowohl Antwort geben dürfen als auch Antwort geben müssen. Antwort geben dürfen umfasst hier die Frage, ob die Person auch autorisiert ist und über die entsprechenden Ge-

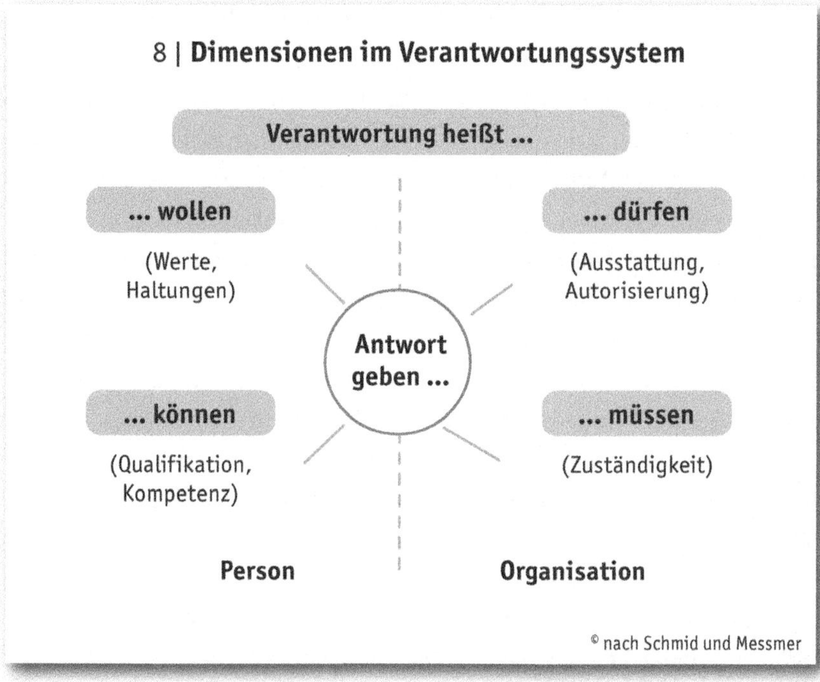

staltungsmittel und Ressourcen verfügt, um Verantwortung zu übernehmen. Antwort geben müssen stellt die Frage der Zuständigkeit in den Vordergrund: Inwiefern ist klar geregelt, was in der Rolle erwartet wird. Wo ist definiert, wer welche Verantwortung hat. Sowohl das »Dürfen« als auch das »Müssen« sind Aspekte, die im Es-Raum Plural zu klären sind.

Der Umgang mit allen Dimensionen (wollen, können, dürfen und müssen) hängt wiederum vom Wir-Raum ab, wie mit Fehlern umgegangen wird sowie ob und wie Dialoge über Verantwortung in diesen Organisationen erfolgen. Die Gestaltung von Verantwortungsdialogen bedarf Achtsamkeit gegenüber allen vier Räumen.

Psychologische Sicherheit erhöht die kollektive Intelligenz

Das Interesse am Konzept der Psychologischen Sicherheit von Amy Edmondson stieg unter anderem nach einem Beitrag im New York Times Magazine 2016, der über eine Studie von Google berichtete. Mit einem quantitativen Ansatz und einem interdisziplinär zusammengesetzten Forschungsteam versuchte Google, die Frage zu beantworten, was Kriterien eines »best performing Team« sind. Einhundertachtzig Teams innerhalb von Google wurden untersucht und mit unterschiedlichen Hypothesen und zweihundertfünfzig dahinter liegenden Theorien getestet (vgl. Lenberg und Feldt 2018, zitiert in Meyer et al. 2018: 191). Die Kernaussage der Studie ist, dass nicht entscheidend ist, Wer die Mitglieder sind, sondern Wie sie miteinander interagieren. Als theoretisches Konstrukt wurde hier das Ausmaß an Psychologischer Sicherheit genannt, dass eine mit Abstand höchste statistisch signifikante Korrelation zu Teamerfolg aufwies. Als Grundlage dienten Indikatoren, die auf das Phänomen der Gruppen – oder Kollektiven Intelligenz verweisen (Wooley et al. 2010). Entwickelt wurden die Indikatoren in einem Laborexperiment, in dem sechshundertneunundneunzig Personen in zufällig gemischten Gruppen unterschiedliche Aufgaben bekamen, darunter Puzzle, Brainstormings, Entscheidungsfindungen zu moralischen Fragestellungen und Verhandlungen über limitierte Ressourcen. Vor dem Experiment wurde von allen Probanden der individuelle Intelligenzquotient gemessen. Das Ergebnis zeigte, dass nicht die Summe der individuellen IQs die kollektive Intelligenz definiert, sondern vor allem drei Indikatoren positiv mit der Team-Performance als Indikator für kollektive Intelligenz korrelierte:

1. Soziale Sensitivität der Gruppenmitglieder;
2. gleichmäßiger Redeanteil der Gruppenmitglieder;
3. hoher Frauenanteil (wobei sich die Forscher nicht sicher waren, ob es damit zusammenhing, dass die Frauen der Studie insgesamt in der sozialen Sensitivität besser abschlossen oder dass sie noch andere Fähigkeiten mit ins System bringen).

Hier zeigt sich, wie sehr Soft Skills – oder wie wir sie nennen People Skills – einen Einfluss auf Performance haben können. In die gleiche Richtung verweisen die Studienergebnisse von Adam Grant. Der international renommierte Organisationspsychologe hat die Unterscheidung zwischen »Givers« und »Takers« eingeführt, deren Bezeichnungen selbsterklärend sind. Die erste zentrale Erkenntnis ist: Je mehr Givers in einer Organisation sind, um so höher werden Ertrag, Kundenzufriedenheit und Mitarbeiterbindung sein und umso geringer die operativen Kosten. Die zweite zentrale Erkenntnis ist: Der negative Effekt, den ein Taker auf ein Team hat, ist doppelt bis dreifach so groß, wie die positive Auswirkung eines Givers. Daher ist es wirksamer, Takers loszuwerden und darauf zu achten, vor allem Givers ins Team zu holen (Grant 2013).

Menschliche Scham erschwert Entwicklung von Psychologischer Sicherheit

Wenn also Psychologische Sicherheit so hilfreich für die Team-Performance ist, warum erleben dann viele Menschen weiterhin ein berufliches Umfeld, in dem es eher weniger Psychologische Sicherheit gibt? Am ehesten scheint das noch auf der Teamebene möglich zu sein, auf Abteilungs- und Organisationsebene wird es noch herausfordernder. Ein Grund, warum die Entwicklung von Psychologischer Sicherheit so schwierig ist, ist das menschliche Gefühl der Scham. Scham ist ein sehr starkes negatives Gefühl, das von Menschen kaum auszuhalten ist (Schöps 2020: 7). Und weil das Gefühl der Scham kaum auszuhalten ist, schlägt es auch schnell in ein Abwehrgefühl um, nämlich in Aggression, Wut oder Empörung. Daher werden vermutlich viele Menschen auch sagen, dass sie selten Scham empfinden, weil sie es gar nicht bewusst wahrnehmen. Sie erleben sich in solchen Momenten dann eher als wütend oder empört.

Offenbar löst schon allein der Gedanke bei Menschen Scham aus, wenn sie daran denken, dass sie von anderen, ihnen wichtigen Menschen abgewertet werden. Aus Scham zeigen wir uns häufig nicht in unserem Ich-Raum, weil wir eine Ur-Angst haben, aus der Gruppe ausgegrenzt zu werden. Dabei fühlen sich Menschen offenbar sofort sicherer, wenn sie mit anderen zusammen sind, die auch Scham zeigen. Wenn jemand zeigt, dass er sich schämt, löst das tendenziell Sympathie und Empathie aus, weil es zeigt, dass dieser Mensch sich seiner Unvollkommenheit bewusst ist (Schöps 2020: 8).

Wenn Menschen sich aber ihrer Wertschätzung durch die Gruppe sicher sind oder wenn alle sich in dem Team immer wieder auch verletzlich zeigen, können sie die Scham leichter überwinden oder mit ihrer besser zurechtkommen. Dann können sie sich auch in ihrem Unwissen oder auch in ihrer Fehlerhaftigkeit zeigen, beziehungsweise trauen sich, in Konfrontation zu der Gruppenmeinung zu treten. Eine solche Gruppen- oder auch Organisationskultur dämpft die Angst davor, sich lächerlich zu machen und damit die Gefahr, sich zu schämen. In den oben erwähnten »bewusst entwicklungsorientierte Organisationen«, also den Organisationen, die Persönlichkeitsentwicklung als Bestandteil ihres Kulturverständnis integriert haben, löste das Lesen einiger Textstellen bei uns bereits eine gewisse Scham aus, weil es so ungewöhnlich war, was dort beschrieben wurde. In diesen Organisationen werden Menschen aufgefordert, persönlich und coram publico über ihre Schwächen zu sprechen und sich verletzlich zu zeigen.

Ganz am Anfang des Buches »An Everyone Culture« wird ein Beispiel gegeben, wie so etwas dann aussieht. Anlass ist ein Interviewtag für neue Mitarbeitenden, die bereits durch ein aufwendiges Auswahlverfahren gegangen sind. Am Ende des Tages wird entschieden, wem von den Bewerbern ein Angebot gemacht werden soll. Damit die Bewerber direkt einen Eindruck bekommen, was es heißt, in einer Organisation zu arbeiten, die die persönliche Entwicklung genauso wichtig hält wie die Geschäftsentwicklung, stellt sich ein Mitarbeiter vor und das hört sich dann frei übersetzt so an: »Ich bin hier seit 2010. Als ich hier anfing, fehlte es mir an Selbstvertrauen. Ich war unsicher. Vor allem war ich besorgt, was meine Peers über mich dachten. Und ich war entscheidungsschwach. Selbst bei der Auswahl meiner Möbel konnte ich mich nicht entscheiden ...« (Kegan und Lahey 2016: 15).

Wir dachten während des Lesens zum Teil auch, ob die Organisationen hier nicht einen Schritt zu weit gehen. So ein offenes Statement über die eigenen Schwächen dünkt einem zunächst fremd und löst inneren Widerstand, vielleicht auch Scham aus, weil es so ungewohnt ist. Aber weil es alle in diesen Organisationen tun, fällt es allen leichter, über die eigenen Schwächen zu reden. Natürlich löst auch in diesen Organisationen das persönliche kritische Feedback Scham aus und manchmal auch Wut, aber es findet in einem Kontext statt, in dem die Menschen wissen, dass alle diesen Prozess durchmachen und dass die Menschen in ihrem Prozess unterstützt werden, um sich zu entwickeln. Aus der Neurobiologie wissen wir, dass gemeinschaftliche Erfahrungen einfacher zu ertragen sind und Sicherheit vermitteln. Übrigens haben offenbar die beschriebenen Unternehmen keine Probleme, qualifiziertes Personal zu bekommen.

3.5 Modell Unternehmenskultur Menschlichkeit

Eine Kultur der Menschlichkeit in Organisationen schafft einen Raum, in dem Menschen sich mit ihren Gefühlen und vor allem auch mit ihren Mängeln, Imperfektionen und Unsicherheiten zeigen dürfen und können. Damit sie das tun, braucht es einen Rahmen und einen Raum, in denen sich Menschen umfassend sicher fühlen. Menschen fühlen sich per se sicher, wenn sie wissen, dass ihnen mit Empathie begegnet wird. Empathie bereitet den Boden, damit Menschen lernen können. Um aus den Schwächen zu lernen, brauchen sie aber auch einen Raum, der ihnen Verantwortung übergibt und sie ermutigt, Verantwortung zu übernehmen. Weiterhin ist es notwendig, dass Menschen auf diesem Weg durch entsprechende Unterstützung wie Trainings, Feedbacks durch Kollegen sowie durch Mentoring oder Coaching begleitet werden. Die Grenze zwischen Organisation- und Privatwelt gibt es immer noch, doch ist sie durchlässiger. Menschen und das menschliche Tun werden aus einer integralen Perspektive betrachtet.

Organisationen, die Menschlichkeit als Kulturprinzip leben, streichen die Bedeutung des (kritischen) Feedbacks und der Reflektion heraus – und zwar sowohl in Bezug auf den Einzelnen als auch in Bezug auf die gesamte Organisation und ihre Formen der Zusammenarbeit, respektive Kollaboration. Menschen brauchen Rückmeldungen, damit sie sich ihrer blinden Flecken bewusst werden. Und wenn Menschen behaupten, sie würden alle ihre blinden Flecken kennen, dann haben sie das Konzept der blinden Flecken nicht verstanden. Wie Heinz von Foerster schon sagte: »Ich sehe nicht, was ich nicht sehe«. Wie dem auch sei, nach dem Feedback braucht es eine Möglichkeit, sich, sein Verhalten und seine Einstellung wiederum kritisch zu reflektieren – dafür brauchen Menschen aber ein Gegenüber. Also geschieht auch das nur in einer sozialen Interaktion, sei es durch Peers, Vorgesetzte oder durch professionelle Coachs. Auch das wiederum will organisiert und strukturiert sein, braucht also Strukturen und Prozesse. Organisationen, die Menschlichkeit in ihren Fokus stellen, sind nicht zu verwechseln mit Organisationen, in denen es vor allem darum geht, nett miteinander zu sein. »Nett sein« verstehen wir hier als eine Form, in der wir nicht ehrlich zueinander sind. Das Motto sollte eher sein: hart, aber ehrlich, herzlich, wohlwollend und unterstützend. Der Umgang innerhalb der Organisationen ist echt, authentisch und vor allem ehrlich. Das ist nicht immer angenehm, aber schafft Psychologische Sicherheit, sofern die Menschen dann in ihrer Entwicklung begleitet werden und ihnen entsprechende Unterstützungsangebote gemacht werden.

Reflektion braucht es aber nicht nur auf der individuellen Ebene, sondern auch auf der organisatorischen oder kollektiven Ebene, also mit Blick auf die Kulturentwicklung. Was sind die Muster und mentalen Modelle der Organisation? Aufgrund welcher zugrunde liegenden Annahmen haben sich Prozesse, Strukturen oder auch Produkte entwickelt? Kurz gefasst nimmt eine Organisationskultur Menschlichkeit den Menschen aus einer integralen Perspektive als Subjekt wahr. Strukturen und Prozesse sind auf Kooperation ausgerichtet, in der sich der Mensch als soziales Wesen entfalten kann. Darüber hinaus werden Menschen aus ihrer Komfortzone herausgeholt, indem von ihnen eine hohe Bereitschaft eingefordert wird, sich aktiv mit dem inneren und äußeren Ich als auch dem Gegenüber und der Umwelt auseinanderzusetzen, sich zu entwickeln und zu lernen. Reflexion, Dialog und Lernen auf der individuellen als auch auf der kollektiven Ebene sind feste Bestandteile dieser Kultur. Aus den bisherigen Überlegungen kann folgendes Modell abgeleitet werden, das sich aus sieben Teilkulturen zusammensetzt:

Achtsamkeitskultur: Achtsamkeit ist eine der wichtigsten Fähigkeiten, in welcher sich Menschen üben können. Damit meinen wir Achtsamkeit für die eigenen Bedürfnisse, aber auch Achtsamkeit für das Gegenüber und die Umwelt und Organisation. Achtsamkeit wirkt sich konkret auf Dinge aus. So kann man achtsam gegenüber neuen Ideen, neuen Methoden, neuen Mitarbeitern oder neuen Entwicklungen sein. Die Wirtschaftsgeschichte ist reich an Beispielen, in denen Unternehmen Entwicklungen nicht wahrgenommen haben, weil sie nicht in ihr vorherrschendes Denken passte. Weiterhin braucht es auch Achtsamkeit darüber, wie schnell Vertrauen zerstört werden kann. Aber Achtsamkeit ist hier nicht nur Voraussetzung für die Entwicklung einer entsprechenden Kultur, sondern unterstützt Menschen auch in ihrem persönlichen Entwicklungsprozess.

Persönlichkeitsentwicklungskultur: Organisationen, die eine Kultur der Menschlichkeit entwickeln wollen, geben der Persönlichkeitsentwicklung großen Raum. Nicht aus einem leistungsorientierten Gedanken heraus, sondern aus der Überzeugung, dass Menschen einen inhärenten Wunsch in sich tragen, ihr Potenzial zu entfalten. Dafür brauchen sie nicht nur andere Menschen, sondern auch Möglichkeiten, Verantwortung zu übernehmen und sich auszuprobieren.

Empathiekultur: Empathie oder die Fähigkeit des Sich-Einfühlens und des Mitfühlens wird hier als eine Voraussetzung betrachtet, eine tragende Fehlerkultur zu entwickeln, aber auch Verantwortungsdialoge vertrauensvoll gestalten zu können. Nur wenn ich empathisch mit meinem Gegenüber sein kann, besteht eine Chance, dass sie oder er sich mir öffnen wird und sich auch verletzlich zeigt, wodurch wiederum Vertrauen oder Psychologische Sicherheit entstehen kann.

Verantwortungskultur: Für jede Form der Persönlichkeitsentwicklung braucht es die Möglichkeit, Verantwortung zu übernehmen. Die Früchte der persönlichen Entwicklung lassen sich nur ernten, wenn Menschen auch in die Verantwortung gehen und Antworten geben. Ohne eine entsprechende Fehlerkultur wird Verantwortung von zu wenigen Menschen in Organisationen übernommen. Damit bleiben aber auch Möglichkeiten aus, sich persönlich zu entwickeln und zu wachsen.

Fehlerkultur: Achtsamkeits-, Persönlichkeitsentwicklungs-, Empathie- und Verantwortungskultur ermöglichen wiederum eine gute Fehlerkultur. Damit in Organisationen eine gute Fehlerkultur entstehen kann, müssen die Fehler benannt werden (Feedback) und Möglichkeiten geschaffen werden, daraus zu lernen. Fehler werden aber nur zugegeben, wenn Menschen wissen, dass fair, verantwortungsvoll und wohlwollend mit ihnen umgegangen wird und sie erkannt haben, dass Fehler Möglichkeiten bieten, zu wachsen und sich zu entwickeln.

Feedbackkultur: Rückmeldungen sind sehr wichtig für unsere Entwicklung. Ohne Feedback fehlt uns auch die soziale Resonanz und das Gefühl, eingebunden zu sein. Aber Feedback birgt auch immer die Gefahr, dass es missverstanden wird und daraus Spannungen und Konflikte entstehen. Aus unserer Sicht ist die gelebte und zu beobachtende Feedbackkultur nur die Spitze des Eisbergs. Wenn zuvor die anderen Aspekte (Achtsamkeits-, Persönlichkeitsentwicklungs-, Empathie-, Verantwortungs- und Fehlerkultur) entwickelt wurden, ist eine solide Grundlage für konstruktives Feedback geschaffen.

Konfliktkultur: Wo Menschen zusammenkommen, gibt es Spannungen und im Unternehmen gibt es dazu auch noch die Spannungen zwischen Orientierung an der Wirtschaftlichkeit und Orientierung an den Bedürfnissen der Menschen. Auch eine Kultur der Menschlichkeit löst diese Spannungen nicht auf. Sie nimmt sie vielmehr direkt in den Blick und geht konstruktiv damit um. Spannungen sind eine gute Chance, um in einen konstruktiven Dialog zu treten, um kluge und tragfähige Lösungen zu finden. In jedem Fall ist es wichtig, dass sowohl die Organisation als auch die in ihre arbeitenden Menschen, wissen, wie sie mit Spannungen umgehen können und sollten. Die Entwicklung einer Konfliktkultur zahlt automatisch auch auf die Kultur der Achtsamkeit, Empathie und Persönlichkeitsentwicklung ein, denn alle drei Aspekte sind für einen guten Umgang mit Konflikten sehr bedeutsam.

Modell der Kultur der Menschlichkeit

Im Zentrum der Kultur der Menschlichkeit steht die Achtsamkeitskultur: um in die Teilkulturen einzutauchen, braucht es ein minimales Verständnis und Achtsamkeit gegenüber dem Ich, dem Gegenüber und der Organisation. Zwischen den Teilkulturen um die Achtsamkeit, gibt es keine Hierarchie, vielmehr beeinflussen sich alle diese Teilkulturen untereinander. Das Ausmaß, in dem die Teilkulturen gelebt werden, bestimmt, wie gut Dialog und Lernen in dieser Organisation gelingt und das wiederum definiert, wie gut die Qualität der Zusammenarbeit ist. Die folgende Grafik zeigt diese Zusammenhänge auf:

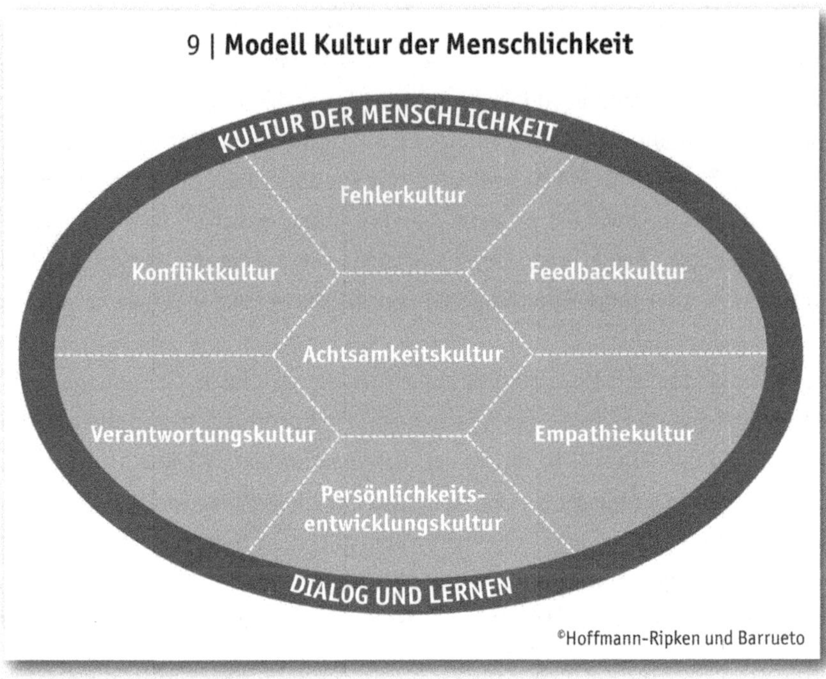

9 | **Modell Kultur der Menschlichkeit**

©Hoffmann-Ripken und Barrueto

Dabei ist die Kultur der Achtsamkeit in der Mitte aufgehängt, weil sie eine Haltung ist, die in allen anderen Kulturen gelebt werden muss, damit diese ihre Kraft entfalten können.

Das Modell bietet einen Orientierungsrahmen, innerhalb dessen eine Organisation, respektive die Geschäftsleitung evaluieren kann:

- Für wie wichtig erachten wir diese Teilkulturen?
- Wie werden diese Teilkulturen bei uns gelebt?
- Was tun wir, um diese Kulturen bewusst zu gestalten?

Damit würde schon eine Vergemeinschaftung stattfinden, was als bedeutsam eingestuft wird und worauf möglicherweise in Zukunft mehr Fokus gelegt werden könnte. Es ist der erste Ansatzpunkt für eine bewusste

Organisationsentwicklung. Ferner kann mit dem auf Grundlage des Modells entwickelten Fragebogens analysiert werden, wie die jeweiligen Teilkulturen gelebt werden und wo Stärken sind, aber auch wo Entwicklungsbedarf gesehen wird. Der Fragebogen wird in Kapitel »6. Entwicklung einer Kultur der Menschlichkeit« vorgestellt.

Nachdem nun das Modell Kultur der Menschlichkeit entwickelt und vorgestellt wurde, bleibt die Frage, wieso genau diese Kultur den Kulturwandel darstellt, der für agile Transformationen notwendig erscheint. Dafür möchten wir auf das Konzept der Agilität eingehen und dann aufzeigen, welche Werte, Mindsets und Haltungen in einer agilen Transformation entwickelt werden müssen.

3.6 Agile Transformation

Agilität ist nicht neu. Neu ist die zunehmende Notwendigkeit, sich als Organisation agil aufzustellen. Agilität bedeutet zunächst schlicht: flexibel, schnell und erfolgreich auf äußere Veränderungen zu reagieren. Die VUCA-Welt beschreibt die Herausforderungen, denen sich Organisationen gegenübersehen (Linden und Wittmer 2018; Zukunftsinstitut 2021). Diese Trends führen dazu, dass die Umwelt und damit das Wettbewerbsumfeld der Organisationen sich schneller verändert als früher. Je komplexer die Umwelt, umso komplexer muss auch die eigene Organisation werden. Bereits 1968 formulierte W. Ross Ashby das Gesetz von der erforderlichen Vielfalt: »When the variety or complexity of the environment exceeds the capacity of a system (natural or artificial) the environment will dominate and ultimately destroy that system.« (Je komplexer die Umwelt, umso komplexer muss auch das System sein, um in dieser Umwelt überleben zu können.) Zunehmende Komplexität entsteht in Organisation durch mehr verteilte Verantwortung auf mehr Mitglieder. Wenn mehr Menschen in Organisationen befähigt und ermächtig werden, eigenständige Entscheidungen zu treffen und selbstverantwortlicher zu handeln, werden Organisationen agiler. Dabei braucht es einen Handlungsrahmen. Agilität bedeutet nicht Laissez-faire, sondern wird getragen von Werten und auch Führungsprinzipien. Ein großes Missverständnis ist, dass mehr Selbstorganisation weniger oder keine Führung bedeutet. Mehr Selbstorganisation braucht sogar eine noch klarere Führung, nur dass in der Selbstorganisation Führung verteilter ist und zusätzlich durch andere Prozesse und Strukturen wahrgenommen wird.

Agile Organisationen denken weiterhin alles konsequent vom Kunden her. Damit sie den höchstmöglichen Kundennutzen liefern können, müssen Teams nah am Kunden sein, interdisziplinär denken und arbeiten und in kleinen Schritten, bestenfalls gemeinsam mit dem Kunden ihre Produkte entwickeln. Führung im alten Sinn verlangsamt den Prozess und schränkt Innovationsfähigkeit und Agilität ein. Hinzu kommt, dass die Bürokratisierung und das Streben nach Effizienz durch Standardisierungen Systeme geschaffen haben, die eher langsam und träge auf Veränderungen reagieren. Um schnell entscheiden zu können, brauchen die Mitarbeitenden mehr Entscheidungsfreiheiten und Selbstorganisation und einen klaren Rahmen, wie Führung gestaltet wird.

Diese neuen Formen der Führung und Zusammenarbeit stellen aber das bestehende Mindset über effizientes Wirtschaften infrage.

> **Reflexion: Wie sollte die ideale Führung ausschauen?**
> Was sind Ihre zugrunde liegenden Überzeugungen, wie Organisationen, Projekte und die in ihnen arbeitenden Menschen geführt werden sollten? Schreiben Sie Ihre Gedanken auf, bevor Sie weiterlesen …

Aus vielen Organisationsentwicklungsprojekten glauben wir, dass viele Mitarbeitende und Führungskräfte überzeugt sind, dass

- Organisationen und Projekte planbar, steuerbar und gestaltbar sind. Je besser sie geplant sind, umso besser das Ergebnis.
- Organisationen von oben nach unten strukturiert sein müssen;
- Hierarchie für kluge Lösungen sorgt;
- Führung bedeutet, Richtung und Lösungen vorzugeben;
- Motivation über monetäre Anreize erfolgt;
- Mitarbeitende eher keine Verantwortung übernehmen wollen und/oder können;
- Standardisierungen und klare Vorgaben die Effizienz steigern (blaue Schicht);
- Groß-Sein immer besser ist als Klein-Sein.

Diese Grundannahmen und viele weitere haben die Idee über erfolgreiches Wirtschaften in den letzten hundert Jahren sehr geprägt und sind tief in das Selbstverständnis von Mitarbeitenden, Managern und Organisationen eingebrannt.

Das agile Mindset stellt nicht nur viele dieser Grundannahmen infrage, sondern geht zum Teil vom Gegenteil aus:

- (Komplexe) Projekte sind nicht planbar, das Ergebnis ist am Anfang noch unbekannt, häufig auch die Frage, wie man das Ergebnis erreicht;
- Hierarchie verhindert Kreativität und Innovation;
- Mitarbeitende suchen Sinnerfüllung und wollen Verantwortung übernehmen;
- klare Vorgaben engen ein und verlangsamen den Prozess;
- klein und wendig ist besser als groß und mächtig.

Damit eine Organisation agil handeln kann, bedarf es neben anderen Methoden vor allem fundamental anderer Denk- und Wirkungsweisen innerhalb der Organisation. Das ist mit Mindset-Change gemeint. Im Diskurs um agile Transformationen hören und lesen wir oft, dass es genau diesen Mindset-Change braucht. Wir sind aber der Meinung, dass ein Mindset-Change nur ein Aspekt ist. Neben einem Mindset-Change spielen Haltung und Werte auch eine zentrale Rolle. Warum das so ist, wollen wir im nächsten Abschnitt genau analysieren.

Agiles Mindset, agile Werte und Haltung

Organisationen, die sich ernsthaft und nachhaltig mit Agilität entwickeln wollen, sollten aus unserer Sicht zunächst einmal folgende Überzeugungen (Mindset) teilen:

1. Agilität ist keine Modeerscheinung, sondern eine organisatorische Notwendigkeit,
2. Agilität ist kein Managementsystem,
3. Agilität braucht eine andere Haltung,
4. Agilität stellt viele Grundannahmen über Organisationen infrage und erfordert eine ganzheitlich durchdachte Transformation sowie
5. Agile Methoden bedürfen einer agilen Kultur.

Die nachfolgenden Ausführungen erläutern, warum diese Aussagen für eine agile Transformation zentral sind. Teil des agilen Mindsets ist sicherlich die zugrunde liegende Haltung, die einem Growth Mindset zugeschrieben wird, nämlich die Überzeugung, dass Menschen per se einen inhärenten Wunsch haben, sich zu entwickeln, Verantwortung zu übernehmen und verantwortlich zu handeln. Wenn wir derzeit ein gegenteiliges Verhalten von Mitarbeitenden in Organisationen beobachten, so erklärt sich dieses gegenteilige Verhalten aus der Sichtweise des Agilen Mindsets nicht aus dem Wesen des Menschen an sich, sondern als eine Reaktion der Menschen auf den erlebten organisationalen Kontext, bestehend aus den Rahmenbedingungen, den Regeln und Prozessen und dem darin erlebten Verhalten von Führung. Wir haben es hier erneut mit einer Zirkularität zu tun, die häufig übersehen wird: In gleicher Weise wie der Kontext das Verhalten beeinflusst und auch stabilisiert, beeinflusst und stabilisiert das Verhalten den Kontext. Diese Wechselwirkungen können positiv sein oder auch in eine Art Teufelskreisdynamik münden. Mit der XY-Theorie von McGregor aus den Sechzigerjahren können die Wechselwirkungen des Verhaltens von Mitarbeitenden und Führungspersonen in Organisationen gut verdeutlich werden. Seiner Idee zufolge hängt das Führungsverhalten davon ab, welche Grundüberzeugungen Führungspersonen über das menschliche Verhalten haben. Die eine Grundüberzeugung nennt er X, die andere Y.

Nach McGregor prägen folgenden Überzeugungen ein X-Menschenbild oder auch ein X-Mindset:

1. Der Durchschnittsmensch ist von Natur aus träge. Er arbeitet so wenig wie möglich.
2. Er ist ohne Ehrgeiz, übernimmt ungern Verantwortung und möchte geführt werden.
3. Er ist von Natur aus egoistisch und indifferent gegenüber den organisationalen Erfordernissen.
4. Er ist natürlicherweise veränderungsresistent.
5. Er ist leichtgläubig und nicht sehr intelligent.

Daraus folgt, die Überzeugung, dass ...:

- das Management für ein erfolgreiches Wirtschaften verantwortlich ist, in dem es die Produktionsfaktoren Geld, Materialien, Equipment, Mitarbeitende führt und lenkt.
- erfolgreiches Wirtschaften voraussetzt, dass Angestellte in ihrer Arbeit angeleitet, motiviert und ihre Handlungen kontrolliert werden.
- ohne die aktive Führung Mitarbeitende passiv wären, sogar der Organisation schaden würden. Daher müssen sie überzeugt, belohnt, bestraft, kontrolliert und in ihrem Tun geführt werden (McGregor 1960: 311 f).

Der Zirkularität von Mindset X und beobachtbarem Verhalten würde sich dann so erklären:

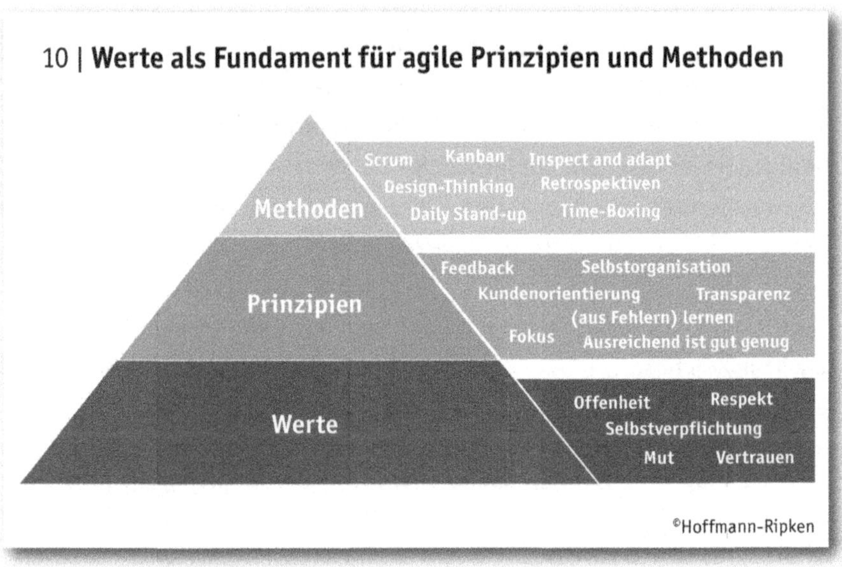

Das X-Menschenbild wird noch heute in vielen Organisationen und von vielen Führungskräften unbewusst geteilt.

Das Mindset Y hingegen ist von folgenden Überzeugungen getragen:

1. Menschen sind nicht von Natur aus passiv oder widerwillig gegenüber den Anforderungen, die in Organisationen gestellt werde. Sie verhalten sich so aufgrund der Erfahrungen, die sie in Organisationen gemacht haben.
2. Motivation, Entwicklungspotenzial und Bereitschaft, Verantwortung zu übernehmen, ist von Natur aus im Menschen vorhanden.

Daraus folgt, dass es die Aufgabe des Managements ist, Rahmenbedingungen zu schaffen, in denen Menschen sich entfalten können zum Wohle der eigenen persönlichen Entwicklung und der organisationalen Anforderungen (McGregor 1960: 317 f).

Ein agiles Mindset ist davon überzeugt, dass wir es vor allem mit Y-Menschen zu tun haben und Menschen sich nur nach X verhalten, weil in den vorherrschenden Rahmenbedingungen dieses Verhalten als opportun und logisch erscheint. Das Y-Mindset entspricht dem Mindset der Humanistischen Psychologie und der beschriebenen Unternehmenskultur Menschlichkeit.

Die notwendigen Rahmenbedingungen, die ein Verhalten nach Y wahrscheinlich werden lassen, werden durch die agilen Prinzipien und Werte gut beschrieben. Prinzipien verweisen dabei auf die Haltung, die in der Zusammenarbeit eingenommen werden sollte. Je nach Konzept werden allerdings unterschiedliche agile Werte und Prinzipien aufgeführt und häufig wird zwischen Werten und Prinzipien nicht klar unterschieden – ähnlich wie zwischen Werten, Mindset und Haltung. So wird Kommunikation in einigen Konzepten als Wert definiert, was aus unserer Sicht ein Prinzip ist und kein Wert (WEKA 2021). Daher soll hier kurz auf die Unterscheidung zwischen Wert und Prinzip eingegangen werden.

Wie erläutert, handelt es sich bei Werten um von einem Individuum oder einer Gemeinschaft verinnerlichte Zielmaßstäbe, an denen das eigene Handeln gemessen wird. Prinzipien definieren dagegen bereits bestimmte Haltungen, wie gearbeitet werden sollte. So ist Transparenz ein Prinzip, mit dem der Wert Offenheit gelebt und umgesetzt werden kann. Die daraus entstehende Haltung wäre: Ich finde gut und wichtig, dass wir uns ehrliches Feedback geben. Methoden sind wiederum praktische Handlungsanweisungen, wie der Prozess gestaltet sein sollte, in dem die Prinzipien ihren Ausdruck finden. Methoden sind also der sichtbare Teil, während Prinzipien die Haltung definieren.

Feedback als Prinzip sagt noch nicht aus, wie es konkret gegeben wird, nur dass es als wichtig erachtet wird (Haltung). Retrospektive als Methode hingegen beschreibt konkrete Vorgehensweisen, wann, wo, wie und wer wem Feedback gibt.

Scrum – hier als Methode eingeordnet – definiert für sich folgende Werte, die erfüllt sein müssen, damit die Methode wirksam wird: Mut, Fokus, Pflichtgefühl, Offenheit, Respekt. Die vier Leitsätze aus dem agilen Manifest, werden häufig als Werte definiert, sind aber Prinzipien nach dem hier definierten Verständnis. Kanban definiert neun Werte: Transparenz, Balance, Kollaboration, Kundenfokus, Arbeitsfluss, Führung, Verständnis, Vereinbarung, Respekt. Auch hier erscheinen uns, Prinzipien und Werte vermischt zu sein.

Wir machen folgenden Vorschlag: Als Werte, die agiles Arbeiten ermöglichen, sehen wir Offenheit, Vertrauen, Respekt, Mut und Selbstverpflichtung (sich selbst in die Pflicht nehmend). Als Prinzipien sehen wir Feedback, Pull, Selbst-Organisation, Kundenorientierung, Lernen, Transparenz, Ausreichend ist gut genug, Fokus. Diese Liste ist aber keineswegs abschließend. Wie auch die Aufzählung der Methoden nur eine Auswahl darstellt. Hingegen würden wir uns bei den Werten auf die fünf hier vorgeschlagenen Werte beschränken wollen.

Wie hängen diese hier genannten agilen Prinzipien und agilen Werte zusammen – oder anders formuliert: Warum erzeugen diese fünf Werte und Prinzipien Agilität?

Agilität zeigt sich, wenn Menschen und Systeme schnell auf Veränderungen reagieren können. Dazu müssen sie bereit sein, aus Fehlern zu lernen. Damit sie aus Fehlern lernen können, müssen sich die Mitarbeitenden offen und transparent Feedback geben. Das braucht Offenheit und Mut, aber natürlich auch Vertrauen und Respekt. Außerdem müssen die Mitarbeitenden offen sein für neue, unkonventionelle Lösungen. Damit Menschen sich selbst organisieren, müssen sie bereit sein, sich zu engagieren und Verantwortung zu übernehmen. Dazu braucht es Selbstverpflichtung, aber auch klare Prinzipien, wie diese Selbstorganisation organisiert wird. Die Kundenorientierung braucht immer wieder die Bereitschaft, sich zu fokussieren. Mit einem nicht fertigen Ergebnis (ausreichend ist gut genug) zum Kunden zu gehen, braucht ebenfalls Mut. Transparent über Fehler oder auch nicht erbrachte Leistungen zu sprechen, erfordert wiederum Offenheit, aber auch Mut. Gegenseitiger Respekt im Umgang miteinander, aber auch Respekt vor der eigenen Leistung und der Leistung anderer führt zu Vertrauen und Vertrauen ermöglicht Respekt.

Wie wir sehen, bedingen und bekräftigen sich die Werte einerseits gegenseitig und stehen in Wechselwirkung mit den Prinzipien. Werden die Methoden allerdings eingeführt und umgesetzt, ohne dass gleichzeitig die darunter liegenden Werte entwickelt und gelebt werden, dann bleiben die Methoden wirkungslos. Dann entspricht Scrum einem potemkinschen Dorf, einer Täuschung oder einem Trugbild also, wo die Methode nur Fassade ist. Tatsächlich hören wir von vielen Kunden, dass sie zwar jetzt Projekte nach Scrum aufsetzen, sich aber eigentlich an ihrer Arbeitsweise nichts geändert hätte.

Eine agile Transformation bedarf der Entwicklung bestimmter Werte als Fundament für die Umsetzung der agilen Prinzipien und Methoden. Mit einer Unternehmenskultur Menschlichkeit werden genau diese Werte entwickelt. Darüber hinaus ermöglichen agile Organisationen viele Rahmenbedingungen, die wir auch für eine Kultur der Menschlichkeit abgeleitet haben:

Rahmenbedingungen wie auf Selbstorganisation setzende agile Methoden lassen mehr Autonomie zu und fordern Verantwortungsübernahme ein. Letztlich sind agile Methoden darauf ausgerichtet, eine Lernzone zu gestalten. Dadurch werden Menschen herausgefordert und gleichzeitig steigert es das eigene Kompetenzerleben. Gleichzeitig leben agile Formate von Feedback, das ein inhärenter Bestandteil der verschiedenen Methoden ist. Die Kraft der agilen Modelle ergibt sich dann, wenn Fehler rechtzeitig aufgedeckt werden, wenn Transparenz besteht, wer was wie gemacht hat, wenn positives wie auch negatives Feedback gegeben wird und wenn andere, dem Mainstream gegenläufige Meinungen geäußert werden. All das setzt Psychologische Sicherheit voraus. Durch den gestiegenen Kommunikations- und Abstimmungsbedarf, den agile Methoden mit sich bringen, wird das Bedürfnis nach sozialer Eingebundenheit erfüllt. Darüber hinaus fördern agile Methoden Reflexion, indem sie Retrospektiven als einen wesentlichen Bestandteil des Lernens anerkennen. Auch hier zeigt sich eine Übereinstimmung der agilen Werte mit einer Unternehmenskultur Menschlichkeit. Allerdings wird der Aspekt der Persönlichkeitsentwicklung in den agilen Methoden viel zu wenig unterstrichen, wodurch auch das Missverständnis gefördert wird, dass es sich bei der Entwicklung zu einer agilen Organisation vor allem um die Einführung von Methoden handelt (Es-Raum).

Last but not least postuliert das Agile Manifest (das 2001 von einer Gruppe von Vordenkern der Softwareentwicklung formuliert wurde, siehe hierzu auch http://agilemanifesto.org), dass Individuen und Interaktionen wichtiger als Prozesse und Werkzeuge sind (was nicht bedeutet, dass Prozesse und Werkzeuge unwichtig sind). Der Fokus Mensch wird auch hier klar hervorgehoben.

Die Entwicklung der Teilkulturen Fehler-, Feedback- und Verantwortungskultur sind für agile Transformationen zwingend notwendig. Die Persönlichkeitsentwicklungskultur nimmt in den Blick, dass sich in einem agilen Kontext die persönlichen Mindsets und Haltungen verändern müssen. Konfliktkultur ist in agilen Kontexten von herausragender Bedeutung, weil Konflikte nicht mehr über die Hierarchie geklärt oder gelöst werden, sondern im Dialog. Empathie- und Achtsamkeitskultur nehmen Aspekte in den Blick, die vor allem Vertrauen ermöglichen. Alle Teilkulturen zusammen ermöglichen den für agile Transformationen notwendigen Wertewandel.

Reflexion: Was verstehen Sie nach Lesen dieses Kapitels unter Menschlichkeit?
Hinweis: Sie haben am Anfang dieses Kapitels aufgeschrieben, was Sie sowohl unter Menschlichkeit verstehen als auch haben Sie eine Einschätzung vorgenommen, wie Sie Ihre Organisation in Bezug auf Menschlichkeit bewerten.

Jetzt wäre ein guter Zeitpunkt, Ihr ursprüngliches Verständnis von Menschlichkeit sowie Ihre anfängliche Bewertung zu reflektieren:

- Wie hat sich im Laufe der Lektüre Ihr Verständnis von Menschlichkeit allenfalls verändert?
- Welche Schlussfolgerungen ziehen Sie aus den bisherigen Überlegungen und Reflexionen für sich?
- Wie würde Sie jetzt die in Ihrem Unternehmen praktizierte Kultur der Menschlichkeit auf einer Skala von 1 bis 10 bewerten?

4.
Werteentwicklung als Basis für eine Kultur der Menschlichkeit

»Löblich die Absicht, Werte zu respektieren und nicht aufzuzwingen.«

Raymond Walden, Kosmopolit, Pazifist und Autor

In diesem Kapitel stellen wir einen Ansatz vor, der davon ausgeht, dass Werte in einer Organisation in einer bestimmten Logik und zeitlichen Folge entstehen und nicht einfach entwickelt werden können. Die zentrale Aussage ist, dass die bestehenden kulturbestimmenden Werte entscheiden, wie Kulturentwicklung gestaltet werden sollte. Ansonsten könnte es passieren, dass entsprechende Bemühungen verpuffen, weil die vorherrschende Haltung folgende ist: *»Letztlich ist doch das ganze Gerede um Menschlichkeit in Organisationen scheinheilig und euphemistisch, weil es eigentlich nur um den Profit geht und alle diese Maßnahmen sollen doch genau dem dienen.«*

Der Outdoorausrüster VAUDE hat in den letzten Jahren viel Zeit und Geld in seine Kulturentwicklung investiert. Doch genau diesen Spruch hörten wir von einem Manager eines großen IT-Konzerns nach einem Vortrag über VAUDE. Uns wurde in dem Moment klar: Der Manager des großen IT-Konzerns hatte nicht verstanden, aus welchem Mindset und welcher Haltung heraus und auf der Grundlager welcher Werte der Outdoorartikelanbieter diesen Wandel vorantrieb.

Damit kommen wir zu der Frage, welche Werte gelebt werden müssen, welcher Mindset verinnerlicht sein muss, damit Organisationen eine Unternehmenskultur der Menschlichkeit etablieren und leben können. Die in einer Organisation gelebten Werte sind wichtige Einflussfaktoren auf die Organisationskultur. Auch die Metapher, Werte im Eisbergmodell sehr weit unten zu verorten, wird einvernehmlich geteilt sowie die Aussage, dass sie schwer direkt zu beeinflussen oder zu verändern sind. Dennoch haben in den letzten Jahren viele Kulturentwicklungsprogramme an der Auswahl von wünschenswerten Werten angesetzt. Mit der Definition der gewünschten Werte verband sich die Vorstellung, auf diese Weise die Haltung und das Verhalten direkt zu beeinflussen. Bestenfalls wurden noch strategische Maßnahmen definiert, mit denen diese Werte in der Organisation entwickelt werden sollten.

Wir gehen hier einen anderen Weg und möchten dafür ein Modell beiziehen, das in jüngster Zeit in vielen Büchern über Organisationsentwicklung Einzug fand (Hofert und Thomet 2019; Laloux 2014). Das Modell legt nahe, dass sich Wertesysteme in einer bestimmten aufeinander aufbauenden Reihenfolge entwickeln und nicht von oben nach unten definiert werden können. Das Spiral Dynamics Modell (Beck und Cowan 2007) beschreibt die Entwicklung von Wertesystemen, die Menschen individuell, aber auch die Menschheit als Kollektiv in einer bestimmten Reihenfolge durchlaufen. Nach dem Modell bestimmen die gelebten Wertesysteme auch die Bewusstseinsstufe, auf der sich die betrachtete Person oder die Gruppe befindet. In jedem Fall haben die Wertesysteme einen Einfluss auf die Haltung, mit der ein Mensch oder auch eine Organisation sich selbst, die anderen als auch seine Umwelt wahrnimmt.

Dabei können aus der rein faktischen Beobachtung des Handelns oder Verhaltens keine direkten Rückschlüsse gezogen werden, aus welcher Haltung heraus und mit welchem Mindset und auf der Grundlage welcher Werte, ein Mensch oder auch eine Organisation das tut, was sie tut. Nehmen wir zwei unterschiedliche Organisationen, die ihren Mitarbeitenden Achtsamkeitskurse oder Trainings in empathischer Führungsarbeit anbieten. Das Angebot sagt noch nichts darüber aus, aus welchem Mindset heraus diese Angebote gemacht werden. Denkbar ist eine Organisation, die damit vor allem das Ziel verfolgt, ihre Mitarbeitenden noch leistungsfähiger zu machen. Böse formuliert könnte man sagen, dass die Angebote das Ziel verfolgen, auch noch den letzten Tropfen aus der Zitrone herauszuquetschen. Der Wertekanon hinter dem Angebot ist dann ziel-, effizienz- und leistungsorientiert. Denkbar ist auch eine Organisation, die diese Angebote macht, damit ihre Mitarbeitenden sich selbst besser kennenlernen und abgrenzen können. In dem Fall wäre das Ziel eine Persönlichkeitsentwicklung, zunächst ohne direkten Bezug zu einer Leistungssteigerung. Werte hinter dem Handeln könnten persönliche Entwicklung, Empathie oder Verantwortung sein. Hinter der gleichen Handlung können also unterschiedliche Werte stehen.

Bei der Entwicklung der Bewusstseinsstufen steht der Mensch im Austausch mit seiner Umwelt: Nach dem Modell entstehen neue Wertesysteme immer dann, wenn neue Herausforderungen in der Umwelt auftauchen, die mit dem bestehenden Wertesystem nicht mehr gut gelöst werden können.

Als Beispiel nehmen wird den Bau von Atomkraftwerken, um das Problem des gestiegenen Energieverbrauchs zu lösen. Für das damit neu entstehende Problem des radioaktiven Abfalls müssen neue Lösungen gesucht werden. Der Treiber für die menschliche Entwicklung ist die zunehmende Fähigkeit, die den Menschen umgebenden Probleme zu lösen und damit aber auch neue Probleme zu schaffen, die wiederum gelöst werden müssen. Damit setzt sich mit jeder neuen Problemlösung und jeder neuen Erkenntnis eine Spirale in Gang, in der neue vorher nicht wahrgenommene oder auch nicht vorhandene Probleme entstehen, auf die neue Antworten gefunden werden müssen. Wie sich zeigt, entwickeln sich mit den Problemlösungswegen bestimmte Werte. Das bedeutet, dass unterschiedliche Bewusstseinsstufen, unterschiedliche Werte herausbilden und als wichtig erachten.

Nach dem Spiral Dynamics Model durchlaufen Menschen in den unterschiedlichen historischen Zeiten auch aufgrund der zunehmenden sich entwickelnden, aber auch entdeckten Komplexität, unterschiedliche Entwicklungsstufen, wobei nicht alle Menschen zur gleichen Zeit diese Entwicklung vollziehen. Schon immer gab es Menschen, die den Schritt in eine neue Entwicklungsstufe bereits vollzogen, etwas Neues, Ungewohntes in ihrer Zeit dachten und taten, und zwar auf allen Gebieten – der Spiritualität, der Wissenschaft, der Kunst oder der Philosophie.

Jede Entwicklungsstufe ist durch bestimmte Denk-, Verstehens- und Verhaltens-, aber auch Gefühlsmuster geprägt, die ihren Ursprung in den Werten finden, die sich wiederum aus den anzutreffenden Lebensumständen entwickelt haben. Darin unterscheidet sich das Spiral Dynamics Modell von anderen evolutionären Entwicklungsmodellen. Dabei ist wichtig, dass es sich nicht um ein Persönlichkeitsmodell handelt, sondern um ein Entwicklungsmodell, mit dem sowohl Individuen als auch Kollektive, wie Unternehmen, Familien, Institutionen, oder ganze Gesellschaften betrachtet werden können.

Die Spiral Dynamik hat das primäre Ziel, die vorhandenen Wertesysteme zu beleuchten und damit mehr Verständnis für das unterschiedliche Handeln zu erhalten. Weniger geht es darum, die Wertesysteme der Menschen zu ändern (Butters 2015). Es ist nicht direkt möglich, einen Menschen durch ein Training oder Coaching in eine neue Stufe zu bringen. Was wir tun können, ist das Wertemodell bewusst zu machen, mögliche gelebte Schattenseiten aufzeigen und damit Menschen gegenüber einer neuen Wertestufe zu öffnen. Das bedeutet, dass das Spiral Dynamics Modell sich weniger normativ mit dem beobachtbaren Verhalten auseinandersetzt, sondern die Frage stellt, aus welchen Werten, aus welchen Motiven oder auch aus welcher Haltung heraus das Verhalten begründet wird. Zwei Menschen können genau das Gleiche tun und doch aus ganz unterschiedlichen Motiven und dahinter liegenden Werten heraus handeln.

Innerhalb der jeweiligen Stufen können die bestimmenden Werte ein normativ positives, verbesserndes und gesundes als auch negatives, verschlechterndes und krankmachendes Verhalten provozieren. So kann Religiosität den Menschen Kraft und Unterstützung geben oder auch Menschen tyrannisieren, wenn es dogmatisch gelebt und eingefordert wird. Weiter kann eine Unternehmung ein knallhartes und kompetitives »Management by Objectives System« einführen oder den Mitarbeitenden einen Entspannungs-Kurs bezahlen, damit sie bessere Leistungen bringen. In beiden Beispielen erfolgt die Handlung aus den gleichen dahinter liegenden Werten (Haltung) oder auch aus der gleichen Stufe.

Die Farben und die Anordnung im Spiral Dynamics Modell

Die Kernidee des Spiral Dynamics Modells, wie wir es hier vorstellen, gehen auf zahlreiche Studien von Clark Graves zurück. Seine Ideen wurden von Beck und Cowan (2007) weiterentwickelt. Ganz ähnliche Überlegungen hat aber auch unabhängig davon Ken Wilber (2017; Wilber 2018) entwickelt, dessen Gedanken hier ebenfalls einfließen.

Das ursprüngliche Modell wird als eine nach oben offener Spirale visuell gestaltet. Jede Stufe kann einer ungefähren Zeit zugeordnet werden, wo sie das erste Mal beobachtet werden konnte. Da die Lebensumstände einen Einfluss auf die Entstehung von den Werten und Bewusstseinszuständen haben, wird deutlich, dass das Aufkommen einer neuen Stufe immer auch mit den epochalen Veränderungen im gesellschaftlichen oder auch im technologischen Bereich zusammenhängen, die neuen Lebensumstände ermöglicht haben. Zur Vereinfachung sind jeder Stufe Farben zugeordnet.

Menschen mit durchschnittlichen kognitiven Begabungen durchlaufen in ihrer Entwicklung vom Neugeborenen zum Erwachsenen in jedem Fall zumindest bis zu einem gewissen Grad die ersten Stufen von Beige, über Purpur zu Rot und dann zu Blau.

Bevor Sie die einzelnen Farben und ihre Bedeutung besser kennenlernen, erscheinen uns folgende Hinweise wichtig:

1. Jeder Mensch oder jede Organisation kann in jeder Stufe eine starke, positive Kraft entfalten, aber genauso sowohl auf sich selbst als auch auf andere eine zerstörerische und negative, die der Schatten einer Farbe genannt wird. Keine Farbe ist an sich gut oder schlecht.

2. Es gibt eine Holon-Hierarchie (aus dem Griechischen: »Teil eines Ganzen Seiend«): Die höhere Stufe ist auf das Funktionieren der tieferen angewiesen, aber nicht umgekehrt. Atome, Elemente, Minerale, Zellen, Gewebe, Organe, Lebewesen, Gesellschaften. Jede Stufe kann mehr Teile integrieren und zur Zusammenarbeit bringen als die tiefere, ist also komplexer, bewusster, produktiver, ganzheitlicher.
3. Das Handeln erfolgt meist nicht nur aus einer einzigen Farbe, sondern aus einem Farbgemisch, mit einer dominanteren Farbe, weil in unterschiedlichen Kontexten unterschiedliche Annahmen und Motive das menschliche Handeln dominieren.
4. Die Entwicklung von einer zu der nächsten Wertestufe bedarf gewisser Voraussetzungen. Eine wesentliche Voraussetzung ist, dass in der aktuellen Schicht, Probleme auftauchen, für die es bisher keine Lösungen gibt.

Das Modell soll helfen, menschliches Handeln zu verstehen und die Haltung, aus der heraus dieses Handeln erfolgt. Dabei erliegen Menschen schnell der Gefahr, solche Modelle simplifiziert und auch pauschal zu benutzen, was der Komplexität menschlichen Lebens nicht gerecht wird. Im Sinne unseres Anliegens wollen wir mit dem Spiral Dynamics Modell vor allem den Begriff der Haltung erklären und gleichzeitig überlegen, wie Menschlichkeit, wie wir es definiert haben, in den jeweiligen Stufen ihren Ausdruck findet.

4.1 Beige (instinktiv) – Überleben und Instinkte

Ursprünglich

Die Stufe beginnt mit dem Homo sapiens vor zweihunderttausend Jahren. Die Lebensumstände werden von der Natur und dem Kampf um das tägliche Überleben, sprich Wasser, Nahrung, Wärme, Fortpflanzung und Sicherheit bestimmt. Dazu nutzt der Mensch seine Instinkte. Es gibt vereinzelte

Überlebensgruppen, um das Leben zu erhalten und weiterzugeben. In dieser Phase hat der Menschen kaum ein eigenständiges Bewusstsein. Das Zeitgefühl umfasst nur das Hier und Jetzt und der Fokus ist auf die körperlichen Bedürfnisse ausgerichtet.

Heute

Aus heutiger Sicht befinden sich Neugeborene und je nach Stärkegrad demente Menschen in diesem Stadium. Auch Menschen in geistiger Verwirrung sowie Menschen, die am Verhungern sind, oder auch durch Drogen induzierte Erlebenszustände sind Umstände, in denen diese Phase erlebt werden kann. Ebenfalls sind Menschen in einer Naturkatastrophe, wie eine Überschwemmung oder einem Erdbeben, zunächst nur auf das Überleben ausgerichtet. Wenn es um das Überleben im Moment geht, kommen folgende Reaktionen zum Zug: Kämpfen, fliehen oder erstarren. Beige spielt für unsere weiteren Überlegungen keine Rolle.

Schattenseiten

Menschen in Beige handeln instinktiv und sind auf sich fokussiert, obwohl sie in den meisten Fällen noch kein Bewusstsein des Selbst gebildet haben und deshalb kollektiv mit allem verbunden sind. Ein Baby schreit, wenn es Hunger hat, es ist sich seiner selbst jedoch nicht bewusst. Schattenseiten, wie sie in den späteren Stufen beschrieben wird, gibt es hier nicht, weil es noch keine Form des gesellschaftlichen Zusammenlebens gibt.

Werte

In dieser Stufe spielen Werte noch keine Rolle – es geht ums reine Überleben.

4.2 Purpur (animistisch) – Stammeszugehörigkeit und Magie

Ursprünglich

Vor siebzigtausend Jahren vollzog sich beim Homo sapiens die kognitive Revolution: Zu dieser Zeit breitete sich der Mensch von Afrika ausgehend über den ganzen Planeten aus. Vor vierzigtausend Jahren gelang es ihm, über das offene Meer bis nach Australien zu kommen. Das bedurfte einer starken kognitiven Leistung. Weiter gibt es erste religiöse Artefakte, wie die Venus oder den Löwenmensch, welche auf eine neue kognitive Stufe hinweisen. Damals gab es noch keine Landwirtschaft und kein Konzept von Eigentum. Die Natur gab den Menschen alles, was sie brauchten, und die Lebensräume waren für die wenigen Menschen großräumig. Boehm (1993) verglich achtundvierzig Publikationen über Jäger und Sammler mit dem Ziel, Eigenschaften herauszuschälen, die benötigt wurden, um eine Gruppe anzuführen. Die Haupteigenschaften sind Großzügigkeit, Zuverlässigkeit, Ruhe, Offenheit, Bescheidenheit, aber auch Stärke und Enthusiasmus. Laut Bregmann (2022) wurden Egoisten ausgeschlossen, da nur auf sich ausgerichtete Menschen für den Stamm gefährlich werden konnten. Führungsrollen waren zeitlich beschränkt und oft wurden die Entscheidungen gemeinsam getroffen.

In diesem Wertesystem ist der Glaube an eine beseelte Umwelt, an Naturgötter und Magie stark. Die Menschen fühlten sich den Naturgewalten ausgeliefert und versuchten, über Rituale die Götter zu besänftigen. Dagegen bietet die Gemeinschaft Schutz. Die hinter dieser Phase liegenden Werte sind daher auf die Gemeinschaft orientiert. Das Zeitgefühl ist zyklisch und der Mensch lebt im Rhythmus mit der Natur.

Heute

In dieser Entwicklungsstufe (circa ab achtzehn bis vierundzwanzig Monaten) soll ein gesundes Fundament gelegt werden, in dem der Mensch das Gefühl von Geborgenheit, Zugehörigkeit und auch Sicherheit durch die Familie erfährt. Das ist ein wichtiger Baustein, um die positiven Qualitäten der nächsten Stufe gut integrieren zu können (Bretherton 1992).

Purpur scheint auch auf der individuellen, erwachsenen Ebene durch: Glücksbringer, Schutzengel oder im Wissen um Aberglauben (wie zum Beispiel die schwarze Katze als Unglücksbote oder der Schornsteinfeger als Glückszeichen) oder allgemein im Glauben an magische, übermenschliche Wesen sind entsprechende Indikatoren. Auch Blutschwüre und manchmal über Generationen weitergegebenen Rachegefühlen entspringen dieser Stufe. In Purpur zeigt sich heute noch die verbindendende und Gemeinschaft fördernde Kraft der Menschen.

Schattenseiten

In Purpur herrscht ein ausgeprägter Gruppendruck. Bei Nichteinhaltung der Gruppenregeln droht der Ausschluss (Bregmann 2022). Ein »abergläubische Weltbild« kann die Menschen in zwecklose Verhaltensvorschriften zwängen und sie in die Irrationalität führen. Ein Beispiel der Gegenwart wäre das Fehlen der Sitzreihe 13 oder des Stockwerkes 13, da diese Zahl als Unglückszahl gilt.

Organisationen

Organisationen, die sich aus einer reinen purpurnen Haltung heraus definieren, gibt es unseres Wissens nicht. Eher handelt es sich um Glaubensgemeinschaften, die aber auch Blau in sich haben (wie die christlich-konservative Glaubensgemeinschaft der Amish-People in den USA), allenfalls Vereine und Verbindungen, Zünfte oder Burschenschaften, welche aber bereits Elemente der nachfolgenden Schichten in sich tragen.

Gleichwohl spielt Purpur eine Rolle für Organisationen. Gerade Bräuche (wiederkehrende, symbolhafte Handlung) und Rituale sind ein wichtiges, Kultur gestaltendes Element, das in leistungsorientierten Organisationen häufig vernachlässigt wird. Bräuche oder Rituale erzeugen ein Gefühl der Sicherheit und der Verbundenheit.

Menschlichkeit

Menschlichkeit ist in dieser Stufe nur in den ersten Ansätzen möglich, indem hier das Gefühl von Zugehörigkeit und damit das menschliche Bedürfnis nach Sicherheit gegeben wird. Dabei ist es wohl eher eine fundamentale Sicherheit als die zuvor definierte Psychologische Sicherheit.

Werte

Ritual, Brauchtum, Zugehörigkeit, Animismus, Fantasie, Gruppenloyalität, Gemeinschaft, Respekt von Tabus, Heimat, Gastfreundschaft.

4.3 Rot (egozentrisch) – Macht und Impulsivität

Ursprünglich: Mit der Sesshaftigkeit vor zehntausend Jahren verändern sich die Lebensumstände. Durch Sesshaftwerdung kommt es zu Streit um Boden. Der Streit wird existenziell. Man kann nicht mehr ausweichen, da die Aufgabe des eigenen Ackers den Hungertod bedeuten kann. Es ist die Stufe, in der sich das Ich-Bewusstsein herausbildet und damit das Thema Macht. Wer Macht hat, ist sicherer. Menschen erleben das Leben als einen Kampf, bei dem es um die Selbstbehauptung und um den Besitz und Erhalt von Macht geht. In der roten Stufe wird das Matriarchat vom Patriarchat abgelöst. Es ist eine Stufe, in der sich das egoistische Ich ausbreitet und indem das für sich in Anspruch genommene Recht zu jedem Preis eingefordert wird. Schuldgefühle sind nicht existent, weil es noch keine ethischen, moralischen oder gesetzlichen Konsequenzen der Gesellschaft gibt. Das Tun rechtfertigt sich aus dem

Bedürfnis des Hier und Jetzt. Rotes Denken handelt aus dem Affekt und kennt praktisch keine Zukunftsplanung. Das Prinzip, mit dem Menschen sich und andere motivieren, ist die Belohnung, nicht die Bestrafung.

Heute: Menschen durchlaufen diese Stufe in der Trotzphase im Kindesalter. Zu dieser Zeit wird sich das Kind seiner selbst und seiner Fähigkeit bewusst, seinen Willen durchzusetzen. Das Kind kennt kein Pardon und schlägt ohne Schuldgefühle das eigene Geschwister oder die Eltern, wenn ihm etwas nicht gefällt. Ein Mensch, der stark in diesem Werteprinzip verankert ist, verhält sich nach dem Lustprinzip und hat wenig Sinn für die negativen Konsequenzen, die sein Handeln mit sich bringen könnte. Rot kann in einer heftigen und rebellischen Pubertät als Schattenseite erscheinen, wenn es als Kind nicht gesund ausgelebt wurde oder ihm zu wenig Grenzen aufgezeigt wurden. Gangs und Drogenkartelle sind von Rot durchdrungen, wobei erfolgreiche Clans auch viel Purpur beinhalten. In der roten Stufe entwickelt sich ein ungezügeltes Streben nach Macht und Besitz. Insofern finden sich im Feudalismus und in Diktaturen viele rote Werte und Haltungen wieder.

In der menschlichen Entwicklung werden hier im positiven Sinn Durchsetzungsfähigkeit, Selbstbehauptung und auch Standfestigkeit ge- und erlernt. Menschen, die gut im Rot verankert sind, lassen sich nicht so schnell von Macht und ihren Insignien beeindrucken, haben aber auch keine Angst davor, selbst Verantwortung zu übernehmen, ihren Platz einzunehmen und können sich gut durchsetzen. Ein gesunder roter Anteil findet sich darüber hinaus in jeder Kreativität und Innovation als Akt der Rebellion, Altes infrage zu stellen. Genuss, Sinnlichkeit, Spaß und Ausgelassenheit haben einen gesunden roten Anteil in sich, wie auch Abenteuerlust und Risikobereitschaft.

Schattenseiten

Im Negativen bildet sich in dieser Stufe die Basis für Sexismus und Rassismus. Weitere Schattenseiten liegen auf der Hand: während ein gesundes Selbstbewusstsein sehr erwünscht ist, stößt ein egozentrisches und narzisstisches Verhalten die Mitmenschen vor den Kopf. Personen im roten Wertesystem fehlt die Fähigkeit, diszipliniert, strategisch oder langfristig zu denken. Sie lösen Probleme mit Gewalt, gelten als unzuverlässig und gewissenlos. »Blame the victim« ist ein typisch rotes Verhalten, indem Opfern die Schuld zugesprochen wird.

Organisationen

First Mover auf neuen Märkten haben häufig ein gutes Rot in ihrer Kultur integriert. Allerdings handeln Organisationen nie ganz aus der roten Farbe heraus, weil sie dann gar nicht gesellschaftsfähig wären. Rot zeigt sich in Organisationen in der Art und Weise, wie Macht gelebt und zelebriert wird. Im positiven Sinn ist es der gute Patriarch, der sich fürsorglich um die Mitarbeitenden kümmert, aber letztlich seinen Machteinfluss damit sichert. Im negativen Sinn ist es der willkürlich handelnde Chef, der Widerspruch schnell als Illoyalität interpretiert und im übertragenen Sinn den Mitarbeitenden dann einen Kopf kürzer macht. Führungskräfte, die ihre Motivation aus dieser Stufe ziehen, tun alles, um erfolgreich zu sein, ungeachtet von Regeln und Rollen, die ihren Aktionsradius einschränken könnten. Die sogenannte Great-Man-Theorie der Führung basiert auch ein Stück weit auf den hinter dieser Stufe liegenden Werten. Ohne eine charismatische, kompetente und durchsetzungsstarke Führungsperson – so die Annahme dieser Theorie – kann es keinen Erfolg geben.

Menschlichkeit

Menschlichkeit hat in dieser Stufe kaum Chancen, sich zu entfalten, da es um Macht und Machterhalt geht, ohne Rücksicht auf individuelle Bedürfnisse. Macht wird als Garant für Sicherheit und für das Überleben gesehen.

Bei all dem darf aber nicht vergessen werden, dass Rot die Basis legt für Durchsetzungsfähigkeit, Kreativität und die Lust an der Entfaltung der eigenen Potenziale.

Werte
Macht, Ruhm, Ehre, Heldentum, Willenskraft, Tapferkeit, Mut, Hedonismus, Spaß, Dominanz.

4.4 Blau (autoritär) – Ordnung und Autorität

Ursprünglich
Ab 4.000 vor Christus bilden sich die ersten Hochkulturen mit ausgeprägten Hierarchien (stammt aus den griechischen Worten »hierós« und »árchei«, was als »heilig« oder »gottweiht« und »Herrschaft« übersetzt wird) als Antwort auf die unwillkürlichen Herrschenden und Mächtigen der roten Schicht. Hier zeigt sich die Wechselwirkung der Entwicklung neuer Werte und Bedürfnissen des Menschen nach mehr Ruhe und Ordnung. In dieser Stufe entstehen Gesetze und Regeln und Strafen werden als Sanktionen eingeführt, um der Willkür Einhalt zu gebieten. Die Durchsetzung von Gesetzen braucht große Autorität. Die oberste Autorität ist der mächtigste Gott. Damit Verschmelzen auf dieser Stufe die Göttlichkeit und die Herrschaft. In dieser Stufe spielt der Wahrheitsanspruch eine zentrale Rolle, der über Gesetze, Vorschriften und Disziplin durchsetzbar erscheint. Anstelle des Egos tritt die Forderung, sich zugunsten einer höheren Idee oder einer funktionierenden Gesellschaft den Gesetzen und Ordnungsprinzipien zu unterwerfen. Hier zeigt sich, wie in der vorherigen Stufe Purpur, ein kollektiver Grundgedanke. In der blauen Stufe ist die Gemeinschaft im Zentrum. In den folgenden Stufen werden sich Ich-Zentrierung und Kollektiv-Zentrierung – wie auch schon zuvor von Beige (Ich) zu Purpur (Familie) und dann zu Rot (radikale Ausprägung des Egos) – abwechseln.

Das Blau gibt Orientierung über Richtig und Falsch und über Moral, die in der roten Stufe gefehlt hat. Blau gibt aber auch Orientierung darüber, was sinnvoll ist im Leben. Auf der positiven Seite finden sich in weniger radikalen Ausprägungen blaue Werte in religiösen Kontexten, Demokratien, Bürokratien, Militär oder bei den Pfadfindern. Positiv an Blau ist, dass durch die geregelte Zusammenarbeit und Kooperation, gemeinsam große Ziele erreicht werden können. Moral und Rechtschaffenheit stabilisieren große Gemeinschaften. Viele dieser Gemeinschaften tragen eine Uniform, um ihre Zugehörigkeit, Konformität und ihren Rang ersichtlich zu machen: die Uniformen und Abzeichen der Pfadfinder und des Militärs, aber auch die goldenen Streifen auf dem Ärmel eines Piloten zeugen vom blauen Wertesystem.

Heute

Die blaue Stufe bildet die Grundlage für konservativ-autoritäre Konzepte, die heute noch anzutreffen sind. Bei Kindern kommt diese Werteschicht im Schnitt zu tragen, wenn sie ins Schulalter kommen. Da werden sie spätestens mit Regeln, Struktur und Ordnung konfrontiert. In der individuellen Entwicklung ist es wichtig, dass Menschen lernen, sich an Regeln zu halten und Disziplin zu üben. Beides ist für ein gemeinschaftliches, aufeinander vertrauendes Miteinander wichtig. Heute sind die meisten Gesellschaften im Blau angekommen.

Schattenseiten

In der blauen Stufe können übertriebene puritanische, rigide, freudlose Lebensweisen voller Schuld- und Schamgefühle Schattenseiten sein. Auf der noch dunkleren Schattenseite wird jede Form des Fundamentalismus durch die in der blauen Stufe verinnerlichten Werte gerechtfertigt: Es gibt nur einen richtigen Weg und daher müssen die Menschen notfalls auch mit Gewalt zu ihrem Glück gezwungen werden. Gerade im Fundamentalismus zeigt sich, dass nicht das »Was« für die Identifikation entscheidend ist, sondern das »Warum«. Ein Beispiel dafür sind Kreuzzüge oder der Dschihad, in welchen Menschen zutiefst davon überzeugt sind, dass sie für das Gute und Gerechte kämpfen. Und so tarnt sich rote Impulsivität und Gewalt ohne Reue mit blauem Wahrheitsanspruch.

Organisationen

Wohltätigkeit und Fürsorge sind der blauen Stufe eine Pflicht und daher sind viele Organisationen im karitativen Bereich in ihrer Kultur und in ihrem Selbstverständnis sehr blau geprägt. Generell haben Organisationen immer auch blaue Elemente in sich. Unabhängig davon, wie sie tatsächlich ihre Aufbauorganisation gestalten, kann keine Organisation langfristig operieren, wenn sie nicht auch Regeln und Prozesse definiert und für ihre Durchsetzung sorgt.

Menschlichkeit

In dieser Stufe wird Menschlichkeit das erste Mal in Teilen möglich. Allerdings ist im blauen Wertesystem beispielsweise Kommunikation auf Augenhöhe maximal auf gleicher hierarchischer Ebene möglich. Formen der Selbstorganisation sind einem blau denkenden Menschen eher suspekt und erscheinen nicht möglich, da das Denken in Hierarchien fest verankert ist.

Werte

Sicherheit, Einhalten von Regeln, Wahrheit, Stabilität, Loyalität, Ordnung, Kontrolle, Pflichtbewusstsein, Disziplin, Zuverlässigkeit.

4.5 Orange (rational) – Erfolg und Selbstoptimierung

Ursprünglich

Die Unterdrückung des Egos mittels Regeln, Strukturen und moralischen Vorstellungen findet mit der neuen Stufe sein vorläufiges Ende. Autoritäten werden nicht mehr vorbehaltlos respektiert – erst hinter vorgehaltener Hand, dann immer lauter und rebellierender wird die gesellschaftliche blaue

Ordnung infrage gestellt. Zeitgeschichtlich zeigt sich Orange erstmals in der Renaissance (ab dem frühen vierzehnten Jahrhundert) mit der die Neuzeit eingeleitet und das Mittelalter beendet wird. Einerseits erblüht die Zeit der Wissenschaften und die daraus gewonnen Erkenntnisse stellen den vorherrschenden Glauben infrage. Neugierde, Wissbegier, Infragestellung von Autoritäten sind Treiber dieser Stufe. In der Aufklärung werden die orangen Werte von der denkerischen Elite aufgenommen und beginnen, in die Politik und später in die Gesellschaft einzufließen. Andererseits beginnt die Zeit des weltweiten Handelns und die Vorherrschaft der Wirtschaft bis hin zum liberalen Kapitalismus der heutigen Zeit.

Heute

Orange schafft die Grundlage für liberal-kapitalistische Konzepte und Gesellschaften und beschreibt im Allgemeinen die »Industrienationen«. Auf der individuellen Ebene sind gut im Orangenen verankerte Menschen selbstbewusst, autonom und eher ichbezogen. Sie sind daran interessiert, sich selbst voranzubringen und genießen den Erfolg aus zwei Gründen: Wegen des Wohlstands, den er mit sich bringt (und damit das Glücksversprechen) und wegen der Anerkennung, aus dem sich dann das eigene Selbstwertgefühl speist. Auf der Entwicklungsseite sind Jugendliche dieser Stufe zuzuordnen. Teenager brechen aus dem strikten System der Schule, der Eltern oder der Gemeinschaft aus, sie müssen sich freimachen, um sich selbst zu spüren. Die Struktur und die Regeln werden zu eng und oft grenzen sie sich übertrieben stark vom Elternhaus ab. Der Fokus ist auf sie als Individuum gerichtet und weniger auf dem Kollektiven.

Schattenseiten

Die ungesunde Seite des Orange zeigt sich in einer einseitigen Sachorientierung. Darin gründet sich die Unfähigkeit, Beziehungen zu gestalten und tiefes Vertrauen aufzubauen. Sich verletzlich zu zeigen ist in einer orangenen Stufe kaum vorstellbar, weil in einem Umfeld, in dem es um Wettbewerb und das eigene Vorankommen geht, andere die gezeigte Schwäche zu ihrem Vorteil nutzen werden. Ungesundes Orange zeigt sich in geschäftstüchtiger Skrupellosigkeit, in der die blaue Moral keine Rolle mehr spielt. Die Finanzkrise 2009 und die aktuelle Umweltkrise sind in der westlichen Welt vorerst der Höhepunkt, in dem die zerstörerische Kraft der orangenen Stufe gipfelte. Alles wird dem Profit untergeordnet und so kommt es, dass ein steueroptimiertes multinationales Unternehmen weniger Steuern zahlt als ein Mittelstandsunternehmen im heimischen Land. Die Zerstörung von heimischen Ressourcen, der Landraub in den Entwicklungsländern, die Ausbeutung von Rohstoffen unter dann tatsächlich menschenunwürdigen Bedingungen, sind von Orange durchdrungen, und vermutlich auch mit ausgeprägten roten Anteilen durchsetzt.

Im individuellen Leben kann ein übertriebenes Erfolgsstreben zu Stress und später zu Burn-Out führen. Es gibt wenig Platz für Gefühle und Gemeinschaft. Durch die starke Rationalisierung und dem Fokus auf die äußeren und messbaren Werte können Moral und Ethik abhandenkommen.

Organisationen

Diese Stufe fordert und fördert den Wettbewerb und sieht in ihm die Dynamik und Motor für erfolgreiches Handeln und für den Fortschritt. Orange Unternehmen setzen daher auch intern auf wettbewerbsfördernde Strukturen. Die Idee von allen Formen von Awards, Prämien, und Auszeichnungen und sowie andere Incentives, die den internen Wettbewerb fördern, entspringen dieser Schicht, obwohl die Forschung umfassende Belege liefert, das extrinsische Motivation in den meisten Fällen nicht zu einer Leistungssteigerung führt. Der transaktionale Führungsstil oder elaborierte strategische Initiativen, die auf Expansion oder Innovation setzen, sind genauso konkrete Ausflüsse dieser Stufe, wie alle Maßnahmen, mit denen die Effizienz erhöht werden kann, wie Business Process Reengineering (also, Geschäftsprozessneugestaltung) oder Lean-Management.

Die gesunde Seite des Orange verleiht Mut, Selbstvertrauen, Zuversicht, Energie sowie Rationalität und ein Streben nach Freiheit und Unabhängigkeit. Organisationen brauchen ein gesundes Orange, damit sie sich weiterentwickeln und profitabel bleiben. Dinge aus einer orangen Haltung heraus zu tun, ist vor allem zweckrational und sachorientiert. Hier geht es nicht um den Menschen, sondern um die Frage, ob die Maßnahmen geeignet sind, wirtschaftlich erfolgreich zu sein und zu bleiben.

Die meisten Unternehmen in der westlichen Welt sind von einer orangen Kultur geprägt, häufig mit mehr oder weniger Tendenzen ins Blaue oder ins Grüne. Daher stehen diese Unternehmen vor der Herausforderung, die Transformation in die nächste Stufe zu gestalten. Erst ab der grünen Stufe – so behaupten wir – liegen zumindest einfachere Voraussetzungen vor, um Menschlichkeit und damit auch neue Formen der Zusammenarbeit in Organisationen wirklich zu etablieren.

Menschlichkeit

Orange Unternehmen und Menschlichkeit stehen tendenziell im Widerspruch. In dieser Stufe dominieren Werte, die ich- und weniger kollektivbezogen sind, deshalb wird Menschlichkeit weniger Bedeutung beigemessen. Der Mensch wird im Kontext einer Organisation tendenziell als Objekt gesehen und nicht als Subjekt. Der Begriff Human Capital veranschaulicht sehr gut, wie es um die Menschlichkeit in diesen Organisationen bestellt ist. Der Mensch bleibt hinter dem Fokus auf Leistung, Zahlen, Daten und Fakten eine Schattenfigur, die nur solange sie Leistung bringt, interessiert. Oberes Primat ist die Rationalität. Gefühle und Intuition gelten als nicht rational und verlieren damit ihre Legitimität. Daher fällt es auch orangen Organisationen besonders schwer, einen Kulturwandel zu mehr Menschlichkeit zu vollziehen. Viele Mitarbeitende – besonders in den eher technisch ausgerichteten Berufsrichtungen – reagieren auf Interventionen, die Menschlichkeit in Organisationen entwickeln wollen, ablehnend. Sie sind selbst so sehr in ihrer rationalen Sichtweise verhaftet (Es-Raum Singular und Plural), dass sie die beiden linken Quadranten – den Ich- und den Wir-Raum – im organisatorischen Umfeld für überflüssig halten. Genau die beiden Räume müssten aber aktiviert werden, wenn wir Menschlichkeit in Organisationen leben wollen. Diese abwehrende Haltung der Mitarbeitenden selbst und ihr Umgang im Veränderungsprozess bedarf einer eingehenderen Analyse, die wir im Kapitel 5 aufgreifen werden.

Werte
Rationalität, Messbarkeit, Individualismus, Leistung, Prestige, Autonomie, materieller Reichtum, Zielorientierung, Erfolg, Effizienz, Pragmatismus.

4.6 Grün (konsensorientiert) – Gemeinschaft und Empathie

Ursprünglich
Die grüne Stufe ist ein auf die Gemeinschaft ausgerichtetes Wertesystem, durch das das egozentrischere orange Wertesystem abgelöst wird. Die orange Stufe hat vielen Menschen viel Wohlstand beschert. Gleichzeitig führt Orange zu der Erfahrung, dass die Befriedigung der materiellen Bedürfnisse nicht allein glücklich macht. Es gibt auch viele, die nicht in gleichem Maße an Fortschritt, Entwicklung und Wohlstand teilhaben konnten, was einerseits vermehrt zu Unruhe und Protesten führt und zu neuen Lebensformen und -ideen, in denen das Gemeinsame, die Beziehungen und die Suche nach dem Sinn und dem Guten im Fokus stehen. Erste Ansätze der grünen Stufe werden ab 1850 in der Industrialisierung beobachtet, als die ersten Arbeiterbewegungen entstanden, welche noch stark im Blauen (hierarchischer Aufbau der Arbeiterorganisationen) und Orangen (selbst sehr dem Materialismus beziehungsweise seiner gerechten Aufteilung zugetan) verankert sind. Der Durchbruch von der grünen Stufe kam aus den USA in den 1960er-Jahren unter anderem

aus der Erfahrung eines sinnentleerenden Wohlstandes, der Rassendiskriminierung und der Herrschaftskritik aufgrund des Vietnamkriegs. Folgen waren unter anderem Bürgerrechts-, Dritte-Welt-, Umwelt-, Frauenrechts- und Homosexuellenbewegung.

Heute

Heute spiegeln sich die grünen Werte im Sozialstaat, in NGOs wie WWF und Greenpeace, aber auch in Minderheitsrechten oder Flüchtlingshilfe – kurz in allen Institutionen wider, die sich für die Gerechtigkeit und im weitesten Sinne für den Weltfrieden einsetzen. In der Organisationsentwicklung sind Werteorientierung, Purpose-Diskussionen und Social Responsibility der grünen Wertelogik zuzuordnen. Auch die hohe Sensibilisierung über diskriminierende Themen sind ein Zeichen, dass das grüne Wertekonzept den gesellschaftlichen Diskurs stark beeinflusst.

Im Privaten versuchen die Menschen, durch gesellschaftliches, soziales, umweltpolitisches Engagement ihrem Leben mehr Sinn zu verleihen. Sinn wird auch in der Spiritualität gesucht: Yoga, Meditationen, Retraiten ohne Internetanschluss sind auf einmal im gesellschaftlichen Mainstream angekommen.

Schattenseiten

Die grüne Stufe ist getragen vom Wunsch, sich dem Guten, Schönen und Wahren zu verschreiben, aber auch von der Wiederentdeckung der Moral und der Mission. Eine große Schattenseite von Grün ist ihr ausgeprägtes und fast naives Bedürfnis nach Harmonie. Das starke Harmoniebedürfnis führt dazu, dass ehrliches, kritisches Feedback ausbleibt, was verunsichert, weil nicht klar ist, wie ehrlich die geäußerten Wertschätzungen tatsächlich sind. Darüber hinaus kann sich eine Intoleranz gegenüber kritischen und gegenteiligen Meinungen entwickeln und auch eine Überheblichkeit gegenüber anders Denkenden und Handelnden. Daher hat Grün die Gefahr in sich, sehr dogmatisch und intolerant zu agieren, obwohl sie sich Toleranz auf die Fahnen schreiben. Vor allem besteht in Organisationen die Gefahr, dass zwar alle sehr nett miteinander sind, aber eben nicht echt. Psychologische Sicherheit ist dann nicht gegeben. Innovationen und der Mut, neue Wege zu gehen, können blockiert werden, weil Auseinandersetzungen und Konflikte gescheut werden. Auch das Mantra, dass alle gleich wären, kann zu Ineffizienz und Unzufriedenheit führen.

Die Schattenseiten von Grün werden umso größer, je weniger die guten und produktiven Seiten der vorhergehenden Stufen integriert und verinnerlicht sind: Das kann dann dazu führen, dass grüne Unternehmen die notwendige Struktur der blauen Organisation sowie die Innovationskraft und Fähigkeit, Ideen in Geld umzusetzen von Orange verneinen. Konfliktunfähigkeit, Verzettelung von Entscheidungsfindungen und kein strategischer Fokus führen zu finanziell nicht tragbaren Organisationen, was in NGOs, Start-ups oder sozialen Einrichtungen zu beobachten ist. Menschen, die voller Hoffnung nach mehr Menschlichkeit in grünen Organisationen gearbeitet haben, wenden sich oft wegen der ausgeprägten Schattenseiten enttäuscht ab. Fatalerweise geben sie dabei ihren Glauben an Organisationen, die Menschlichkeit und Wirtschaftlichkeit verbinden, häufig auf.

Organisationen

Die grüne Stufe eröffnet Organisationen, sich erstmals der Menschlichkeit zu öffnen. Nun spielen vermehrt Fürsorglichkeit, Empowerment, Unterstützung in Unternehmen eine Rolle, die sich im Begriff »Servant Leadership« oder »Conscious Leadership« ausdrücken. Der transformationale Führungsstil ist ein Ausdruck orangenen Gedankenguts durchzogen von grüner Läuterung: es geht nämlich vordergründig um die Beziehungsgestaltung von Vorgesetzten und Mitarbeitenden. Diese werden als notwendig erachtet, um so wirkliche Motivation und Leistung zu ermöglichen. Zahlreiche misslungene Veränderungsprojekte, Restrukturierungen sowie zunehmende Burn-outs und sinkendes Mitarbeiterengagement führen zum Umdenken bei vielen Firmen. Daher befinden sich viele Unternehmen in einer Umbruchphase von Dunkelorange zu Orange mit etwas Grün. Solange aber Orange vor allem in den Schattenseiten dominant ist, werden sich Menschen nicht wirklich öffnen und ihre Beziehungsgestaltung bleibt oberflächlich. Wirkliches Vertrauen oder Psychologische Sicherheit sind noch nicht möglich, da Mitarbeiter immer noch als Produktionsfaktor, als Human Capital, und damit als Objekte gesehen werden.

Die Transformation zu reinem und gesundem Grün vollzieht sich, wenn der Fokus tatsächlich auf dem Miteinander liegt, das Konkurrenzdenken zumindest in der gleichen Gruppe oder Organisation schwindet und die Erkenntnis sich glaubwürdig durchsetzt, dass man im Miteinander mehr erreicht als im Gegeneinander. Das Bedürfnis nach Zugehörigkeit, Empathie und Egalität wird gelebt und erfüllt. Für Organisationen bedeutet es, dass sie sowohl gewinnorientiert und in gleichem Masse menschorientiert sein können. Oft rückt die Gewinnorientierung in den Hintergrund oder beinhaltet die Beteiligung aller Angestellten. Die Kommunikation in grünen Organisationen ist konsensorientiert. In der grünen Stufe werden hierarchische Strukturen als hinderlich angesehen, da sie der Egalität des Menschen nicht gerecht wird. Die Trends von New Work oder Arbeitswelt 4.0 mit ihren Versuchen, mehr Selbstorganisation und weniger Hierarchien einzuführen, entspringen diesen Werten, aber auch der Erkenntnis, dass die alten Strukturen nicht mehr wirken, und die Organisationen zu wenig flexibel oder agil auf die neuen Herausforderungen reagieren können.

Menschlichkeit

Im grünen Wertesystem spielen Vertrauen, Mitmenschlichkeit und Empathie eine zentrale Rolle. Daher bietet ein gesundes Grün eine gute Ausgangsbasis für die Entwicklung einer Unternehmenskultur Menschlichkeit. Allerdings nehmen mit dieser Stufe auch die möglichen Schattenseiten zu, die sich perfide auswirken können. Der Wunsch nach Harmonie und Toleranz führt in vielen grünen Organisationen dazu, dass Kritik, Konfrontation und auch Konflikte nicht angesprochen werden. Das schwächt die Organisation und verhindert persönliche Entwicklung. Statt Vertrauen entsteht so Lähmung und auch Unsicherheit, weil Vieles aus Angst vor Konflikten nicht ausgesprochen wird. Weder gelingen so die Kooperationsbeziehungen noch hat der Einzelne eine Chance, sich weiterzuentwickeln.

Werte
Gesundes Grün vereint Werte wie Toleranz, Solidarität, Gemeinschaft, Gleichheit, Harmonie, Empathie, Vertrauen, Mitmenschlichkeit in sich.

Die grüne Stufe rundet die Entwicklung im »First Tier« oder im Ersten Rang ab. Sofern alle Stufen gut integriert und ihre jeweiligen Schattenseiten erkannt sind, kann nun eine neue Perspektive eingenommen werden, die einen ganz anderen Blick auf die Welt ermöglicht. Damit beginnt ein neuer Rang. Das Denken per se wird ganzheitlicher und weitblickender und Herausforderungen werden differenzierter angegangen.

4.7 Gelb (integral) – systemisch und ganzheitlich

Ursprünglich/heute
Gelb ist seit 1950 vereinzelt zu beobachten. Die Gründung der Vereinten Nationen könnte aus dieser Bewusstseinsebene entsprungen sein, nämlich aus der Erkenntnis, dass die Menschheit an einem Wendepunkt angekommen ist, in dem klarer wird, dass die entstandenen Probleme nicht mehr mit dem alten Denken gelöst werden können. Auch die Ausbeutung der Ressourcen weltweit führt immer wieder zu lokalen Kollapsen mit globaler Auswirkung. Gleichzeitig sind viele Länder weder individuell noch gesellschaftlich bei Orange angekommen. Das führt zu Spannungen. Die langsamen Entscheidungswege

der grünen Stufe mit dem Wunsch nach Konsens und Integration aller, in dem das Wir mehr bedeutet als das Ich, ist nicht in der Lage, Antworten auf die aktuellen Probleme zu geben.

Daher erstaunt nicht, dass mit der gelben Stufe zwar das Ich wieder mehr Bedeutsamkeit gewinnt, aber nicht in der egomanischen Struktur der vorhergehenden Stufen, sondern bescheidener, demütiger und trotzdem den Blick auf das Kollektiv bewahrend. Gelb vereint vermeintliche Widersprüche und verfügt beispielsweise sowohl über ein hohes Maß an Empathie als auch über die Fähigkeit und die Bereitschaft, sich abzugrenzen. Persönliche und ganzheitliche Entwicklung werden als wesentlicher erachtet als das Streben nach Macht, Mammon und Materie.

Das Neue an Gelb ist, dass es alle Werte in gesunder Weise aus den vorhergehenden Schichten integriert: Das Bedürfnis nach Zugehörigkeit aus Purpur, die Freude am Durchsetzungsvermögen aus Rot, die Suche nach dem Sinn und Zweck des Lebens aus Blau, die Befriedigung an der Herausforderung aus Orange sowie die Fähigkeit zu Empathie und der Wunsch nach Egalität aus Grün. Daher haben Menschen aus der gelben Stufe einen wertschätzenden Blick auf Menschen oder Institutionen, die sich in Werten der ersten Ordnung bewegen, ohne überheblich zu sein. Dogmatismus, Beurteilung und Abwertung ist der gelben Stufe fremd. Aus dieser Stufe heraus agieren Menschen lösungsorientiert, weil sie die Phase der Schuldzuschreibung gleich überspringen. Der Motor im Gelben ist nicht wie in anderen Stufen die Furcht und Angst, sondern der Wunsch nach Veränderung im Ganzheitlichen. Schuldgefühle oder Opfergedanken sind der Stufe fremd. Gleichzeitig sind Menschen, die aus dieser Stufe agieren, in der Lage, sich in guter Weise abzugrenzen und wären nicht bereit, sich für die Gemeinschaft einzusetzen, wenn es dem eigenen Wunsch und der persönlichen Überzeugung widerspricht. Menschen, die sich auf einer gelben Stufe bewegen, sind in der Lage, sich selbst kritisch zu sehen und selbst zurückzustecken, wenn es einer besseren Lösungsfindung dient. Das Denken orientiert sich weniger in den Kategorien »richtig« und »falsch«, sondern in »angemessen« oder »weniger angemessen«. In dem einen Kontext kann eine Lösung angemessen sein, die in einem anderen nicht angemessen wäre. Daher ist die Stufe auch nicht für Dogmatismus anfällig. Dagegen spricht schon die im Gelb angelegte Wissbegierde und Freude am Lernen, sowie die Offenheit für Neues und ihre Selbstverständlichkeit, immer wieder neue Perspektiven einzunehmen und für wahr Geglaubtes infrage zu stellen. Menschen, die im Gelb gut verankert sind, sind vor allem eines: unabhängig, unbestechlich, selbstsicher, konfliktfähig und offen gegenüber neuen Ideen, Techniken und Perspektiven. Die Erkenntnis, dass Probleme nur in der Gemeinschaft gelöst werden können, führt dazu, dass das eigene Ego hinter dem größeren Ganzen zurückstehen kann. Das erfordert eine hohe Selbstreflexion und innere Steuerung auf individueller Ebene und neue Organisationsstrukturen auf kollektiver Ebene.

Die Schattenseite von Gelb kann gefühllos, zu rational und wenig auf andere bezogen wirken (vor allem aus der Sicht des Grünen). Auffallend ist, dass die Schattenseiten im zweiten Rang viel weniger ausgeprägt sind.

Organisationen

Organisationen, die sich auf einer gelben Stufe befinden, können vollumfänglich eine Kultur der Menschlichkeit leben. Was zählt ist Kompetenz und die kann je nach Aufgabe bei unterschiedlichen Menschen zu finden sein, unabhängig von Alter, Rang oder Hierarchie. Die Strukturen sind fluide und Prestige- und Statussymbole sowie Privilegien haben in solchen Organisationen keinen Platz. Der Fokus ist auf das Lernen und auf die Entwicklung gerichtet, sowohl auf organisatorischer als auch auf individueller Ebene. Der Umgang miteinander ist echt, aber ganz sicher nicht oberflächlich nett. Handeln und Tun sind auf das Ziel ausgerichtet, wobei das eigene Handeln in Einklang mit ethischen und moralisch Vorstellungen ist, in denen es auch darum geht, dass weder Mensch noch Tier noch Umwelt Schaden nimmt.

Gelbe Unternehmen verstehen es, zuvor geglaubte Paradoxien miteinander zu verbinden. So gewähren sie ihren Angestellten maximale Freiheit und gleichzeitig gelingt es ihnen, ein stabiles Gemeinschaftsgefühl zu entwickeln. Oder sie sind höchst profitabel und gewähren ihren Mitarbeitenden eine hohe Gewinnbeteiligung, abhängig von ihrer Rolle bei gleichzeitiger Beachtung der Nachhaltigkeit ihrer Geschäftstätigkeit. Menschen und Organisationen denken grenzüberschreitend, verbindend und reflektieren dabei, welche Auswirkungen ihr Handeln für das betrachtete Gesamtsystem haben wird. Uns ist bisher noch keine Organisation begegnet, die komplett aus einer gelben Stufe heraus agiert.

Menschlichkeit in dem hier definierten Sinn ist in gelben Organisationen inhärent. Alle vier Quadranten sind integriert und haben ihre Berechtigung im alltäglichen Miteinander, ohne das ein Aspekt überbetont wird. Rationalität und Wissenschaftlichkeit wie Gefühl, Bedürfnis und die Bedeutsamkeit der gemeinsamen Kultur werden ausgewogen berücksichtigt und werden in den Problemlösungsfindungen gut balanciert. Aus der nüchternen Perspektive der orangenen Stufe erscheint Gelb wie eine Utopie.

Werte

Nachhaltigkeit, Multiperspektivität, systemische Integration, Ethik, ganzheitliche Entwicklung, Kreativität, Vernetzung, Kompetenz, Freiheit, Vision.

4.8 Türkis (holistisch) – ganzheitlich und spirituell

Ursprünglich/heute: Diese neue Stufe ist noch sehr jung und nur sehr wenige Menschen, geschweige denn Institutionen, haben sie bereits verinnerlicht. Erste Beobachtungen von Türkis wurden 1970 gemacht. Die Erkundung des Weltalls gehört dazu, aber auch die Erforschung psychoaktiver Substanzen oder die Bildung der Quantenphysik, in der einzelne Wissenschaftsdisziplinen vernetzt werden. Vermutlich ist sie in ihrer ganzen Ausprägung noch gar nicht richtig entwickelt. Die Theorie der Spiral Dynamics geht davon aus, dass neue Schichten sich dann entwickeln, wenn die Lebensumstände Herausforderungen und Probleme geschaffen haben, die neue Antworten und neue Lösungen brauchen. Die durch Globalisierung und Digitalisierung, aber auch die aus dem Wohlstand resultierenden Umwelt- und Gesellschaftsprobleme sind so komplex, dass es neue Formen der Lösungen braucht.

Daher erscheint uns diese Stufe zu wenig greifbar und bisher – wenn überhaupt – nur in Ansätzen beobachtbar. Somit sehen wir derzeit keinen Mehrwert, uns mit dieser Stufe zu beschäftigen.

11 | Zusammenfassung Spiral Dynamics Modell

Schicht: Thema / Lebensumstände	Werte und Gedankenwelt	Organisationskultur	Entstehungs-zeitraum
Beige (instinktiv): Überleben	Archaisch. Überleben durch Intuition und primärer Triebe, eigene Bedürfnisse: essen, trinken, schlafen, Sicherheit, Sex		Seit 200 000 vor Christus
Purpur (animistisch): Dazugehören, Stamm	Tribalistisch, magisch, gemeinschaftlich, Rituale und Gebräuche, Sicherheit, Zugehörigkeit, Blutsbanden und Ahnenkult, Fruchtbarkeit	Bedingungsloser Gehorsam, Treue und Dankbarkeit gegenüber der Organisation wird von den Mitgliedern eingefordert.	Seit 50 000 vor Christus
Rot (egozentrisch): Macht und Eroberung	Martialisch, belohnend, impulsiv und ohne Schuldgefühle, Ruhm, Ehre, Macht, Pioniergeist, Durchsetzungsfähigkeit, Mut, Vertrauen in sich selbst	Es braucht eine starke Führung, die belohnt. Grundbedürfnisse der Mitarbeitenden müssen erfüllt sein.	Seit 7000 vor Christus
Blau (autoritär): Struktur und Staaten	Moral und Tradition, gehorsam, strafend, Loyalität, Treue, Prinzipien, Pflichtgefühl, Traditionen, Wahrheit, Ordnung, Disziplin, im Kollektiv der höheren Sache dienend	Mitarbeitende brauchen Autoritäten, die ihnen klare Ziele und Anweisungen geben und müssen/wollen bestraft werden, wenn sie ihre Pflicht nicht erfüllen.	Seit 3000 vor Christus
Orange (rational): Erfolg und Unternehmen	Erfolgsorientiert, autonom, unabhängig, vernünftig, individuell, Rationalität, Vernunft, Objektivität, Freiheit, Leistungsbereitschaft, Erfolg, Forschergeist, Effizienz, Individualismus	Menschliches Streben ist auf materielle Bereicherung und persönlichen Erfolg ausgerichtet. Erfolg wird durch Wettbewerb angespornt.	Ab 1300 nach Christus

Grün (konsens-orientiert): Harmonie und soziales Netzwerk	Empathisch, teilend, konsensorientiert, Toleranz, Solidarität und Gemeinschaft, Gleichheit und Harmonie, umsorgen und Integration	Im Miteinander und im Teilen von Wissen finden Menschen Erfüllung und blühen in der Zusammenarbeit auf.	Ab 1850 nach Christus
Gelb (integral): Komplexität	Integral, nachhaltig, lösungsorientiert, Perspektivenvielfalt, Widersprüchlichkeiten integrierend, systemisch, Vertrauen in Intuition und Rationalität	Menschen arbeiten selbstbestimmt und wollen sinnerfüllt ihre Fähigkeiten erbringen können.	Ab 1950 nach Christus
Türkis (hollistisch): ganzheitlich und global	Spirituell, Wahrhaftigkeit, Universalität, kosmische Spiritualität, Überwindung von Dualismen, Weltethos	Alles in der Organisation ist auf die Gesundheit des Lebens und der Welt an sich ausgerichtet.	Ab 1970 nach Christus

Wie jedes Modell dient auch Spiral Dynamics dazu, die Komplexität zu reduzieren. So kann es die Analyse oder die Reflexion miteinander sehr vereinfachen, wenn alle die Bedeutung der Farben kennen und man in dem Diskurs nur sagen kann: »Schau, das sind Argumente aus der blauen Stufe – oder dies ist doch ein Ausdruck grünen Denkens«. Wie bei anderen Modellen unterliegt es der Gefahr, zu simplifiziert oder auch trivial angewendet zu werden, womit hilfreiche und wichtige Informationen verloren gehen. Daher ist es wichtig, die Logik und auch das Konzept des Modells zu verstehen.

Sollte man eine Selbsteinschätzung vornehmen – was bei fast allen unwillkürlich der Fall sein wird – so weisen wir darauf hin, dass Menschen vor allem im Orangen eine Tendenz haben, sich zu überschätzen. In den Kognitionswissenschaften spricht man vom Overconfidence Bias. Fragt man beispielsweise Autofahrer, ob sie meinen, überdurchschnittlich gut Auto zu fahren, so stimmen dem achtzig Prozent zu. Das Spiral Dynamics Modell lädt auch dazu ein, sich zu überschätzen, weil viele Menschen den Unterschied zwischen kognitiver Ebene und körperlicher (Embodiment) Ebene nicht sehen. Kognitiv sind die meisten Menschen in ihrer Entwicklung weiter. Wenn jemand eine Argumentation kognitiv nachvollziehen kann, ihr sogar zustimmt und überzeugt ist, sich zukünftig anders zu verhalten, heißt das noch lange nicht, dass es ihm dann auch emotional gelingt. Ein schönes Beispiel: Ein Vorstand eines großen Unternehmens hat eine Arbeitsgruppe gegründet, die sich mit Umsetzungsmöglichkeiten von New Work-Methoden in dem Unternehmen beschäftigen sollen. Die Arbeitsgruppe hat das Time Boxing eingeführt – also jeder Teilnehmer hat unabhängig von seiner hierarchischen Stufe die gleiche Redezeit. Der Vorstand nimmt an einer Sitzung teil. Als ihm nach den vereinbarten zwei Minuten signalisiert wird, dass seine Zeit um sei, reklamiert er, dass es doch nicht sein könne, ihn als Vorstand in der Form zu reglementieren. Es sind zwei Paar Schuhe, das eine zu sagen und zu wollen und es dann tatsächlich auch zu leben und sich dabei auch noch stimmig zu fühlen.

Neue Werte für sich oder auch als Organisation zu integrieren, ist ein langer Prozess, der in aller Regel Jahre dauert. Nur wenn wir immer wieder neue Erfahrungen machen, diese reflektieren, neue Verhaltensweisen ausprobieren, Feedback erhalten und wiederum reflektieren, wandeln sich alte zugrunde liegende Werte in neue zugrunde liegende Werte. Allerdings fallen wir auch schnell wieder zurück, wenn wir merken, dass wir mit den neuen Werten und neuem Verhalten und Denken nicht weiterkommen. Viele, die bereits neue Wege beschritten haben im Bereich New Work, sind bitter enttäuscht, weil die Mitarbeitenden nicht in der gleichen Weise und mit gleichem Enthusiasmus mitgezogen haben. Vielleicht haben sie sogar die neuen Freiheiten ausgenutzt. Dann setzt schnell Entmutigung ein, und es stellt sich die Frage, ob man nicht doch zu naiv war. Menschen, die so etwas erlebt haben, reagieren bestenfalls mit gesunder Skepsis, manchmal aber auch mit Zynismus auf neue Vorstöße, in denen versucht wird, neue Wege zu gehen, die Menschlichkeit und Wirtschaftlichkeit integrieren wollen. Sobald Menschen unsicher werden oder sobald sie in einen krisenähnlichen Zustand kommen, ist die

Wahrscheinlichkeit ohnehin hoch, dass sie auf eine ältere Stufe zurückgehen. In der Not aktiveren wir lieber bewährte Programme, als dass wir uns auf etwas Neues einlassen.

Wenn Organisationen einen neuen Weg einschlagen wollen, beispielsweise hin zu mehr Menschlichkeit oder Selbstorganisation, dann sollte der Transformationsprozess so gestaltet sein, dass er zunächst dort ansetzt, wo sich die Organisation befindet. Eine blaue und orange Organisation wird mit den Konzepten von Menschlichkeit überfordert sein. Die Widerstände gegen den Wandel werden vermutlich sehr hoch sein. Hier wäre es hilfreicher, erst einzelne grüne Elemente in die Organisationskultur zu bringen und deren Wirkung dann zu reflektieren. Agile Methoden wie Scrum oder das Framework SaFe sind in ihrer Logik eher orange geprägt als grün oder gelb.

Das Spiral Dynamics Modell kann hier eine gute Orientierung geben, um mit dem Auftraggeber zu analysieren, wo sich die Organisation befindet, um dann gemeinsam zu überlegen, wie der Transformationsprozess hin zu mehr Menschlichkeit gestaltet sein sollte.

4.9 Fazit

Eine Kultur der Menschlichkeit und das Design humaner Unternehmen im hier definierten Sinn kann erst in der sogenannten gelben Bewusstseinsstufe vollumfänglich entwickelt werden. Unsere Eingangshypothese war, dass Konzepte wie New Work, Agilisierung (womit mehr als die Einführung agiler Methoden gemeint ist) und Selbstorganisation eine Kultur der Menschlichkeit bedingen. Das heißt im Umkehrschluss auch: Umfassende Selbstorganisation ist erst möglich, wenn die Werte der gelben Stufe in der Organisation gelebt werden. Damit stellt sich die Frage, wie man eine Kultur der Menschlichkeit in Organisationen entwickeln kann.

Wie mehrmals erwähnt, scheitern viele agile Transformationen. Ein Grund ist, dass die Einführung neuer Regeln, Prozesse und Strukturen wirkungslos bleibt, wenn sie nicht durch die zugehörigen Werte und Grundhaltungen zum Leben erweckt werden. Äußerer Wandel (Regeln, Prozesse und Strukturen) braucht inneren Wandel (Kulturwandel auf individueller als auch kollektiver Ebene) – ebenso wie auch umgekehrt. Weil aber Regeln, Prozesse und Strukturen viel direkter beeinflussbar und mindestens vordergründig gestaltbar sind, bleibt der kulturelle Wandel häufig auf der Strecke.

Hinzu kommt die Herausforderung, dass es keinen Masterplan gibt, Kultur erfolgreich und gezielt in eine bestimmte Richtung zu entwickeln, ebenso wenig wie es einen Masterplan gibt, mit dem eine agile Transformation gelingt – auch wenn viele Beratungen das Gegenteil behaupten.

5.

Wie Kulturentwicklung gelingen kann

»Jede Veränderung beginnt in uns.«

Tenzin Gyaltso, 14. Dalai Lama, Friedensnobelpreisträger

Was aber kann eine Organisation tun, um sich weiterzuentwickeln? Was können Unternehmen unabhängig davon, ob sie eine Kultur der Menschlichkeit anstreben, sich auf eine agile Transformation ausrichten oder gar eine selbstorganisierende Unternehmung werden wollen, in die Wege leiten, um ihren Status quo zu verbessern? Was sollte vermieden werden?

Im dritten Kapitel dieses Buches haben wir uns mit der Frage beschäftigt, wann Organisationen fähig sind, eine Kultur der Menschlichkeit zu leben. Dabei wurde deutlich, dass Organisationen spätestens dann eine Kultur der Menschlichkeit zugesprochen werden kann, wenn sie beginnen, eine integrale Perspektive einzunehmen. Das bedeutet: Sowohl die äußerliche und objektivierbare Perspektive als auch die innerliche, subjektive Perspektive werden als bedeutsam und notwendig anerkannt. Der Fokus liegt sowohl auf Strukturen, Prozessen, Effizienz und Effektivität als auch auf Persönlichkeitsentwicklung des Einzelnen und der Kulturentwicklung der Organisation als Ganzes. Genau das scheint das Erfolgsprinzip der »bewusst entwicklungsorientierten Organisationen« (Kegan und Lahey 2016) zu sein.

Die meisten Organisationen sind gut darin, den Fokus auf die beiden Es-Räume zu richten, also auf die äußerlichen, objektivierbaren Aspekte einer Organisation wie Managementsysteme, Strukturen, Prozesse, Kompetenzen. Leider fehlt es ihnen oft daran, den inneren subjektiven Raum in ihr Organisationsdesign zu integrieren. Manchen Organisationen gelingt fatalerweise beides nicht und manche Organisationen konzentrieren sich zu sehr auf den inneren Raum mit allen seinen Schattenseiten und Enttäuschungen.

Aus vielen Erfahrungen wissen wir, dass Kulturtransformationen keiner Blaupause folgen. Es geht vielmehr (aus Beratersicht) darum, einen individuellen Prozess gemeinsam mit der Organisation zu gestalten. Gute Beratung ist das Ergebnis eines ko-kreativen Prozesses, in dem es eine Reihe generische Herausforderungen gibt. Ein alleiniges und damit einfaches Erfolgsrezept gibt es in dem Sinne aber nicht – dafür sind Organisationen zu komplex. Warum das so ist, damit beschäftigen wir uns jetzt. Als Erstes möchten wir die Frage beantworten, wie Organisationen sich organisieren und damit auch verändern und anschließend beschäftigen wir uns mit der Frage, was die Herausforderungen für die Verantwortlichen im Rahmen einer Kulturveränderung sind.

5.1 Mechanistisches und systemische Weltbild

Solange sich Entscheidungsträger in ihrem Handeln von einem mechanistischen Mindset leiten lassen, werden Kulturveränderungen tendenziell scheitern.

5.1.1 Mechanistisches Weltbild

Das mechanistische Weltbild ist eine Metapher aus der Zeit der Zweiten Industrialisierung, als man glaubte, Organisationen seien berechenbare, mithin triviale Systeme (von Foerster 2003). Triviale Systeme funktionieren nach dem Kausalitätsprinzip: Ein bestimmter Input (Reiz, Ursache) erzeugt einen bestimmten Output. Ein triviales System ist damit vorhersehbar und geschichtsunabhängig, das heißt, es ist völlig egal, was zuvor passiert ist, es funktioniert nach dem immer gleichen Prinzip. Darüber hinaus ist es synthetisch deterministisch, das bedeutet, jemand, der das System beobachtet, kann analytisch herausfinden, wie es funktioniert. Ursache und Wirkung sind vollkommen aufeinander bezogen. Organisationen sind dieser Metapher zufolge einfache, allenfalls komplizierte Systeme, die:

- linear funktionieren und berechenbar sind,
- direkt zu kontrollieren und zu steuern sind,
- nach dem Prinzip der Rationalität funktionieren (Inhaltsfokus).

Das mechanistische Weltbild impliziert zwei Aspekte: Erstens ist es durch eine eingehende Analyse möglich, das System zu verstehen. Zweitens ist das System durch bestimmte Veränderungen gezielt steuerbar, so wie es möglich ist, eine Maschine zu steuern. Viele Beratungsansätze orientieren sich an diesem Weltbild, indem sie den Eindruck erwecken, durch eine profunde Analyse, die Organisation verstehen und dann auch gestalten zu können. Darauf aufbauend werden Strukturen und Prozesse entwickelt und entsprechende Trainings konzipiert. Das umfasst die beiden rechten Quadranten (Es-Raum Singular und Es-Raum Plural). Dabei wird verkannt, dass Organisationen lebende Systeme sind, die sich nach anderen Prinzipien im Kern selbst organisieren. Hier kommt das systemische Weltbild ins Spiel.

5.1.2 Systemisches Weltbild

Bevor wir die für uns wichtigsten Elemente des systemischen Weltbildes beschreiben, möchten wir auf ein Missverständnis aufmerksam machen, das daher rührt, dass systemtheoretisches Denken in den letzten zehn Jahren eine nie gekannte Prominenz erreicht hat, mit der Folge, dass es häufig auch sehr oberflächlich und vereinfacht vermittelt und verstanden wird. Zunächst einmal gibt es nicht DIE Systemtheorie, sondern systemtheoretisches Denken basiert auf einer Vielzahl interdisziplinärer Theorien, die als gemeinsamen Nenner sich mit der Frage beschäftigen, wie sich komplexe, lebende Systeme organisieren. Daraus leiten sich bestimmte Werte, Mindsets und Haltungen für die Beratung und auch das Führen von Organisationen ab. Dazu gibt es viele ausgezeichnete Autoren, die sich intensiv mit dem Thema beschäftigt haben (Königswieser und Exner 2000; Königswieser und Hillebrand 2009, Nagel und Wimmer 2009; Schmid et al. 2005; Simon 2007).

Wir wollen uns hier auf ein paar Kernaussagen der systemischen Sichtweise beziehen, damit unser Ansatz, wie wir Veränderungsprozesse angehen, verständlicher wird. Der systemtheoretische Ansatz ist kein Ansatz, mit dem schlussendlich lebende Systeme gesteuert oder die Komplexität beherrscht werden können. Vielmehr vermittelt er Beratern und Organisationen eine Denkhaltung, wie mit Komplexität umgegangen werden kann, ohne sie je beherrschen zu können. Das ist ein sehr wichtiger Unterschied. Was also beinhaltet das systemische Weltbild?

Das systemische Weltbild sieht Organisationen als ein lebendiges, mehrdimensionales, soziales System mit eigener Denk- und Handlungslogik. Lebendig meint, dass keine lineare Kausalität zwischen Input und Output besteht, wie das bei einer (trivialen) Maschine der Fall ist. So kann es sein, dass die gleiche Intervention zu unterschiedlichen Zeitpunkten ganz unterschiedliche Auswirkungen im System haben kann. Oder auch, dass die gleiche Intervention in unterschiedlichen Systemen ganz unterschiedlich verarbeitet wird. Lebende Systeme sind also pfadabhängig: Wie ein bestimmter Input zu einem gegebenen Zeitpunkt verarbeitet wird, hängt von der Vorgeschichte des Systems ab. Das Kondensat der Vorgeschichte sind die in der Organisation vorherrschenden Werte, Mindsets und Haltungen. Die gilt es gemeinsam mit den Auftraggebern in Form von Hypothesen herauszuarbeiten. Darauf aufbauend werden Interventionen geplant und durchgeführt und anschließend auf ihre Wirkung hin analysiert. Weil Input und Output nicht linear sind und weil das System die Interventionen nach eigenen hochkomplexen Mustern verarbeitet, kann es sein, dass die Intervention nicht die gewünschte Wirkung zeigt. Warum das so ist, darüber können immer nur Hypothesen entwickelt werden. Das Bilden von Hypothesen ist ein zentraler Aspekt der systemischen Beratung und bedarf einer guten Dialogkultur zwischen Beraterteam und Auftraggebenden und auch in der Organisation selbst.

Ein wichtiger Aspekt von lebenden Systemen ist weiterhin, dass sie dynamisch sind. Dynamisch bedeutet, dass zunächst kleine Veränderung häufig gar nicht sichtbar im System werden, und es somit vordergründig stabil erscheint. Dabei wird ignoriert, dass kleine Veränderungen sich über die Zeit hochschaukeln können und nur scheinbar reagiert das System dann plötzlich turbulent oder chaotisch. Dynamisch bedeutet aber auch, dass Systeme in sich selbst wieder neue Verhaltensweisen entwickeln, die das System stabilisieren.

»Mehrdimensional« bedeutet, dass nicht nur Technologie und Ökonomie eine Rolle spielen und Einfluss auf das organisationale Geschehen nehmen, sondern dass auch politische, gesellschaftliche, gruppendynamische und psychische Prozesse relevant sind und mitgedacht werden müssen. »Sozial« beschreibt hier die Tatsache, dass Organisationen Systeme sind, in denen Menschen aufeinander bezogen handeln. Es beschreibt mithin nicht eine Qualität des Handelns im Sinne von gemeinnützig oder hilfsbereit.

Die zentralen Unterschiede zwischen dem mechanistischen und systemischen Weltbild sind nachfolgend aufgeführt:

12 | **Unterscheidung mechanistisches und systemisches Weltbild**

Mechanistisch	Systemisch
statisch	dynamisch
mechanistisch	lebendig/sozial
eindimensional	mehrdimensional
steuerbar	beeinflussbar

©Hoffmann-Ripken

Daraus folgen drei wesentliche Aspekte, die für die Veränderung von Organisationen zentral sind:

1. Organisationen sind nicht direkt steuerbar.
2. Auch bei ausführlicher Auswertung aller möglichen Daten, ist es nicht möglich, Reaktion von Organisationen verlässlich vorherzusehen, was nicht heißt, dass Daten und Analysen wertlos sind, aber sie bilden nur einen Aspekt (Es-Raum Plural), der berücksichtigt werden muss.
3. Veränderungen bedürfen einer Dialogkultur (Wir-Raum), sowohl in den Organisationen als auch zwischen Beratung und Auftraggeber.

Wenn dieses Verständnis von den Auftraggebern geteilt wird, kann der Weg der Veränderung miteinander gestaltet werden, und Umwege, Rückschritte, Hoch und Tiefs werden als Teil des (Lern-) Prozesses gesehen. Gelernt werden kann, wenn die Erfahrungen und Beobachtungen gemeinsam reflektiert werden. In den meisten Organisationen werden Reflexionen stiefmütterlich behandelt. Sie gelten als zu wenig zielführend und zu sehr rückwärtsgewandt. Interessanterweise erfahren Reflexionen gerade mit den agilen Methoden eine Renaissance, nur dass sie hier Retrospektiven genannt werden. Unabhängig, ob man nun diese Gefäße Retrospektiven, Reflexionsschlaufen oder Resonanz nennt, wichtig ist, dass dort folgende Fragen gestellt werden:

- »Wo sind erste Veränderungen in eine gewünschte Richtung zu beobachten und wie können die gewürdigt und gefeiert werden?«
- »Woran werden die Beobachtungen festgemacht?«
- »Wer könnte andere Beobachtungen machen?«
- »Was sind die Annahmen (Hypothesen), warum es so ist, wie es beobachtet wird? Was könnten weitere Annahmen sein?«
- »Was könnte wir im Prozess übersehen haben?«
- »Von wem oder aus welchem Bereich kommt der meiste Widerstand und was könnte das für gute Gründe haben?«
- »Wie gehen wir mit diesem Widerstand um?«

- »Was nimmt das Beratersystem von außen wahr?«
- »Was könnte der nächste anschlussfähige Schritt in dem Veränderungsprozess sein?«

Dabei gilt grundsätzlich: Nur wenn die angestrebten und kommunizierten Veränderungen von der Führungsspitze vorgelebt werden, besteht eine Chance auf nachhaltige Verankerung von Haltungs-, Mindset- und Verhaltensänderungen.

Wie kann nun ein Veränderungsprozess gestaltet werden, um die Wahrscheinlichkeit zu erhöhen, dass Organisationen sich nachhaltig verändern? Aus eigenen Erfahrungen und zahlreichen Studien kristallisieren sich die folgende Handlungsanweisungen heraus.

5.2 Gestaltung eines Kultur-Transformationsprozesses

Wir haben Kultur als ein Zusammenspiel von Werten, Mindset und Haltung definiert, welche sich über die Zeit selbstorganisiert entwickelt. Dabei meinen wir nicht die kommunizierten Visionen, Missionen und Leitbilder – also der idealisierte Entwurf, wie die Organisation gern wäre oder sich nach außen darstellt, sondern die gelebten Werte und Mindsets und die daraus abgeleiteten Haltungen, die die Menschen, sei es Mitarbeitende oder Kunden, Zulieferer oder Berater in einer solchen Organisation leben und erleben. Allerdings fällt den in einer Organisation handelnden Menschen häufig gar nicht auf, nach welchen unbewussten Spielregeln (Zusammenspiel von Werten, Mindset und Haltungen) sie sich verhalten.

Die erste Frage in der Gestaltung einer Kulturentwicklung ist: Warum sollte eine Organisation überhaupt ihre Kultur verändern oder bezogen auf dieses Buch, warum sollte eine Organisation eine Kultur der Menschlichkeit entwickeln wollen? Wenn ein bewusster Kulturentwicklungsprozess angestoßen wird, dann muss es sich zwangsläufig um einen Top-down-Ansatz handeln. Das bedeutet aber auch, dass die Veränderungen in den Werten, Mindset und Haltungen von oben nach unten vorgelebt werden müssen. Die nächste Frage ist dann, wenn die Kultur gar nicht mehr bewusst wahrgenommen wird, wie können wir sie bewusst machen? Und wenn es gelungen sein sollte, die existierende Kultur zu beschreiben, wie kann sie verändert werden, wenn sie das Ergebnis eines selbstorganisierenden Prozesses ist und nicht direkt gesteuert werden kann? Und schließlich stellt sich die große Frage bei allen Veränderungsprozessen: Wie nimmt man die anderen Mitglieder der Organisation mit? Was sind die Herausforderungen in der Kommunikation eines Kulturtransformationsprozesses und wie könnte der Umgang mit den unweigerlich aufkommenden Widerständen von Mitarbeitenden und Führungskräften gegen die angedachten Veränderungen gestaltet werden? Die letzte Frage ist eine generische Frage, mit der sich alle Transformationsvorhaben beschäftigen müssen.

Für die Gestaltung eines Kultur-Transformationsprozesses sehen wir verschiedene Herausforderungen, die wir hier Schritt für Schritt erklären und beschreiben:

1. Fehlende Dringlichkeit einer Kulturentwicklung und Selbstverpflichtung des Top Managements,
2. blinde Flecken über die eigene Kultur respektive Schwierigkeiten eine Kultur zu beschreiben oder zu analysieren,
3. Widerspruch: Mangelnde Steuerbarkeit einer Kulturveränderung und Entwicklung einer Soll-Kultur,
4. Kommunikation und Umgang mit Reaktanz beziehungsweise Widerstand in der Führung und bei den Mitarbeitenden.

Die nachfolgenden Ausführungen beziehen sich auf einen bewusst von oben – also von der Geschäftsführung oder dem Top Management - initiierten Kulturtransformationsprozess. Den Bottom-up-Kulturprozess betrachten wir hier nicht. Dabei ist klar, dass jeder Top-down-Prozess nur gelingen kann, wenn die Initiative irgendwann von der gesamten Organisation mitgetragen wird, also sowohl von oben als auch von unten.

5.2.1 Herausforderung 1: Fehlende Dringlichkeit einer Kulturentwicklung und Selbstverpflichtung Top Management

Bevor in einer Kulturtransformationen versucht wird, die historisch gewachsene Identität einer Organisation in eine gewünschte Richtung hinzuentwickeln, muss zunächst anerkannt werden, wofür es sinnvoll sein könnte, die Kultur zu verändern oder zu entwickeln. Ohne die Erkenntnis und Überzeugung, dass die Organisationskultur ein wichtiger Wettbewerbsfaktor darstellt, wird Kulturentwicklung zum Selbstzweck oder zum Lippenbekenntnis. Dringende Fragestellungen werden sich schnell in den Vordergrund drängen und die notwendigen zeitlichen, persönlichen und finanziellen Ressourcen absorbieren. Gerade weil Organisationskultur so wenig greifbar ist, ist es zwingend notwendig, dass in der Geschäftsleitung oder im Top Management eine Vergemeinschaftung stattfindet, was überhaupt Organisationskultur umfasst, wofür sie bedeutsam ist und welche Herausforderungen ein Kulturwandel mit sich bringt. Das muss der erste Schritt in jedem Kulturtransformationsprozess sein – unabhängig, ob nun eine Kultur der Menschlichkeit entwickelt werden soll oder eine Innovationskultur oder leistungsorientierte Kultur. In einem solchen Vergemeinschaftungsprozess zeigt sich die gelebte Qualität der Dialogkultur.

Als Beratende gilt es, mit den Teilnehmenden einen Reflexionsprozess sowohl auf der Inhalts- als auch auf der Metaebene zu führen. Die Inhaltsebene beschreibt, ob es gelingt, ein gemeinsames Verständnis zu erreichen über die Fragen:

- Was umfasst Kultur?
- Wie entsteht sie?
- Wie kann sie verändert werden?
- Was ist die Verantwortung der obersten Führungsebene?
- Wie wichtig ist Kultur für die Organisation?
- Wofür genau ist sie wichtig?

Die Metaebene beschreibt hingegen, wie das Miteinander im Gespräch erlebt wird. Das ist meist schon eine Intervention, die von vielen Geschäftsleitungen als irritierend wahrgenommen wird und mit der gleichzeitig die Kultur und damit der bestehende Wir-Raum betrachtet wird. Kriterien einer Reflektion könnten Skalierungsfragen sein, die jeder bestenfalls in einer offenen Runde beantwortet, wie beispielsweise:

- Wie offen haben wir über das Thema gesprochen?
- Wie differenziert konnten wir über das Thema sprechen?
- Wie viel Redeanteil haben die jeweiligen Personen eingenommen?
- Wie respektvoll und konstruktiv wurde die Atmosphäre des Dialogs wahrgenommen?
- Wie viel Bedeutsamkeit geben wir dem Thema Kulturentwicklung im Vergleich zu anderen drängenden Fragen in unserer Organisation?

Anhand der Fragen wird deutlich, dass es hier auch um das WIE des Gesprächs geht als Ausdruck der in der Organisation gelebten Beziehungsebene und Kultur. Inwiefern die beratende Person auch eine Einschätzung dazu abgibt, ist abzuwägen. Das könnte dann geboten sein, wenn die Selbstwahrnehmung der Teilnehmenden sehr von der Außenwahrnehmung der Beratenden abweicht.

Kulturentwicklungen werden häufig weder von den Mitarbeiten noch von den Führungskräften als dringlich wahrgenommen. Damit ist es schwierig, die erste Bedingung in dem bekannten Kotterschen Neun-Stufen-Modell zu erfüllen, nämlich ein Gefühl der Dringlichkeit zu entwickeln. Die Typologie von Berner, der verschiedene Veränderungstypen in eine Matrix einordnet, unterstreicht diese Aussage: Auf der x-Achse wird die von den Organisationsmitgliedern eingeforderte Einstellungs- und Verhaltensänderung eingezeichnet und auf der y-Achse die wahrgenommene Bedrohung (Berner 2015). Kulturveränderungen erfordern eine hohe Einstellungs- und Verhaltensänderung von den Organisationsmitgliedern, das Transformationsvorhaben selbst wird aber als wenig bedrohlich wahrgenommen. Sie fällt in den unteren rechten Quadranten der unten stehenden Matrix. Mitarbeitende reagieren auf eine Ankündigung eines Kulturveränderungsprozesses eher mit Desinteresse und Passivität – vor allem, wenn die Organisation bereits Erfahrungen gemacht hat, bei denen nach einer Ankündigung keine nachhaltigen, spürbaren Veränderungen folgten.

Aber selbst, wenn die Dringlichkeit gesehen wird, besteht immer noch die Gefahr, dass sich noch dringlichere Veränderungen wie notwendig gewordene Kostensenkungen oder als wichtiger erachtete Prozessoptimierungen im Laufe des Prozesses vordrängen und häufig die ersten Früchte eines Kulturentwicklungsprozesses zunichtemachen.

Aus unserer Erfahrung gelingen diese Prozesse nur, wenn die höchsten hierarchischen Personen zutiefst von dem Vorhaben überzeugt und bereit sind, die eigenen Werte, Mindsets und Haltungen infrage zu stellen. Das bedarf einer hohen persönlichen Reife und auch Mut. Mut vor allem dann, wenn sich in der Phase des Kulturwandels die Zahlen oder die wirtschaftlichen Rahmenbedingungen ganz allgemein verschlechtern. Große, börsenkotierte Unternehmen stehen hier unter einem enormen Druck der Finanzmärkte. Aber auch für kleine eigentümergeführte Unternehmen können sich die wirtschaftlichen Rahmenbedingungen schnell ändern. Dies kann dazu führen, dass es um das wirtschaftliche Überleben geht, indem ein Personalabbau notwendig wird und tatsächlich weder die finanziellen noch personellen Ressourcen vorhanden sind, um sich weiter mit einer angestoßenen Kulturentwicklung zu beschäftigen. Wir haben kürzlich einen Fall miterlebt, wo der Eigentümer vor einem Jahr einen Kulturentwicklungsprozess initiiert hat und selbst vollkommen zutiefst von der Wichtigkeit überzeugt war. Es fanden bereits die ersten Workshops mit den Führungskräften statt und tatsächlich sahen alle die Dringlichkeit, die eigene Kultur zu reflektieren und anzupassen. Aufgrund der einbrechenden Energiekrise ist das Unternehmen in eine finanzielle Notlage geraten, in der die Banken nicht bereit waren, die Kreditlinie zu erhöhen ohne massive strukturelle Maßnahmen. Kulturentwicklung zählt dann meist nicht zu den von Banken geforderten Maßnahmen. Tatsächlich will das Unternehmen den Prozess fortsetzen, sobald es dafür wieder finanziellen Spielraum sieht.

Hier zeigt sich die Zirkularität der Organisationskultur: Organisationskultur entscheidet darüber, wie man durch wirtschaftliche Krisen navigiert und in Krisensituationen zeigt sich die gelebte Kultur nicht nur am aller deutlichsten, sondern prägt sie auch in besonderer Weise gleichzeitig. Die Kultur wirkt immer auf sich selbst zurück. Am meisten wird die Kultur in hierarchischen Systemen durch das Verhalten der obersten Führungsebene beeinflusst, weil sie die meiste Macht im System hat. Daraus folgt, dass die Kulturentwicklung, die eine Organisation gezielt anstrebt, von der Führungsspitze vorgelebt werden muss. Dessen sollte sich die Führungsspitze bewusst sein und für sich reflektieren, welche Fähigkeiten sie entwickeln müssen, um die Ziele, die sie erreichen wollen, glaubhaft vorleben zu können. Ein solcher Schritt erfordert von einer Geschäftsleitung oder dem Top Management, die eigenen Entwicklungsfelder zu benennen und an ihnen zu arbeiten. Das braucht Mut, weil die Benennung des eigenen Entwicklungspotenzials als schwach ausgelegt werden kann. Aber genau dadurch erzeugt es Glaubwürdigkeit. In Norddeutschland heißt es, dass der Fisch vom Kopf stinkt. Der Fisch stinkt, weil das Gehirn des Fisches schnell verdirbt und dann einen üblen Geruch verströmt. Für eine erfolgreiche Kulturentwicklung muss also die oberste Führungsriege die Bereitschaft aufbringen, sich zu entwickeln, die eigenen blinden Flecken anzusehen und zu lernen.

Die für eine Kulturentwicklung notwendige Veränderungsenergie bedingt, dass in der Auftragsklärung mit den verantwortlichen Personen eine tragende Vergemeinschaftung stattgefunden hat, über:

- Komplexität von Kultur,
- strategische Bedeutsamkeit der Kultur,
- Bereitstellung personeller und finanzieller Ressourcen,
- Bereitschaft ungewohnte Wege zu gehen und Widerstände auszuhalten,
- Mut, die eigenen Werte, Mindsets und Haltungen zu besprechen,
- Bereitschaft, einen längeren Prozess mitzugehen und auszuhalten.

Gesetz dem Fall, dass das Top Management die Dringlichkeit erkennt als auch sich verpflichtet, sich selbst zu reflektieren und als Motor der Veränderungen begreift, stellen sich die nächsten Herausforderungen für die Gestaltung eines Kulturentwicklungsprozesses: die bestehende Ist-Kultur zu beschreiben und eine Soll-Kultur zu definieren.

5.2.2 Herausforderung: Blinde Flecken über die eigene Kultur

Die eigene Kultur zu erkennen, stellt eine Herausforderung dar, weil es sich ähnlich verhält wie mit der Geschichte vom Fisch, der auf der Suche nach dem Wasser ist. Die Kultur ist immer da. Sie umgibt die Menschen in den Organisationen und ist so selbstverständlich, dass sie nicht mehr infrage gestellt wird und in all ihren Aspekten auch nicht wahrgenommen wird. Oft bemerken am ehesten neue Mitarbeitende Verhaltensweisen, die sie merkwürdig finden, aber meist nicht hinterfragen, sondern akzeptieren. Die eigene Organisation ist zunächst gegenüber ihrer eigenen Kultur blind. Blinde Flecken beschreiben den Umstand, dass wir nicht sehen, was wir nicht sehen (Zitat von Heinz von Foerster). Es geht also darum, die blinden Flecken sichtbar zu machen, indem sie beschrieben und erlebbar gemacht werden. Dafür müssen Unterschiede gebildet werden, die es so vorher noch nicht gab. Diese Unterschiedsbildung kann geschehen, indem eine Befragung durchgeführt wird und dies kann entweder (1) standardisiert erfolgen oder (2) qualitativ.

Für die standardisierte Befragung bieten wir zwei Möglichkeiten an: In diesem Buch geht es um die Entwicklung einer Kultur der Menschlichkeit, weil sie als Grundlage für gute und gelingende Zusammenarbeit gesehen wird und als Basis für einen Arbeitsort, in dem Menschen ihr Potenzial entfalten können. Beides zusammen hat einen Einfluss auf wirtschaftlichen Erfolg. Wir haben einen Fragebogen entwickelt, der den Istzustand aller sieben Teilkulturen erfragt.

Tipp: Den Fragebogen finden Sie im Downloadangebot zum Buch beim Verlag.

Die Auswertung dieses Fragebogens könnte ein erster Ansatzpunkt für eine Diskussion in der Geschäftsleitung sein. Wir raten aber davon ab, den Fragebogen breit zu streuen, bevor der Entschluss gefallen ist, sich auf den Weg einer Kulturentwicklung zu machen. Sollte dieser Entschluss mal gefällt sein, wäre eine unternehmensweite Umfrage eine Möglichkeit, einen Startschuss für eine Kulturentwicklung zu setzen, wenn die Ergebnisse wieder an die Mitarbeitenden zurückgespielt werden – egal wie positiv oder kritisch sie ausfallen und wenn bereits ein Budget für die weitere Maßnahmen zur Verfügung steht. Auf die kommunikativen Herausforderungen, eine solche unternehmensweite Umfrage zu initiieren, kommen wir unter Punkt 5.2.4.

Eine andere standardisierte Möglichkeit wäre die Erhebung mittels eines Tools, das auf dem Spiral Dynamics Modell aufgebaut ist. Dafür gibt es verschiedene Angebote im deutschsprachigen Raum. Mithilfe eines ausführlichen Assessments hat die Geschäftsleitung eine sehr hilfreiche Grundlage in der Hand, die als Ausgangspunkt für die gemeinsame Diskussion genommen werden kann.

Tipp: Eine sehr ausführliche Kultur Analyse kann über uns gemacht werden, bei der wir mit einer Partnerfirma zusammenarbeiten.

Jede noch so ausführliche und standardisierte Umfrage repräsentiert nicht die Wahrheit. Die Ergebnisse wollen auch zutreffend für und mit den Beteiligten interpretiert werden. Dazu bedarf es eines sorgfältig moderierten, qualitativen Dialogs. In einem solchen Dialog geht es darum, dass die Teilnehmenden anfangen, sich selbst beim Beobachten zu beobachten (Beobachtung zweiter Ordnung). Das bedeutet, dass auf der Metaebene reflektiert wird, was in dieser Organisation als bedeutsam angesehen wird und was eher nicht.

Dazu bietet sich die Suche nach Glaubenssätzen und das vier Quadranten Modell zur Analyse an. Mögliche Fragen in einem solchen Prozess könnten dafür sein:

- Was sind unsere Erklärungen dafür, dass die Organisationskultur so wahrgenommen wird?
- Welches Verhalten und welche Strukturen fördert diese Kultur?
- Was sind die Glaubenssätze hinter diesem Verhalten oder diesen Strukturen?
- Was sind unsere Erklärungen für Erfolge, Misserfolge, Probleme und Herausforderungen, die wir gerade erleben?
- Was könnten die Glaubenssätze (der Mindset) dahinter sein? Welche anderen Glaubenssätze wären auch möglich?
- Aus welchen Quadranten heraus erklären wir uns die Situation, Probleme, Herausforderungen?
- Welches ist die vorherrschende Dimension, aus der wir als Organisation interpretieren und agieren?
- Wie beschreiben wir unsere Haltung?
- Welche Werte zeigen sich in der bestehenden Kultur?

Downloadhinweis: Ist-Kultur besprechbar machen

Anstelle von standardisierten Methoden gibt es auch vielfältige qualitative, dialogische Interventionen, mit denen die Ist-Kultur besprechbar gemacht werden kann. Wir haben eine kleine Auswahl im Downloadangebot zum Buch zusammengestellt:

- Spiegelungsübung – Beschreibung der eigenen Kultur mit Bildern,
- Vier Quadranten für Kulturbeschreibung,
- Werte in dieser Organisation,
- Vergemeinschaftung Dringlichkeit der Kulturentwicklung.

Für die Erhebung der Ist-Kultur empfehlen wir sowohl eine standardisierte als auch qualitative Herangehensweise. So werden sowohl die Bedürfnisse auf der rechten Seite (Rationalität) befriedigt als auch möglicherweise neue Erfahrungen mit der linken Seite (Subjektivität) gemacht. Dabei ist in der Vorbereitung auf einen solchen Workshop gut auf die Anschlussfähigkeit der ausgewählten Interventionen in der entsprechenden Organisation zu achten. Anschlussfähigkeit bedeutet, dass die Teilnehmenden kognitiv verstehen, was die Logik hinter dem Vorgehen ist. Gerade in Organisationen, die sehr stark auf der rechten Seite der Quadranten zu Hause sind, ist das besonders wichtig.

5.2.3 Herausforderung: Entwicklung einer Ziel-Kultur

Der nächste Schritt ist die Entwicklung einer Ziel-Kultur. Wir sprechen hier bewusst von Zielbild und nicht von Vision. Aus unserer Sicht gibt es sehr wenige überzeugende Visionen, die Kraft in einem Unternehmen entfalten. Eine gute Vision ist großartig, aber Visionen zu entwickeln, ist aus unserer Sicht ein höchst anspruchsvoller Prozess.

Unternehmensgründer sind von einer Vision geleitet, die sie mit ihrem Tun erreichen wollen und die ihnen die Kraft und Energie gibt, durch die Tiefen der Gründungsphase zu gehen. Aber in den meisten bestehenden Organisationen gibt es wenige visionär denkende Menschen. Dennoch scheint jede Organisation den Eindruck zu haben, sie müsse eine Vision entwickeln, um daraus eine Mission abzuleiten und darauf aufbauend die Strategie. So wird es zumindest in den klassischen MBAs (Master of Business Administration) und Lehrbüchern vermittelt.

Die Unterscheidung von Vision und Mission ist auf dem Papier einfach, in Realität meist sehr schwierig. Es gibt viele Visionen, die Missionen sind und viele Missionen, die im Kern beinhalten, wettbewerbsfähig zu bleiben, was nicht sonderlich spektakulär ist. Nicht selten werden dafür aufwendige und auch teure Beratungsprozesse gestaltet. Die ausformulierte, meist viel zu lange

Vision landet dann auf der Website und in grafisch schön gestalteten Broschüren, aber wenn man die Mitarbeitenden fragt, kennt sie keiner. Denn mit der Ausformulierung der Vision ist es nicht getan, sie muss belebt werden. Das bedeutet, dass sich das Handeln in der Organisation an ihr ausrichten sollte. Das geschieht nicht einfach so, sondern erfordert Maßnahmen, die umgesetzt werden müssen. Eine Vision soll Orientierung geben in anspruchsvollen Entscheidungen, Energie auslösen und in schwierigen Situationen ermutigen weiterzumachen, obwohl man gerade gescheitert ist.

Eine guter Visionsprozess ist sehr wertvoll und kann viel Kraft entfalten. Wenn die Organisation bereit ist, sich auf den Weg einzulassen und dafür ein Budget zur Verfügung zu stellen, kann das ein sehr spannender und intensiver Prozess sein. Unabhängig davon, ob ein Unternehmen eine Vision hat oder nicht – wichtiger ist es, ein klares Ziel vor Augen zu haben, das konkret genug ist, sodass sich die Mitarbeitenden vorstellen können, was anders wird.

Das Zielbild der zukünftigen Kultur sollte auf der Grundlage der gelebten Kultur realistisch erscheinen. Wir haben viele Situationen erlebt, in denen die Kommunikation der Zielkultur unternehmensweit Zynismus auslöst. Wenn Zynismus aufkommt, dann ist das ein Zeichen dafür, dass das Zielbild zu weit weg von der alltäglich erfahrenen Realität ist und die Mitarbeitenden der Führungsriege den Wandel nicht zutrauen. Das Gleiche gilt auch für den häufig gewählten Weg, dass für eine Kulturentwicklung zunächst einmal Werte definiert werden, an denen sich zukünftig die Organisation ausrichten soll. Wenn die propagierten Werte im deutlichen Widerspruch zu dem stehen, was täglich erlebt wird, werden die Werte auch eher Zynismus auslösen als Motivation. Abgesehen davon sind auch die Werte in vielen Organisationen austauschbar, wie Wertschätzung, Respekt, Verantwortung, Nachhaltigkeit, Offenheit, Vertrauen, um ein paar der am häufigsten verwendeten Werte zu nennen. Aus unserer Erfahrung heraus ist es sinnvoller zu analysieren, durch welches Wertekonzept im Sinne des Spiral Dynamics Modells die Organisation geprägt ist und wie diese bereits gelebten Werte für die Entwicklung der Teilkulturen gut genutzt werden können. Der Vorteil der sieben Teilkulturen, die zusammen eine Kultur der Menschlichkeit entstehen lassen, ist, dass sie Ziele beschreiben, unter denen sich die Mitarbeitenden etwas vorstellen können. Darüber hinaus können sie direkt mit konkreten Trainingsangeboten verknüpft werden, aber auch mit der Einführung von neuen Sitzungselementen oder Gesprächsformaten. Damit wird innert Kürze auf der beobachtbaren Ebene gesehen, dass neue Dinge ausprobiert werden.

Je nach Erfahrung der Organisation ist die Entwicklung bestimmter Teilkulturen anschlussfähiger als andere Teilkulturen. Wie wir am Anfang dieses Kapitels erwähnt haben, beeinflussen sich die jeweiligen Teilkulturen gegenseitig. Die Entwicklung einer Konfliktkultur berührt auch die Persönlichkeitsentwicklung und das Verständnis und den Umgang mit Empathie. Gleichzeitig schult eine Konfliktkultur aber auch die Achtsamkeit, wo Spannungen im Unternehmen sind wie auch die Verantwortungskultur, indem Führungskräfte ihre Verantwortung in der Klärung von Konflikten wahrnehmen. Daher ist es ratsam, sich in dem Kulturentwicklungsprozess vorerst auf eine oder zwei Teilkulturen zu konzentrieren.

Downloadhinweis: Entwicklung eines Zielbildes
Für die Entwicklung eines Zielbildes geben wir Ihnen in der digitalen Playbox zum Buch folgende Workshopformate als Inspirationen für Interventionen:

- Umfrage Kultur der Menschlichkeit,
- Bildung von Fokusgruppen,
- Spielerische Aktivierung des Zukunftsbildes.

Inwiefern für die Entwicklung des Zielbildes bereits versucht werden sollte, Teile der Organisation mit einzubinden, sind Entscheidungen, die mit den Auftraggebern besprochen werden müssen. Diese Entscheidungen hängen davon ab, wie und wann die gesamte Organisation über den angestrebten Wandel informiert wird. Da gibt es nicht den richtigen Weg, sondern viele verschiedene Möglichkeiten. Im folgenden Abschnitt möchten wir einige Erfahrungen, was die Kommunikation und den Umgang mit Widerstand in Veränderungsprozessen betrifft, mit Ihnen teilen.

5.2.4 Herausforderung: Kommunikation und Umgang mit Widerstand

In allen Büchern, Vorlesungen und Weiterbildungen zu Changemanagement steht, das Wichtigste für eine gelingende Veränderung sei, alle wichtigen Personen, also Mitarbeitende und Führungskräfte, auf dem Weg der Veränderung mitzunehmen. Wenn unter »alle mitnehmen« verstanden wird, dass es darum geht, möglichst vielen Menschen in der Organisation Gelegenheit zu geben, sich mit den Veränderungen auseinanderzusetzen, dann stimmen wir dieser Aussage zu. Wenn darunter aber verstanden wird, dass durch gute Kommunikation möglich wird, dass alle Mitarbeitenden die gleiche Sichtweise auf die Veränderung teilen und alle den Nutzen, Sinn und Zweck der Veränderung sehen, so halten wir das für eine Illusion. Das würde implizieren, man könne richtig kommunizieren, und es gäbe nur eine richtige Antwort auf komplexe Fragestellungen. Entsprechend des systemischen Weltbilds gibt es auf komplexe Fragestellungen keine richtigen Antworten, sondern viele verschiedene mögliche Antworten, die unterschiedliche Auswirkungen haben, die wiederum unterschiedlich bewertet werden können. Insofern haben zwangsläufig viele Menschen im Hinblick auf komplexe Fragestellungen unterschiedliche Ansichten.

Kommunikation ist selbst das Ergebnis eines komplexen Prozesses. Keiner kann vorschreiben, wie Informationen von den Menschen, die die Botschaft hören, interpretiert werden. Über Inhalt und Bedeutung der Botschaft entscheidet die Person, die die Botschaft empfängt. Das von Schulz von Thun (2009) entwickelte Kommunikationsquadrat verdeutlicht diese Komplexität, indem es darauf hinweist, dass in jeder Kommunikation neben der Sachebene eine Beziehungsbotschaft, eine Selbstkundgabe und ein Appell enthalten ist, auch wenn diese Aspekte nicht explizit ausformuliert werden. Darüber hinaus interpretieren Menschen nicht nur das, was sie sehen und hören, sondern auch das, was nicht gesagt wird. Diese Interpretation findet meist unwillkürlich statt, also nicht absichtlich. In aller Regel sind sich die Menschen nicht bewusst, was sie alles interpretieren: In die Interpretation fließt alles ein, was im Eisbergmodell unterhalb der Oberfläche verortet wird, also das Wertesystem, der Mindset, die Haltung, die Gefühle, die Erfahrungen, die mit dem Gesprächspartner, in dem betrachteten System oder auch in ähnlichen Situationen gemacht wurden. Je nachdem, wo sich Menschen in ihrem Wertesystem befinden, bewerten sie unterschiedliche Dinge als relevant und bedeutsam.

Die Herausforderung der Kommunikation zeigt sich auch in dem häufigen Vorwurf, man wäre nicht informiert worden. Betrachten Sie dazu folgende real erlebte Situationen: In diesem Veränderungsprozess war die Bereichsleitung sehr darauf bedacht, die direkt betroffenen Abteilungsleitenden mit auf den Weg der Veränderung zu nehmen und hat sie frühzeitig mehrfach über die Ideen informiert. Als nach der dritten Sitzung der Vorwurf von einigen Abteilungsleitenden kam, man wäre nicht gut informiert worden und sehe nach wie vor nicht die Notwendigkeit und Dringlichkeit, warum die ganze Veränderung angestrebt wurde, schwankte die Bereichsleitung zwischen Fassungslosigkeit und Wut. Das Beispiel zeigt sehr deutlich, wie herausfordernd die Kommunikation ist, weil wir nicht wissen, was von dem, was gesagt wurde, gehört, verstanden und verarbeitet wurde. Die logische Konsequenz daraus ist, dass man die Kommunikation in einem Veränderungsprozess schlecht machen, besser machen und ganz gut machen kann, aber nie richtig oder perfekt. Diese Erkenntnis der Komplexität von Kommunikation entbindet aber nicht von der Verantwortung, trotzdem so gut wie möglich zu kommunizieren. Die Erkenntnis kann dazu beitragen, dass eine Haltung entsteht, in der Menschen umsichtiger mit ihren eigenen Bewertungen und Urteilen über Kommunikation umgehen. In einem Bereich eines globalen Unternehmens hatte sich eine Haltung etabliert, die sich am besten mit »Benefit of the Doubts« beschreiben lässt, übersetzt: Vertrauensvorschuss (oder im Zweifel für den Angeklagten). Die Mitarbeitenden kultivierten einen Umgang miteinander, der von folgender Haltung geprägt war: Es könnte sein, dass ich etwas nicht gehört oder falsch verstanden habe oder dass ich etwas nicht so interpretiert habe, wie es gemeint war. Wenn man den Zweifel als Haltung lebt, dann fragt man eher interessiert nach, als dass man direkt mit dem Vorwurf startet. Das ist ein kleiner, aber feiner Unterschied. Diese Haltung lässt sich gezielt trainieren, indem man sie zunächst mal bewusst als Haltung einführt und dann immer wieder darauf verweist, wenn jemand vorwurfsvoll kommuniziert.

Neben der inhärenten Komplexität von Kommunikation erschwert die sogenannte Wissenslücke insbesondere die Kommunikation von Veränderungsvorhaben. Die Wissenslücke beschreibt dabei folgenden Tatbestand.

14 | **Wissenslücke in der Kommunikation**

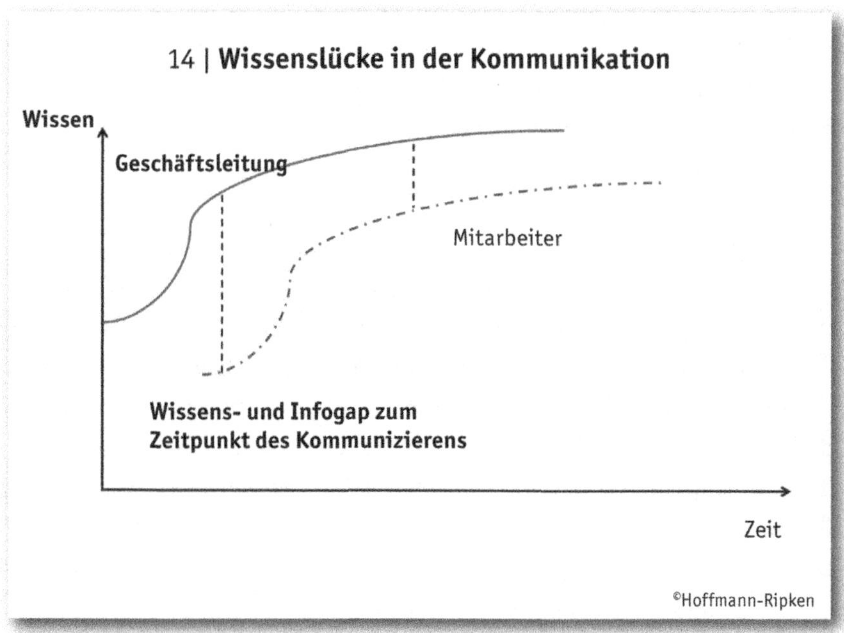

1. Je nach hierarchischer Rolle und Verantwortungsgrad haben Menschen unterschiedliches Wissen und auch unterschiedliche Perspektiven, was sie als wichtig erachten.
2. Je nach Intensität, die sich jemand mit einem Thema beschäftigt, verändert sich der eigene Wissensstand. Die Lücke zwischen dem eigenen Wissen und dem Wissen der Menschen, die sich nicht damit beschäftigt haben, wird größer.

Beides hat einen großen Einfluss auf die Kommunikation. Wie kann der Inhalt der Kommunikation anschlussfähig gemacht werden an den Wissensstand eines diversen Publikums? Das Bewusstsein über die Wissenslücke hilft, die Kommunikation achtsamer vorzubereiten und ermöglicht Verständnis, warum Gesagtes häufig nicht gehört und verstanden wird. Folgende Fragen können helfen, sich der Wissenslücke bewusst zu werden und diese zu minimieren:

- »Was ist die Perspektive der Teilnehmenden?«
- »Welche Auswirkungen hat die Veränderung auf die Teilnehmenden?«
- »Welche Bedenken könnten die Menschen haben?«
- »Welches Vorwissen, dessen man sich gar nicht mehr bewusst ist, muss vermittelt werden?«

Betrachten Sie dazu folgendes Beispiel: Alle Dozierenden eines bestimmten Bereichs wurden an einer Hochschule eingeladen, um über eine Reform des Bereichs nachzudenken. Es versammelten sich dreißig von mehr als hundert Dozierenden, um an dem Workshop teilzunehmen. Sehr bald waren eine deutliche Anspannung und viel Widerstand im Raum spürbar. Die Diskussionen drehten sich im Kreis. Nach eineinhalb Stunden stellte einer der Dozierenden die zentrale Frage, warum überhaupt über eine Reform nachgedacht würde. Daraufhin erläuterte das Gremium, dass es von den Studierenden zahlreiche kritische Rückmeldungen über viele der in diesem Bereich durchgeführten Veranstaltungen gegeben habe. Das war eine Information, die die

Dozierenden nicht erhalten hatten, zumal an diesem Anlass tendenziell die Dozierenden teilnahmen, die engagiert waren und stets gute Evaluationen zu ihren Veranstaltungen erhielten. Da für das vorbereitende Gremium der Auslöser für eine Reform klar war, vergaßen sie in der Kommunikation, das nochmals klar herauszuschälen und die Teilnehmenden darüber zu informieren.

Gute Kommunikation nimmt mögliche Bedenken und Gedanken, die die Teilnehmenden haben könnten, vorweg und thematisiert sie direkt, allerdings immer im Konjunktiv. Menschen reagieren verlässlich allergisch auf Formulierungen, die Absolutheitsansprüche erheben, wie »Sie denken jetzt bestimmt ..., Sie müssen sich jetzt keine Sorgen machen«. Ein Kollege sagte mal, er habe eine Muss-Allergie und die hat bestimmt nicht nur unser Kollege. Ein »du musst« nimmt dem Gegenüber die Autonomie und auf Autonomieentzug reagieren sehr viele Menschen fast kindlich rebellisch. Daher sollen Annahmen, was das Publikum jetzt denken könnte, vorsichtig formuliert werden:

- Ich könnte mir jetzt vorstellen, dass sich einige von Ihnen denken, ...«
- »Möglicherweise fragen Sie sich jetzt, ob wir nicht gerade dringendere Fragestellungen haben, wie ...«
- »Wir haben uns im Vorfeld überlegt, dass die Ankündigung bei vielen von Ihnen verstanden werden könnte, als sei ...«

Formulierungen, die mögliche Reaktionen vorwegnehmen, führen meist dazu, dass sich Spannungen lösen, weil sich die Menschen in ihren Gedanken und auch Gefühlen verstanden fühlen. Worüber man sich ebenfalls am Anfang ausführlich Gedanken machen sollte, ist die Frage, welchen Namen man der Kulturinitiative oder der Kulturentwicklung gibt: Nach dem Motto »Nomen est omen«. Das sollte keineswegs leichtfertig geschehen, sondern auch im Blick haben, welche Erfahrung in der Organisation vorhanden sind. Manchmal führen schon bestimmte Begrifflichkeiten zu einer Abwehrhaltung, weil in der Vergangenheit schlechte Erfahrungen mit Programmen gemacht wurden, die ähnlich lauteten. Insofern sollte man sich am Anfang auch sehr gut überlegen, ob die von uns vorgeschlagenen Bezeichnungen der Teilkulturen in Ihrer Organisation anschlussfähig sind oder andere Bezeichnungen passender wären.

Gleichermaßen wichtig für den Startschuss ist die Information über den geplanten, ungefähren Prozess. Dafür sollte gemeinsam mit den Auftraggebern eine erste Veränderungsarchitektur entwickelt worden sein, die aufzeigt, wie welche Stakeholder wann in den Prozess eingebunden werden. In der ist die Spezifikation der Gremien beschrieben. Damit klar wird, was wir unter Veränderungsarchitektur verstehen, fügen wir beispielhaft eine Abbildung über eine einfache Prozessarchitektur mit der Spezifikation der entsprechenden Gremien ein:

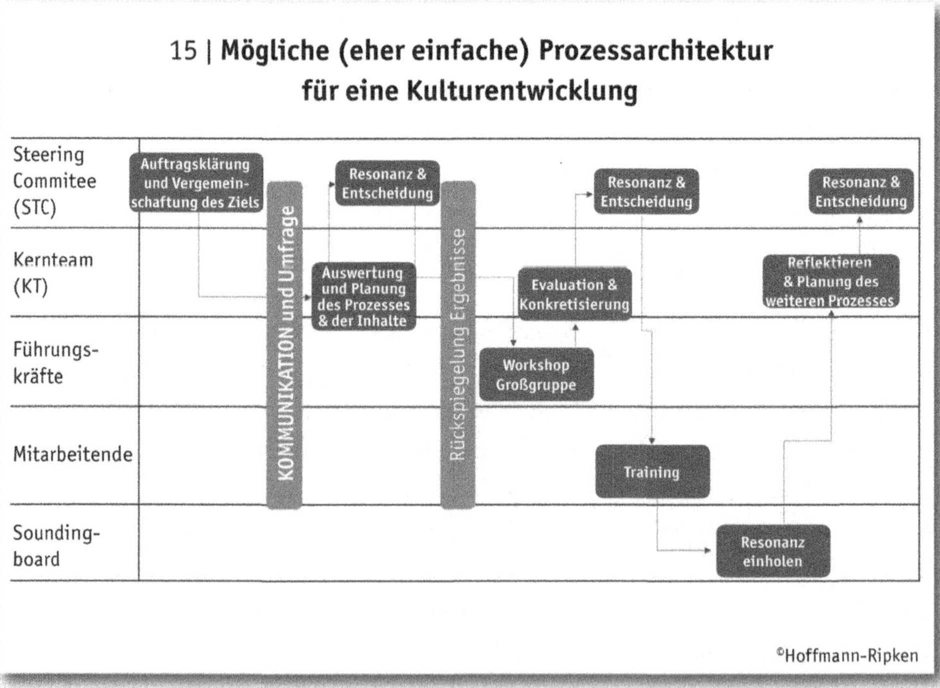

16 | Beispielhafte mögliche Gremien für die Gestaltung eines Veränderungsprozesses

Gremium/Zielgruppe	Aufgaben	Besetzung
Auftraggeber/ Führungsspitze **Steering Committee (STC)**	• Erarbeiten gemeinsames Verständnis vom Auftrag und Ziel • Sind Sponsoren vom Projekt • Entwickeln gemeinsam mit Beratern den groben Prozess der Veränderungsarchitektur • Leben die Veränderung vor	• Geschäftsleitung • Top Management
Kernteam (KT)	• Verfeinern den groben Prozess und schlagen Interventionen und weiteres Vorgehen den Auftraggebern vor • Evaluieren vollzogene Maßnahmen und entwickeln darauf aufbauend Hypothesen und neue Maßnahmen	Vertreter aus möglichst vielen Perspektiven und Hierarchien
Führungskräfte	• Veränderung verstehen und mittragen • Entwicklung neuer Kompetenzen	Denkbar sind • Gefäße pro Führungsebene • Durchmischung der Hierarchieebenen
Mitarbeitende	• Veränderung verstehen und mittragen • Entwicklung neuer Kompetenzen	Alle Mitarbeitenden ohne Führungsverantwortung
Soundingboard	• Gibt Feedback und Inputs zu Zwischenergebnissen • Bringt Innensicht und Mitarbeitende-Sicht ein	Alle Hierarchieebenen aus allen Bereichen

Auf die Frage, wann und wie die Mitarbeitenden eingebunden werden, sollte ebenfalls bei der ersten Kommunikation eine Antwort gegeben werden können. Wie die Partizipation gestaltet werden soll, hängt auch davon ab, auf welcher Wertestufe sich die Organisation befindet. Für eine Organisation, die tief im Blauen verwurzelt ist, sollte die Veränderungsarchitektur anders aussehen als für eine Organisation, die im Orangenen oder Grünen verwurzelt ist. Je weiter die Organisation im Spiral Dynamics Modell nach oben verortet wird, umso partizipativer sollte der Prozess gestaltet werden. Die Entscheidungen über die Ausgestaltung der Partizipation, der Bildung und Zusammensetzung der verschiedenen Gremien sowie der Wahl der möglichen Interventionsformen (Planungstreffen, Umfrage, Einzel- oder Gruppen-Interviews, Workshop, Großgruppenveranstaltungen, Trainings, Teamevents, Einzel- oder Team-Coachings, Retrospektiven) sind Handwerkzeug der Organisationsentwicklung, auf das wir hier nicht weiter eingehen.

Nach einer Kommunikation, in der eine Kulturinitiative angekündigt wurde, sollte den Zuhörenden die Möglichkeit gegeben werden, das Gehörte in einem strukturierten Dialog mit Kollegen zu verarbeiten. Die dort entwickelten Gedanken, Meinungen und Rückmeldungen werden anschließend gesammelt und gewürdigt.

Fragen könnten sein:

- Was haben Sie als Erklärung gehört, was der Grund des Veränderungsanliegens ist?
- Wie schätzen Sie die Dringlichkeit gegenüber anderen Herausforderungen ein?
- Wenn Sie entscheiden könnten, was jetzt in der Situation zu tun wäre, was würden Sie tun?
- Wie sehr überzeugt Sie die Aussage, dass ...
- Welche Fragen stellen sich Ihnen noch?
- ...

In einem großen Veränderungsprojekt kann man dabei gut mit Realtime Online Umfragen arbeiten oder in Großgruppenformaten die Ergebnisse der Kleingruppen konsolidieren. Zentral bei der Kommunikation von Veränderungsvorhaben ist die Bereitschaft, sich dem zu stellen, was ist, gerade auch dann, wenn kritische Antworten erwartet werden. Für die Kommunikation und auch die Gestaltung von Veränderungsprozessen geben die systemischen Prinzipien eine gute Orientierung. Die systemischen Prinzipien (von Kibèd und Sparrer 2002) liefern ganz konkrete Handlungsanweisungen, die erfüllt sein müssen, damit Menschen gut zusammenarbeiten können. Diese Prinzipien werden im Folgenden auf die Kommunikation von Veränderungsprozessen übertragen, da sie beschreiben, was gewürdigt werden muss als auch wie und worüber kommuniziert werden muss, damit Zusammenarbeit gelingen kann. Das erste Prinzip ist die Basis und gilt als das Metaprinzip:

1. Prinzip der Nicht-Leugnung,
2. Prinzip der Würdigung der Zugehörigkeit,
3. Prinzip der Würdigung der zeitlichen Reihenfolge,
4. Prinzip der Würdigung von Hierarchie, Verantwortung und Einsatz,
5. Prinzip der Würdigung von Fähigkeiten und Leistung.

Beginnen wir mit dem wichtigsten Prinzip:

Metaprinzip 1: Nicht-Leugnung

Das ist wohl das fundamentalste Prinzip in Veränderungsprozessen und auch in der Kommunikation und zugleich auch das Herausforderndste. Wenn man das Prinzip der Nicht-Leugnung konsequent durchführen würde, hätten wir den Zustand der vollkommenen Transparenz. Natürlich gibt es Inhalte, die aus rechtlichen Gründen nicht kommuniziert werden dürfen. Allerdings wäre es dann wichtig, den Grund für die Nicht-Kommunikation zumindest später deutlich herauszustreichen.

Um das Prinzip der Nicht-Leugnung in einem Veränderungsprozess zu leben, muss zunächst mal anerkannt werden, was ist und was nicht ist, und zwar in Bezug auf alle Ebenen des Unternehmens: Beziehungen und Zusammenarbeit, Strukturen und Prozesse, Aufgaben und Erfolg. Kurzgefasst, was läuft gut und was läuft nicht so gut? Wo gibt es Handlungsbedarf?

Das Prinzip der Nicht-Leugnung wäre erfüllt, wenn in einem Veränderungsprozess transparent über Herausforderungen, Hindernisse und Schwierigkeiten berichtet wird. Wenn die Führung zugeben und transparent kommunizieren würde, wenn sie Fehler gemacht hat. Oder wenn die Führung selbst benennen würde, wo sie Defizite hat. Verzicht auf Leugnung geschieht auch, wenn man benennt, was für Bedenken im Raum sein könnten (siehe oben), oder was man selbst für Bedenken hat.

Je größer das Unternehmen, umso schwieriger ist dieser Anspruch zu erfüllen. Und sobald das Unternehmen börsenkotiert ist, haben solche Informationen einen Einfluss auf den Kurs. Wir sind immer wieder erstaunt, wie häufig wir in Organisationen zur Intransparenz eingeladen werden, sei es, dass Gespräche geführt werden, über die andere nichts wissen sollen, oder dass uns Informationen über Personen gegeben werden, die wir nicht nutzen dürfen. Soweit es möglich ist, versuchen wir, Transparenz einzufordern: Wie könnte das, was uns jetzt im Vertrauen gesagt wurde, transparent gegenüber den entsprechenden Personen gemacht werden oder auch gegenüber der Organisation? Dieser Ansatz des Denkens ist häufig irritierend, aber meist erleichternd.

Folgende Fragen könnten hilfreich sein, um die Kommunikation für die Ankündigung einer Kulturinitiative vorzubereiten:

- Was sind offene Geheimnisse, über die nie offiziell gesprochen wird? Wessen Einverständnis muss eingeholt werden, damit darüber gesprochen werden kann?
- Was sind Misserfolge, über die nicht gesprochen wird?

- Was läuft derzeit nicht gut in unserem Unternehmen und warum könnte die Kulturinitiative dafür wichtig sein?
- Was sind Widersprüche in unserem Unternehmen, zwischen Werten und gelebten Handeln?

Prinzip 2: Würdigung der Zugehörigkeit

Dieses Prinzip spielt bei Veränderungsprozessen ebenfalls eine besondere Rolle: Dahinter steht der Gedanke, dass Menschen ein Urbedürfnis nach Zugehörigkeit haben. Wenn Zugehörigkeit nicht gewürdigt wird, wird das als bedrohlich empfunden und Menschen reagieren misstrauisch. Aus der Würdigung der Zugehörigkeit erklärt sich die Notwendigkeit, partizipative Prozesse zu gestalten. In welcher Form das geschieht, muss sehr individuell betrachtet werden. In jedem Fall muss gut geprüft und erklärt werden, wer warum in welchen Gremien mitmachen darf oder soll.

Würdigung von Zugehörigkeit betrifft auch die Frage, wie man mit Menschen umgeht, die während des Veränderungsprozesses die Organisation verlassen. Wie transparent kann und darf man die Gründe kommunizieren? Da gibt es jedenfalls mehr Möglichkeiten als die Standardfloskel, dass man sich im gegenseitigen Einvernehmen trennt. Hier würde das grundlegende Prinzip »Verzicht auf Leugnung« zur Geltung kommen.

In Restrukturierungsprozessen oder auch Agilisierungsprozessen, bei denen Teams und Abteilungen in ihrer Zusammensetzung verändert werden, gilt es, alte Zugehörigkeiten zu würdigen und auch Abschied zu nehmen und neue Zugehörigkeiten zu entwickeln. Hier können Abschiedsrituale helfen, diesen Übergang gut zu gestalten und Willkommensrituale für die neue Zugehörigkeit. In der Kommunikation sollte in jedem Fall aufgenommen werden, dass Verständnis da ist, dass solche Veränderungen und damit auch Abschiede von etwas Altem als schmerzhaft wahrgenommen werden können. Allzu häufig wird das Neue verherrlicht und damit das Alte entwürdigt.

Folgende Fragen könnten hilfreich sein in der Kommunikation einer Kulturinitiative:

- Wie wird der Auswahlprozess begründet, wer in welchen Gremien mitarbeitet?
- Wie werden personelle Veränderungen kommuniziert, die mit der Veränderungsinitiative in Verbindung gebracht werden können?
- Warum wird ein externes Beratungsunternehmen beigezogen und nicht auf internes Wissen zurückgegriffen (wichtig wäre hier, dass sie eben nicht als Zugehörige betrachtet werden, sondern ihren Wert unter anderem daraus schöpfen, dass sie eine Distanz zur Organisation haben).
- Was soll Bestand haben? Worauf ist man stolz in der Organisationskultur?

Prinzip 3: Würdigung der zeitlichen Reihenfolge

Bei diesem Prinzip gelten zwei gegensätzliche Aspekte: Zum einen gilt es, das Alte und Bestehende zu würdigen und zum anderen, das Neue vor dem Alten zu schützen – das gilt sowohl für Fakten als auch für Menschen. Neue Mitglieder, sei es als Mitarbeitende oder als Führungskraft, haben mehr Chancen, gut aufgenommen zu werden und sich zugehörig zu fühlen, wenn sie würdigen, was vor ihnen da war. Gerade in Veränderungsprozessen ist es wichtig, anzuerkennen, dass etwas Neues nur auf dem aufbauen kann, was schon da ist. Dies spielt besonders dann eine Rolle, wenn neue in das Unternehmen hinzu gekommene Personen Treiber der Veränderung sind. Bei Veränderungen schwingt häufig die Kränkung mit, dass das Alte nicht gut genug war. Darauf gehen wir im letzten Prinzip, Würdigung von Fähigkeiten und Leistung, nochmals ausführlicher ein. In der Kommunikation gilt es, das Alte zu achten und gleichzeitig das Neue willkommen zu heißen. Kommunikativ kann man dem Neuen einen Entfaltungsraum ermöglichen, wenn man klar herausstellt, dass auch das Neue evaluiert und geprüft wird, ob es die gewünschten Veränderungen mit sich gebracht hat (Pilotprojekte). Darauf aufbauend kann dann um die Bereitschaft gebeten werden, für einen definierten Zeitraum das Neue auszuprobieren. Weiter kann die Vereinbarung getroffen werden, bei Schwierigkeiten, das Neue nicht sogleich infrage zu stellen, sondern sich auf eine Erprobungsphase oder Pilotphase einzurichten, mit der Aussicht auf eine abschließende Beurteilung.

In der Kommunikation kann es auch hilfreich sein, sich folgende Fragen im Kontext einer Kulturinitiative zu stellen:

- Wer muss für seine oder ihre Leistungen in der Vergangenheit gewürdigt werden?
- Wo kommen wir als Organisation her? Was ist unsere Geschichte? Was gilt es da zu würdigen und zu berücksichtigen?
- Mit wie viel Zeit muss gerechnet werden, dass sich erste Veränderungen zeigen?
- Wann soll eine erste Evaluation angesetzt werden?

Prinzip 4: Würdigung von Hierarchie, Verantwortung und Einsatz

Hierarchie spielt in den meisten Organisationen eine wichtige Rolle und bei vielen Veränderungsprozessen kann mit großem Widerstand gerechnet werden, wenn die Hierarchie nicht berücksichtigt wird. Wer wann informiert wird, definiert in den meisten Organisationen auch, wer welchen Status und welche Rolle hat. Daher sollte gut überlegt werden, wer in welcher Reihenfolge informiert und einbezogen wird. Weiter sollte gewürdigt werden, wenn einzelne oder eine Gruppe sich besonders auszeichnen, die Veränderung mitzugestalten. Allerdings gilt: Sowohl eine Überbetonung als auch ein Verschweigen kann ein System schwächen.

Folgende Fragen könnten hilfreich sein:

- Wer sollte für seinen oder ihren Einsatz und die gezeigte Verantwortungsübernahme besonders gewürdigt werden?
- Wer muss in welcher Reihenfolge informiert werden?
- Wie können Mitarbeitende und Führungskräfte ermutigt werden, Verantwortung zu übernehmen?

Prinzip 5: Würdigung von Fähigkeiten und Leistung

Wie wichtig es ist, vergangene Leistungen zu würdigen, wurde bereits mehrfach erwähnt und weil es so wichtig ist, soll es hier nochmals ausgeführt werden: Veränderungen implizieren für viele, dass sich etwas ändern muss, weil es jetzt nicht gut ist. Dadurch wird die vergangene Leistung abgewertet und das führt bei vielen zu einer kleinen oder auch größeren Kränkung und zu einem ersten inneren Widerstand. Daher ist es wichtig, am Anfang überzeugend das zu würdigen, was ist und was bisher erreicht wurde. Es gilt auch hervorzuheben, was sich auf keinen Fall ändern soll, worauf man stolz ist, und es bewahren möchte. Würdigung von Leistung und Kompetenz zeigt sich auch, indem kleine Erfolge gefeiert werden. Dafür sollte man sich auch überlegen, wie man diese kleinen Erfolge messen oder wie man über sie berichten kann.

Würdigung von Leistung wird schon allein durch den Beizug von Beratern infrage gestellt. Nicht selten haben Beratende am Anfang damit zu tun, sich gegenüber den Führungsebenen zu legitimieren. Dahinter steckt häufig eine empfundene psychologische Kränkung, dass der Beizug von Beratenden impliziert, die Führungsriege wäre nicht in der Lage, einen Veränderungsprozess selbst zu gestalten. Diese psychologische Kränkung kann über fachliche Diskussionen abgearbeitet werden, indem die Prozessgestaltung oder auch neue Methoden, die vom Beratungsteam eingeführt werden, infrage gestellt werden. In Expertenorganisationen bindet das nicht selten sehr viel Energie und die Frage stellt sich, wie damit umgegangen werden kann. Aus diesem Grund ist es wichtig, am Anfang gut zu erklären, warum und wofür Beratung beigezogen wird und wie Leistung und Qualifikation der Führungsriege in dem Prozess genutzt werden soll. Dabei ist es in den meisten Organisationen schwierig, über mögliche psychologische Kränkungen zu sprechen. Am ehesten kann man aus Erfahrung darauf verweisen, dass dies eine Hypothese ist, die aus Beobachtungen in der Vergangenheit entwickelt wurde. Jemanden eine psychologische Kränkung zu unterstellen ist hingegen eine Überheblichkeit, die garantiert zu Widerstand führt.

Folgende Fragen könnten hilfreich sein in der Zusammenarbeit des Beratungsteams mit dem Steering Committee oder mit anderen Stakeholdern:

- Welche Rolle spielt das Beraterteam?
- Welchen Nutzen versprechen wir uns vom Beraterteam?
- Welche Spannungen könnten entstehen zwischen Beraterteam und den jeweiligen Stakeholdern?
- Wie können wir produktiv mit diesen Spannungen umgehen?

In der Kommunikation sollte ebenfalls kommuniziert werden, warum ein Beratungsteam zugezogen wurde, welche Rolle das Beratungsteam in dem Prozess übernimmt, und wo das Wissen und die Kompetenzen der Mitglieder der Organisation einbezogen werden.

Die Kraft des Story Tellings und der Transparenz

Ganz allgemein hat in den letzten Jahren in großen Organisationen Story Telling eine Renaissance erfahren. Anstelle von trockenen Zahlen und bleischweren PowerPoint-Präsentationen wurde die Kraft des Geschichtenerzählens wiederentdeckt. Nicht umsonst wird der Mensch auch manchmal als homo narrans beschrieben. Geschichten erzählen ist eine Kunst, die erlernt werden kann. Wenn es gelingt, mit Bildern zu arbeiten und Emotionen zu wecken, so ist die Wahrscheinlich sehr viel größer, dass zugehört wird. Wir empfehlen daher dringend, die Kunst des Story Tellings zu erlernen.

Bevor wir auf das Thema Widerstand eingehen wollen, erläutern wir hier die Unterscheidung zwischen Inhalts- und Prozessinformation. Die Kommunikation in Veränderungsprozessen leidet häufig unter der Idee, man könne nur kommunizieren, wenn man inhaltlich etwas zu berichten hätte. Dabei wird vergessen, dass es mindestens genauso wichtig ist, über den Prozess zu informieren. Prozessinformation beinhaltet alle Informationen, die den Prozess beschreiben: Was gemacht wird. Wie es gemacht wird. Wann es gemacht wird. Beispielsweise ist die Information, dass sich die Führungsriege für zwei Tage in eine Führungsklausur zurückzieht, um die eigene Feedbackkultur mit einem Coach zu reflektieren, eine Prozessinformation. Ebenso handelt es sich um eine Prozessinformation, wenn beschrieben wird, wann welche Arbeitsgruppen mit welchen Fragestellungen ihre Arbeit aufnehmen. Die oben vorgestellte Prozessarchitektur vermittelt solche Prozessinformationen und gibt damit häufig Sicherheit und Orientierung. Wir empfehlen in einem Veränderungsprozess, bereits am Anfang einen fixen Termin zu definieren, an dem mindestens über den Prozess informiert wird, bestenfalls natürlich sowohl über den Prozess als auch über Inhalte, seien es Erfolge oder auch Misserfolge.

Die konkrete Ausgestaltung eines Kommunikationsplans ist dann wieder Handwerkzeug des Veränderungsmanagements, auf das wir hier nicht eingehen. Allerdings sollte im Sinne der Transparenz der Kommunikationsplan auch öffentlich gemacht werden. Nach wichtigen Meetings, Workshops oder Sitzungen muss schnell eine Kommunikation folgen, bevor die Gerüchteküche das ihrige übernimmt: Wo Information nötig wäre, aber nicht gegeben wird, entsteht sie selbstorganisiert.

Widerstand als ein Erfolgssignal

Widerstand ist der zuverlässige Begleiter von Veränderungen, zumindest von Veränderungen, die nicht selbst autonom initiiert werden. Denn grundsätzlich sind Menschen sehr veränderungsbereit und veränderungswillig: sie ziehen um, wechseln den Job, heiraten und bekommen Kinder, lassen sich scheiden, treten in Vereine ein und aus, bauen um. Die Liste ist endlos. Veränderungen stoßen dann bei Menschen auf Widerstand, wenn sie nicht autonom initiiert werden, sondern dazu gezwungen werden.

Zwischen Autonomie und Veränderungsbereitschaft besteht eine positive Korrelation. Je autonomer sich Menschen für eine Veränderung entscheiden, umso mehr Veränderungsenergie entwickeln sie. Man könnte den Zusammenhang auch umkehren: Je weniger Autonomie, umso größer der Widerstand.

Aus diesem Zusammenhang erklärt sich wiederum, warum es so wichtig ist, Betroffene zu Beteiligten zu machen. Durch den Prozess der Partizipation erlangen Menschen wieder zumindest etwas Autonomie zurück.

Die hier betrachteten organisationalen Kulturveränderungen sind top down entschiedene Veränderungsprozesse. Da ist Widerstand vorprogrammiert. Sicherlich ist es durch eine kluge und umsichtige Kommunikation möglich, Widerstand geringer zu halten, als wenn man gar nicht oder wenig wertschätzend kommunizieren würde. Allerdings ist kein Widerstand auch kein gutes Zeichen. Wenn sich Widerstand äußert, dann ist das eine erste Rückmeldung aus dem System, dass etwas in Bewegung gekommen ist. In dem Sinne ist Widerstand auch ein Hinweis darauf, dass sich etwas im System verändert.

Jetzt kommt es darauf an, wie die Organisation, insbesondere die Führungsriege, damit umgeht. Wenn Widerstand als ein schwer anzunehmendes Kontaktangebot betrachtet wird, dann ändert sich möglicherweise schon die innere Haltung, mit der man dem Widerstand begegnet. Hier zeigt sich, ob es gelungen ist, im ersten Schritt der Veränderung eine gute Basis zu schaffen, in der sich die Führungsriege selbst verpflichtet hat, die Veränderung mitzutragen und bereit ist, sich dem Widerstand zu stellen. Sich dem Widerstand stellen, beinhaltet eigentlich ein kontraintuitives Verhalten, sich nämlich ins Auge des Sturms zu bewegen, anstatt vor ihm wegzulaufen. Das Wichtigste und vermutlich in dem Fall auch Richtige, was Führungskräfte jetzt tun können, ist eine Qualität zu leben, die sehr herausfordernd ist: Zuhören! Am besten aktiv zuhören, indem man zeigt, dass man sich bemüht zu verstehen, was die Logik ist, aus der die entsprechenden Personen zu ihren Bewertungen kommen. In keinem Fall dagegenreden und überzeugen wollen. Das ist sehr viel einfacher gesagt als getan und muss meist trainiert werden. Wenn Führungskräfte anfangen zuzuhören, dann werden sie schnell merken, dass die wenigsten Menschen bei Veränderungen aus reiner Willkür und Ablehnung in den Widerstand gehen. Aus systemischer Sicht würde man immer sagen, jemand hat aus seiner Perspektive einen guten Grund, gegen das Veränderungsvorhaben zu sein. Dieser gute Grund liegt häufig an (Schmid et al. 2005):

- mangelndem Wissen, beziehungsweise Nicht-Nachvollziehen oder Nicht-Verstehen der Dringlichkeit;
- mangelndem Können, beziehungsweise Sorge vor den neuen geforderten Fähigkeiten;
- mangelndem Dürfen, beziehungsweise Unsicherheit, was erwartet, gefordert und erlaubt ist.

Hinter dem Mangel an Veränderungsbereitschaft steckt in den meisten Fällen ein mangelndes Wissen oder mangelndes Können und nur in seltenen Fällen ein kategorisches Nicht-Wollen. Menschen, die aufgrund eines persönlichen Nicht-Wollens in den Widerstand gehen, können nur - wenn überhaupt - über das persönliche Gespräch überzeugt werden. Allerdings sollte man sich hier fragen, ob Aufwand und Ertrag in einem übereinstimmenden Verhältnis stehen.

Bei einem Veränderungsprozess muss nicht jeder überzeugt werden – eine kritische Masse reicht aus und da sollte man sich eher auf die Widerstände konzentrieren, die eine Folge von mangelndem Wissen, mangelndem Können und mangelndem Dürfen sind. In jedem Fall warnen wir davor, jeden Widerstand als Angst vor Veränderung zu deuten. Viel zentraler ist es, miteinander ins Gespräch zu kommen, bestenfalls in einen Dialog, in der die Erfahrung gemacht wird, dass andere Sichtweisen erlaubt sind. Nicht selten weisen diese anderen Sichtweisen auf etwas hin, was im Prozess übersehen wurde, und was es noch zu berücksichtigen gilt. Wir würden sehr gern dazu ermutigen, Widerstand als ein positives Zeichen zu werten und die darin enthaltenen Informationen für die Gestaltung des Prozesses zu nutzen.

Es gibt auch immer wieder Menschen, die aus ihrer Perspektive weder aus mangelndem Wissen, mangelndem Können oder mangelndem Dürfen in den Widerstand gehen, sondern weil sie schlicht überzeugt sind, dass die Veränderung falsch ist. Das gilt es einerseits zu respektieren und andererseits dann auch in einen Dialog zu treten, in dem ausgelotet wird, ob diese Haltung weiterhin in der Organisation tragbar ist, oder ob es nicht für alle Parteien sinnvoller ist, sich zu trennen. Solche Trennungsprozesse können sehr transparent und wertschätzend durchgeführt werden, wenn die systemischen Prinzipien dabei be- und geachtet werden. Das ist nicht einfach, aber möglich.

6.
Entwicklung einer Kultur der Menschlichkeit

»Menschlichkeit ist guter Baugrund. Auf diesem Boden lässt sich alles wieder anpflanzen.«

Peter Hille, Schriftsteller

In diesem abschließenden Kapitel möchten wir Ideen und Inspirationen teilen, wie die unterschiedlichen Teilkulturen eingeführt werden könnten. Dabei gelten die in Kapitel 5 formulierten Herausforderungen und aufgezeigten Herangehensweisen gleichsam für die Entwicklung der jeweiligen Teilkulturen. Kurz formuliert umfasst das die folgenden Schritte:

1. Etablierung eines gemeinsamen Weltbildes;
2. Notwendigkeit, die Dringlichkeit zu formulieren und die Selbstverpflichtung der Führungsriege abzuholen;
3. Beschreibung des Istzustands (bestenfalls sowohl über den Fragebogen als auch über dialogbasierte Prozesse wie in Kapitel 5 beschrieben);
4. Entwicklung Ziel-Bild: Welche Werte sollen damit mehr gelebt, welcher Mindset entwickelt und welche Haltungen verinnerlicht werden. Dabei ist zu berücksichtigen, wo sich die Organisation im Spiral Dynamics Modell verortet.
5. Veränderungsarchitektur und Kommunikation planen.

Bei der Planung für die Formate und Inhalte der jeweiligen Teilkulturen dienen die vier Quadranten als Orientierung (vergleiche Kapitel »3.4.1 Die integrale Perspektive«, Seite 90). Es sollten Angebote gemacht werden, die alle vier Felder bedienen, also sowohl Kompetenzvermittlung und strukturelle Anpassungen (wie Prozesse, Aufbauorganisation oder Meeting Formate) als auch Angebote zur Selbstreflexion und dialogbasierte Formate, in denen der Umgang auf Team-, Abteilungs- oder Unternehmensebene miteinander besprochen wird.

17 | **Modell Kultur der Menschlichkeit**

©Hoffmann-Ripken und Barrueto

Das Modell der Menschlichkeit besteht aus verschiedenen Teilkulturen, in dessen Zentrum die Teilkultur Achtsamkeit steht. Achtsamkeit beeinflusst alle anderen Kulturen, aber wird auch durch alle anderen Kulturen mit entwickelt. So braucht es Achtsamkeit, um Konflikte zu klären, eine Fehlerkultur zu leben, Rückmeldungen zu geben und empathisch mit Mitmenschen zu sein. Es braucht aber auch Achtsamkeit sich selbst gegenüber, um in die persönliche Entwicklung zu gehen und um Verantwortung übernehmen zu können. Die anderen Teilkulturen beeinflussen sich ebenfalls gegenseitig.

Wenn eine Organisation eine Kultur der Menschlichkeit lebt, sind alle Teilkulturen sehr praktisch umgesetzt. Das Modell kann eine Organisation unterstützen, mehr Klarheit über die verschiedenen Aspekte einer Kultur der Menschlichkeit zu gewinnen und dafür eine gemeinsame Sprache zu entwickeln. Um mehr über das Ausmaß der gelebten Teilkulturen zu erfahren, empfehlen wir, unseren Fragebogen anzuwenden.

Wir stellen Ihnen folgend die Teilkulturen vor und beantworten dabei die Fragen:

- Welchen Nutzen bringt diese Teilkultur der Organisation?
- Welche Kompetenzen müssen gelernt, trainiert werden?
- Welche Gefäße, Formate, Strukturen können hier unterstützend sein, die auch den Dialog und die Selbstreflexion unterstützen?

Sie erhalten so zahlreiche Ideen, was Sie konkret tun können, um die jeweiligen Teilkulturen in Ihrer Organisation oder in Ihrem Team zu entwickeln. Es ist möglich, dass Sie als Führungsperson in Ihrem Team eine dieser Teilkultur einführen möchten, auch wenn es nicht die gesamte Organisation tut. Dabei gilt es, die gleichen Herausforderungen zu meistern wie auch für eine Kulturentwicklung einer ganzen Organisation, nur für eine kleinere Gruppe. Insofern müssen die Ausführungen aus dem vorhergehenden Kapitel auf die Organisationseinheit runtergebrochen werden, die für Sie bedeutsam ist.

6.1 Achtsamkeitskultur

Achtsamkeit (auf Englisch Mindfulness) wird definiert als: Das Bewusstsein, das entsteht, wenn man bewusst, im gegenwärtigen Moment und ohne zu urteilen, aufmerksam ist (Kabat-Zinn 2017). Oder anders ausgedrückt, ist »Achtsamkeit die Präsenz mit sich und anderen und das Handeln frei von Urteil und Wertung. Achtsamkeit fördert, dass ich als Mensch präsenter mit mir und meinem Umfeld umgehe« (Dopfer 2019: 9).

Achtsamkeit ist eine Übungsform, die Menschen seit tausenden von Jahren in verschiedenen Religionen und weltlichen Kontexten praktizieren. Daher rührt vermutlich auch der nach wie vor spirituelle und weltanschauliche Touch, den der Begriff mit sich bringt und der bei vielen direkt Widerstand hervorruft. Dabei entwickelt sich Achtsamkeit durch zwei Tätigkeiten, die nichts mit Spiritualität zu tun haben, nämlich Konzentration und Aufmerksamkeit. Konzentration beschreibt die Fähigkeit, sich auf ein Objekt, eine Tätigkeit oder innere Wahrnehmung zu fokussieren, währenddessen Aufmerksamkeit den Vorgang beschreibt, zu beobachten, wie man bewertet, was man bewertet und was einen beschäftigt (Beobachtung zweiter Ordnung). Ziel ist es, in einen Zustand der Nicht-Beurteilung, des Nicht-Strebens, der Akzeptanz und der Geduld zu kommen. Für das Einüben dieser Haltung gibt es verschiedene Übungsformen und Arten, die sich sehr vom Kontext und im Zeitgeist unterscheiden.

In den 1970er-Jahren begann der heute emeritierte Medizinprofessor Jon Kabat-Zinn losgelöst vom spirituellen Hintergrund Achtsamkeitsmeditation in die klinische Psychologie bei der Behandlung von chronischen Schmerzpatienten einfließen zu lassen (Chang-Gusko et al. 2019). Daraus entstand ein achtwöchiges Mindfulness Based Stress Reduction Programm (kurz MBSR), das heute weltweit trainiert wird und dessen Erfolg wissenschaftlich immer wieder belegt wurde. Viele Unternehmen bieten MBSR-Kurse im Rahmen ihrer Programme der Gesundheitsförderung an.

Heute wird Achtsamkeit in verschiedenen Formen in der Arbeitswelt gelebt. Eines der bekanntesten Beispiele ist das von Google zusammengestellte Programm »Search Inside Yourself«, das in über hundert Länder angeboten wird. Die Übungen aus den Themenbereichen Führung, Achtsamkeit, emotionale Intelligenz und Neurowissenschaften versprechen unter anderem erhöhte Widerstandsfähigkeit, emotionale Intelligenz, höheres Bewusstsein über sich selbst und entspannteren Umgang mit Stress (Search Inside

Yourself 2022). SAP ist vielleicht das bekannteste Unternehmen, das in den letzten Jahren eine Achtsamkeitskultur entwickelt hat. Hier handelt es sich um eines der guten Beispiele, wie eine Bottom-up Bewegung schließlich Top-Down in ein ganzes Programm, Konzept und in eine Organisationsstruktur überführt wurde. Ausgegangen ist die Entwicklung von Peter Bostelmann, heutiger Chief Mindfulness Officer bei SAP. Seine ursprüngliche Motivation, sich in Achtsamkeit zu üben, war der Wunsch, besser mit dem persönlichen Stress umgehen zu können. Er war so fasziniert von dieser Erfahrung, dass er Achtsamkeit auch seinen Mitarbeitenden schmackhaft machen wollte. Heute als Direktor für des SAP Global Mindfulness Practice Programm freut er sich darüber, dass seit 2013 siebentausend Mitarbeiter an den Trainings teilgenommen haben (Machmeier 2018). Interne Untersuchungen eines Vergleichs von dreitausendeinhundert Mitarbeitenden, die das Achtsamkeitsprogramm durchlaufen haben, mit einer Kontrollgruppe, die das Programm nicht absolviert haben, zeigen, dass bei der ersten Gruppe eine deutliche Steigerung von Mitarbeiterengagement und Führungsvertrauen, sowie eine Abnahme von Fehltagen festzustellen ist. Nach internen Berechnungen gehen sie von einem zweihundertprozentigem Return on Investment aus. Achtsamkeitskultur zahlt sich offensichtlich auch betriebswirtschaftlich aus.

Es gibt viele weitere Unternehmen, die inzwischen seit mehreren Jahren Achtsamkeitskurse anbieten, meistens mit der Begründung der Stressreduktion (Jardine 2017). Achtsamkeit ist somit mittlerweile in der Mitte der Gesellschaft angekommen. Davon zeugen auch finanziell erfolgreiche Start-ups wie die amerikanische Plattform Mindvalley oder die britische Applikation Headspace.

> Bevor wir weiter ins Thema Achtsamkeit einsteigen, laden wir Sie ein, folgende Fragen für Ihre Organisation zu beantworten, um eine bessere Einschätzung zu haben, wo Sie sich in der Entwicklung einer Achtsamkeitskultur befinden. Sie finden den Fragebogen auch in der digitalen Playbox.

Wo stehen Sie in der Entwicklung einer Achtsamkeitskultur?

(1 = Trifft voll und ganz zu, 2 = Trifft zu, 3 = Trifft eher zu, 4= Trifft eher nicht zu, 5 = Trifft nicht zu, 6 = Trifft überhaupt nicht zu)

1	In unserem Unternehmen gibt es Angebote, sich in Achtsamkeit zu schulen.	1 2 3 4 5 6
2	Am Meeting oder anderen Anlässen finden kleine Achtsamkeitsübungen statt.	1 2 3 4 5 6
3	In unseren Geschäftsräumen gibt es Möglichkeiten, sich zurückzuziehen und in Ruhe eine Pause zu machen.	1 2 3 4 5 6
4	Die Rückzugsmöglichkeiten werden aktiv genutzt.	1 2 3 4 5 6
5	An meinem Arbeitsplatz wird Wert auf die individuellen körperlichen Bedürfnisse gelegt (zum Beispiel Möglichkeit, passende Sitzmöglichkeiten auszusuchen, Stehpult, Ergonomie am Arbeitsplatz).	1 2 3 4 5 6
6	In meiner Organisation sind wir achtsam sowohl gegenüber neuen Entwicklungen im technischen als auch im gesellschaftlichen Bereich.	1 2 3 4 5 6
7	In meinem Team sind wir verbindlich und ergebnisorientiert als auch verständnisvoll gegenüber den individuellen Bedürfnissen und Befindlichkeiten.	1 2 3 4 5 6
8	In unserer Organisation werden Mitarbeitende ermutigt, ihre Arbeitsbelastung und ihren Stresspegel gut zu beobachten.	1 2 3 4 5 6
9	Mein Arbeitgeber motiviert mich, nicht ständig erreichbar zu sein.	1 2 3 4 5 6
10	In unserem Team achten wir darauf, dass die Arbeitsbelastungen gut ausbalanciert sind.	1 2 3 4 5 6
	Summe alle Antworten	

Je mehr Punkte Sie gegeben haben, desto weniger ist eine Achtsamkeitskultur derzeit in Ihrer Organisation ausgeprägt. Obwohl wir die Achtsamkeit als eine Basiskompetenz betrachten, die die Entwicklung der anderen Kulturen unterstützt, sehen wir hier bei vielen Organisationen in der Anschlussfähigkeit die größte Herausforderung. Daher sollte vorab gut analysiert werden, ob der Hebel für die Kulturentwicklung in der Entwicklung dieser Teilkultur gesehen wird. Grundsätzlich gibt es sowohl aus ethischer und wertorientierter als auch aus betriebswirtschaftlicher Sicht, wie SAP gezeigt hat, sehr gute Gründe, eine Achtsamkeitskultur in einer Organisation zu entwickeln.

Entsprechend den in Kapitel 5 ausgeführten Überlegungen zu Kulturentwicklung gilt es, sowohl ein Gefühl der Dringlichkeit oder Notwendigkeit zu entwickeln, die Führungsriege vom Vorhaben zu überzeugen und klare Ziele zu formulieren, die ein Warum, Wofür und Wozu beantworten. Dafür sollten sich die oberste Führungsebene mit folgenden Fragen auseinandersetzen:

- Was verstehen wir unter Achtsamkeit im Organisationskontext?
- Wofür könnte Achtsamkeit im Organisationskontext gut sein? In welchen Bereichen?
- Was ist mein Mindset bezüglich Achtsamkeit?
- Wie erlebe ich den organisationalen Mindset bezüglich Achtsamkeit?
- Welche Veränderungen wollen wir damit konkret erzielen? Was soll hinterher wann und in welchen Situationen anders sein?
- Wie können wir diese Ziele evaluieren?
- Was könnten Bedenken oder auch Gefahren sein, wenn wir eine Achtsamkeitskultur einführen?
- Was könnten für Reaktionen kommen, wenn wir sagen, wir wollen eine Achtsamkeitskultur einführen? Welche positiven, welche kritischen Kommentare könnten kommen?
- Wie könnte man diesen Bedenken gegenübertreten?
- Welche Werte wollen wir mit einer Achtsamkeitskultur leben?
- Wie beschreiben wir die Haltung, in der Achtsamkeitskultur bei uns zum Ausdruck kommen soll?

Warum und wofür ist eine Achtsamkeitskultur sinnvoll? Um diese Frage zu beantworten, betrachten wir sowohl die individuelle Achtsamkeit als auch die kollektive oder organisationale Achtsamkeit, die darauf ausgerichtet ist, Risiken in Organisationen zu minimieren.

Individuelle Achtsamkeit: Der offensichtliche und meistgenannte Grund für die Beschäftigung mit Achtsamkeit ist Stressbewältigung. Wir leben in einer Arbeitswelt, die schneller, digitalisierter und agiler ist als noch vor wenigen Jahren. In der Schweiz hat die alle fünf Jahre stattfindende Gesundheitsbefragung 2017 ergeben, dass einundzwanzig Prozent der befragten Erwerbstätigen an ihrem Arbeitsplatz wiederholt unter Stress leiden (Bundesamt für Statistik 2019). Knapp die Hälfte dieser Personen fühlen sich emotional erschöpft und sind deshalb einem höheren Burn-out Risiko ausgesetzt. Burnouts kosten der Schweiz jährlich rund 5,7 Milliarden Franken, wovon ein Teil medizinische, aber auch Produktionsausfallkosten sind (Gesundheitsförderung Schweiz 2016). In einem Unternehmen führen Stress und Ausfall zu noch höherer Belastung bei den Mitarbeitenden als auch zu direkten Kosten für das Unternehmen selbst. Eigentlich ist allein dieser Grund überzeugend genug, um Angebote für Achtsamkeit in Organisationen anzubieten. Aus unserer Sicht geht Achtsamkeit aber weit über die betriebliche Gesundheitsförderung hinaus. Wie eingangs beschrieben ist Achtsamkeit eine Haltung, die einen fördernden Einfluss auf alle anderen Teilkulturen hat.

Wie kann individuelle Achtsamkeit nun in eine Organisation eingeführt werden? Es gibt unterschiedliche Möglichkeiten und Formate wie Achtsamkeitstrainings, Einführungskurse in Meditation oder Achtsamkeitsretreats. Wenn das Ziel die Einführung einer Achtsamkeitskultur ist und es nicht nur um eine Ergänzung und Modernisierung von Weiterbildungsangeboten geht, dann sollten diese Maßnahmen durch Formate ergänzt werden, in denen Achtsamkeit praktiziert werden kann. Beispiele dafür sind die Einführung von einer stillen Minute vor einem Meeting oder das Üben des aktiven

Zuhörens in Teams. Darüber hinaus sollte sich die Haltung auch in der physischen Organisationswelt zeigen. Beispiele dafür wären die Etablierung einer entsprechenden Stelle, die dafür verantwortlich ist, aber auch gesunde Ernährungsmöglichkeiten in der Cafeteria oder ein Stille Raum mit einem geleiteten Meditationsangebot.

> **Downloadhinweis: Achtsamkeitsübungen**
> In der digitalen Playbox zum Buch finden Sie verschiedene Anleitungen für Achtsamkeitsübungen.

Kollektive Achtsamkeit umfasst einen achtsamen Umgang mit Risiken, widersprüchlichen Meinungen, wirtschaftlichen und gesellschaftspolitischen Trends, die Einfluss auf die Unternehmensstrategie haben können. Organisationen verschließen oft die Augen vor Entwicklungen in ihrem Umfeld, weil diese Informationen das eigene Selbstverständnis ankratzen oder die strategische Ausrichtung infrage stellen würde. Es gibt zahlreiche Beispiele von Unternehmensuntergängen, weil systematisch kritische und das System hinterfragende Informationen verdrängt und nicht wahrgenommen wurden. Eine Kultur der Achtsamkeit kann hier einen strategisch bedeutsamen Beitrag leisten, indem Strukturen eingeführt werden, die solche systematischen Ausblendungen verhindern. Dafür gibt es gute Konzepte, denen man sich bedienen kann (Gebauer 2017). Allerdings unterstützt auch die Entwicklung einer tragfähigen Feedbackkultur die Fähigkeit, sich mit kritischen Rückmeldungen und Meinungen auseinanderzusetzen und die Diversität und Vielfältigkeit von Ansichten zum Wohl der Organisation zu nutzen.

Für die Entwicklung einer kollektiven Achtsamkeit wird ein Aspekt bedeutsam, der gerade in volatilen und unsicheren Umgebungen immer wichtiger wird: Die Intuition. Intuition ist nicht einfach ein Bauchgefühl, sondern das Ergebnis eines äußerst komplexen neuronalen Bewertungsprozesses, bei dem unzählige, unbewusst zugänglichen Erfahrungen abgeglichen werden. Unser

Gehirn ist permanent am Bewerten und Ausloten von Gefahren in der Umgebung. Das ist unser evolutionäres Erbe aus den letzten siebzigtausend Jahren Menschsein. Sobald Gefahren wahrgenommen werden, korrespondiert unser Gehirn mit dem Körper und aktiviert wissenschaftlich gesprochen, sogenannte somatische Marker (Körperwahrnehmungen), die darauf hinweisen sollen, dass etwas nicht stimmt. Der menschliche Körper ist der treuste Feedbackpartner, den wir haben. Aber aufgrund des alles durchdringenden Rationalismus, beginnend mit dem auf Descart zurückgehenden Dualismus »cogito ergo sum« und der damit eingeführten Trennung von Körper und Geist, wurden die durch den Körper vermittelten Informationen zunehmend als irrational abgewertet. Die neurobiologische Forschung wertet nun wieder das als irrational abgewertete unbewusste Bewertungssystem der Intuition auf (Kast 2009; Damasio 2010). Damit wir aber wieder den Körper wahrnehmen und die Botschaften, die uns über den Körper vermittelt werden, benötigen wir Achtsamkeit über unsere Körperwahrnehmungen.

Gerade in komplexen Situationen ist die Intuition eine Möglichkeit für das Finden von Lösungen und kann zur Wahrnehmung von Risiken genutzt werden. Achtsamkeit bedeutet in diesem Zusammenhang, dass auch intuitive und zunächst aus rationaler Sicht nicht nachvollziehbaren Aspekte in einem Lösungsprozess zugelassen werden. Die folgenden Fragen könnten Ihnen Inspirationen geben, wie Sie ganz allgemein die Achtsamkeit in Ihrem Team erhöhen könnten:

- Wie legitim ist es, bei uns zu sagen – da habe ich ein Störgefühl oder da habe ich ein komisches Bauchgefühl? Wie gehen wir mit solchen Aussagen grundsätzlich um? Was müssten wir tun, damit wir solchen Aussagen auch ihre Bedeutsamkeit geben?
- Wen müssten wir bei der Lösungsfindung hinzuziehen, der eine ganz andere Sichtweise reinbringt?

- Welche Sichtweise, welche Perspektive könnte unsere Sichtweise ergänzen?
- Welche Informationen oder Entwicklungen widersprechen unserer Ansichten? Wie gehen wir damit um?
- Wie gut hören wir einander zu?
- Wie viel oder auch wie wenig Meinungsverschiedenheiten haben wir im Team?
- Wie bereiten wir unsere Entscheidungen vor? Was berücksichtigen wir dabei? Was blenden wir aus?

Ein Klient hat angefangen, bei Fragestellungen, in denen das Team nicht weiterkommt, jemanden in eine Sitzung einzuladen, der überhaupt nichts mit dem Projekt oder der Fragestellung zu tun hat. Die Person wird gebeten, Feedback zu geben, nachdem sie dem Team bei der Diskussion über das Problem oder die Lösung zugehört hat. Die Qualität der Lösungsfindung, so ist er überzeugt, hat sich seither verbessert.

6.2 Feedbackkultur

Feedback geben und nehmen hat in unserer Kultur sowohl im gesellschaftlichen als auch im organisatorischen Bereich in den letzten Jahren einen neuen Stellenwert erhalten. Überall werden wir mittlerweile aufgefordert Feedback zu geben, meist in Form von Zufriedenheitsbewertungen bei in Anspruch genommenen Dienstleistungen. Aber auch im Bildungsbereich fordern Schüler und Studierende heute Feedback ein, wo früher noch die Note als Rückmeldung ausreichte. Umgekehrt werden Dozierende bewertet und evaluiert. In den sozialen Medien wird rauf und runter Feedback gegeben, mit Kommentaren, Likes, Smileys oder anderen Emojis. Jeder »Daumen hoch« löst in unserem Gehirn einen kleinen Dopamin Ausstoß aus, ob wir wollen oder nicht. Positives Feedback wirkt wie eine Droge.

Im Unternehmensumfeld hat es mit dem von Peter Drucker in den Fünfzigerjahren entwickelten Führungsinstruments der Zielvereinbarungen (Management by objectives) angefangen. Diese mit dem Mitarbeitenden vereinbarten Ziele mussten bewertet und gemessen werden, sprich, es musste ein Feedback gegeben werden, wie gut oder schlecht die Zielvereinbarungen erreicht wurden. Daraus hat sich im Laufe der Zeit das mindestens jährlich stattfindende Mitarbeitergespräch entwickelt. Die meisten Unternehmen führen heute pflichtgemäß Mitarbeitergespräche durch. Es gibt ausgeklügelte IT-Systeme, mit denen in großen Organisationen getrackt wird, ob diese Gespräche stattgefunden haben und in denen festgehalten wird, was in den Gesprächen vereinbart wurde. Häufig hängt vom Ausgang des Gesprächs auch der Bonus ab. Wir möchten an dieser Stelle nicht auf Sinn und Unsinn von Mitarbeitergesprächen eingehen oder auf gezwungene Verteilungskurven, in denen nur zwanzig Prozent Top-Bewertungen erhalten dürfen und mindestens zehn Prozent in die schlechteste Kategorie eingeordnet werden müssen, sondern eher darauf verweisen, dass viele Organisationen in den letzten Jahren versuchen, andere Wege zu gehen. Sie haben erkannt, dass diese Gespräche häufig als Zwang empfunden wurden und die Konstruktion des Gesprächs dem zunehmenden Wunsch nach Kommunikation auf Augenhöhe zuwiderläuft. Daher probieren derzeit viele Organisationen neue Formen aus, in denen sie Prozesse, Strukturen und Formate schaffen, die eine Feedbackkultur auf Augenhöhe ermöglichen. Bevor wir einen Ausblick geben, wie eine Feedbackkultur entwickelt werden kann, bitten wir Sie wiederum, den kurzen Fragebogen auszufüllen in Bezug auf Ihre Organisation, um eine erste Einschätzung zu haben, wie gut bereits diese Teilkultur bei Ihnen gelebt wird.

Welchen Status quo hat die Feedbackkultur bei Ihnen?

(1 = Trifft voll und ganz zu, 2 = Trifft zu, 3 = Trifft eher zu, 4= Trifft eher nicht zu, 5 = Trifft nicht zu, 6 = Trifft überhaupt nicht zu)

1	Ich traue mich auch, kritisches Feedback an meinen Führungsverantwortlichen zu geben.	1 2 3 4 5 6
2	Ich weiß von meinem Führungsverantwortlichen, was meine Entwicklungsfelder sind.	1 2 3 4 5 6
3	Ich weiß, wofür mich meine Führungsverantwortliche schätzt.	1 2 3 4 5 6
4	In unserer Organisation bekommen wir regelmäßig Rückmeldungen von unserem Führungsverantwortlichen.	1 2 3 4 5 6
5	Ich weiß, wofür ich in meinem Team geschätzt werde.	1 2 3 4 5 6
6	Ich weiß, was meine Kollegen an mir schwierig finden.	1 2 3 4 5 6
7	In meinem Team geben wir uns regelmäßig Rückmeldungen zu Leistung.	1 2 3 4 5 6
8	In meinem Team geben wir uns regelmäßig Rückmeldungen zum persönlichen Verhalten.	1 2 3 4 5 6
9	In unserer Organisation gibt es Feedback Trainings für alle Mitarbeitenden.	1 2 3 4 5 6
10	Wir nutzen die verschiedenen Meinungen, um unsere Arbeit/ Produkt zu verbessern.	1 2 3 4 5 6
	Summe alle Antworten	

Der Fragebogen nimmt die Feedbackkultur zwischen Kollegen und Mitarbeitenden und Führungskraft in den Blick – weniger die Feedbackkultur, die mit anderen Stakeholdern praktiziert wird. Wie bei jeder Kultur sollte daher erst einmal vergemeinschaftet werden, was denn eigentlich unter einer Feedbackkultur verstanden wird.

- Was verstehen wir unter Feedback im Organisationskontext? Welches Feedback ist uns besonders wichtig?
- Was ist mein Mindset bezüglich Feedback?
- Wie erlebe ich den organisationalen Mindset im Hinblick auf Feedback?
- Wie könnten wir derzeit unsere Feedbackkultur beschreiben?
- Was sind die guten Gründe, dass unser Umgang mit Feedback ist, wie er ist? Welchen Vorteil hat dieser Umgang?
- Welche Veränderungen wollen wir damit konkret erzielen? Was soll hinterher wann und in welchen Situationen anders sein?
- Wie können wir diese Ziele evaluieren?
- Welche Strukturen, Prozesse und Gewohnheiten verhindern derzeit bei uns eine gewünschte Feedbackkultur?
- Was könnten Bedenken oder auch Gefahren sein, wenn wir eine Feedbackkultur einführen?
- Was könnten für Reaktionen kommen, wenn wir sagen, wir wollen eine Feedbackkultur einführen? Welche positiven, welche kritischen Kommentare könnten kommen?
- Was könnte man den kritischen Kommentaren entgegnen?
- Welche Werte wollen wir durch eine Feedbackkultur mehr leben?
- Wie beschreiben wir die Haltung, in der die Feedbackkultur bei uns zum Ausdruck kommen soll?

Die Frage, was unter Feedback verstanden wird und welches Feedback als wichtig erachtet wird, kann sehr erhellend sein: In einem Bereich einer Expertenorganisation, die vor allem interne Dienstleistungen anbot, bestand der Wunsch nach mehr Feedback auf der Sachebene. Sie wünschten sich Rückmeldungen, was mit den Leistungen, die sie für andere erbracht haben, gut oder weniger gut war. Die folgende Matrix unterscheidet, wie und worüber Feedback gegeben werden kann.

18 | Formen des Feedbacks

	Fakt/Sache	Person
persönlich	Direkte Rückmeldung durch eine Person über Prozesse, Inhalte, Ergebnisse oder Zufriedenheit einer Leistungserstellung, an der der Feedbacknehmer beteiligt war.	Persönliche Rückmeldung zum Verhalten und Wirkung des Feedbacknehmers
unpersönlich	Mails, Blogs, redaktionelle Beiträge, Umfrageergebnisse, Likes et cetera über Prozesse, Inhalte, Ergebnisse oder Zufriedenheit einer Leistungserstellung, an der der Feedbacknehmer beteiligt war.	Anonymisierte Befragungen zum Verhalten und Wirkung einer Person, zum Beispiel 360-Grad-Feedback

Die Einführung einer Feedbackkultur halten wir für einen guten Anfang, wenn Organisationen bisher wenig in ihre Kulturentwicklung investiert haben. Selbstverständlich ist diese Teilkultur auch für Organisationen, die bereits in ihre Kultur investiert haben, ein guter Vertiefungsstartpunkt. Wichtig ist, dass die Einführung einer Feedbackkultur dort ansetzt, wo die Organisation derzeit steht. Die Veränderungen sollten bemerkbar sein, aber auch nicht überfordernd.

Im Folgenden möchten wir Ihnen ein paar Gedanken mit auf den Weg geben, indem wir folgende Fragen beantworten:

- Warum halten wir Feedback für essenziell?
- Welche Herausforderungen sind mit der Einführung einer Feedbackkultur verbunden?
- Welche Formate haben sich bei der Einführung einer Feedbackkultur bewährt?

Vorab einen Hinweis: Feedback geben und nehmen ist ein sehr anspruchsvolles Lernfeld, das nicht in zwei Tagen gelernt werden kann, auch wenn viele Trainingsangebote damit werben. Hier gilt das Gleiche, was wir schon öfter gesagt haben: Trainingsangebote, die lediglich auf die Vermittlung von Methoden abzielen, greifen zu kurz. Ohne die Bereitschaft der Selbstreflexion und einer Achtsamkeit den eigenen Gefühlen und Bedürfnissen gegenüber, bleiben Kommunikationskurse wirkungslos.

Warum ist das Feedback essenziell?

Feedback ist die Grundlage für Lernprozesse und für Entwicklungen. Da eine Kultur der Menschlichkeit die professionelle und persönliche Entwicklung des Menschen unterstützt, ist eine Feedbackkultur darin ein zentraler Baustein. Lernen kann auf zwei Weisen geschehen: auf eine bewusste oder unbewusste Weise. Sehr viel lernen wir unbewusst, indem wir nachahmen. Vieles aber erlernen wir nur, indem wir überhaupt erst einmal darauf gestoßen werden, dass sich hier ein Lernfeld auftut. Es gibt viele Bereiche, in denen wir wissen, dass wir nichts wissen oder auch nicht so gut darin sind. Diese Bereiche stressen uns aber weniger, entweder weil wir gar nicht den Anspruch haben, sie zu können oder weil wir gerade ohnehin dabei sind, sie zu lernen. Schwieriger ist es mit den Bereichen, in denen wir selbst gar nicht wissen, dass wir etwas nicht können. Hier haben wir eine unbewusste Inkompetenz und hier brauchen wir Feedback, das uns hilft, Unterschiede zu bilden und unsere blinden Flecke wahrzunehmen. Dieses Feedback, das auf eine unbewusste Inkompetenz aufmerksam macht, erleben die meisten aber als sehr viel verunsichernder als ein Feedback, das auf eine bewusste Inkompetenz hinweist.

Das ursprünglich von Noel Burch in den Siebzigerjahren entwickelte Kompetenzmodell hilft, den Prozess des Lernens zu verstehen und macht die Bedeutsamkeit von Feedback für den Lernprozess deutlich (Burch 1970). Dazu möchten wir ein Schaubild nutzen, das diesen Prozess darstellt und in dem das ursprünglich Modell etwas adaptiert wurde:

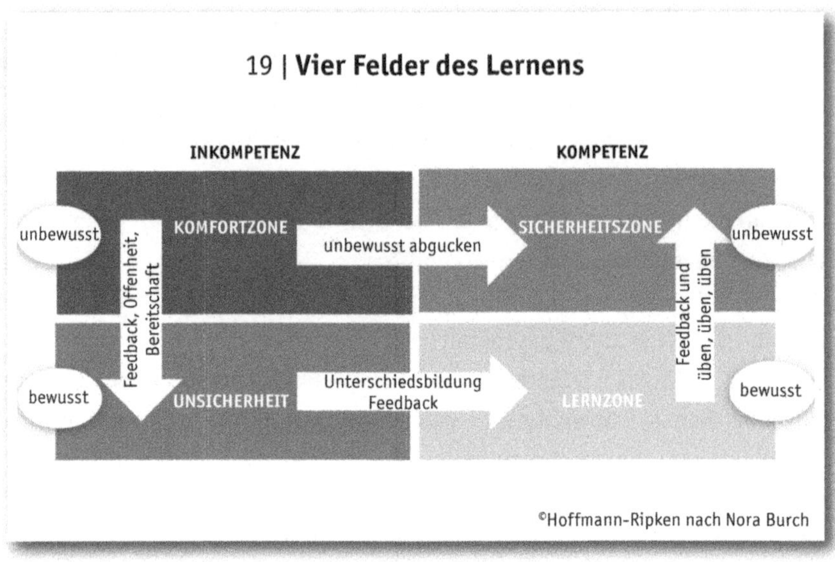

19 | **Vier Felder des Lernens**

Aber Feedback ist nicht nur essenziell für Lernprozesse, sondern auch ein wesentlicher Ausdruck von Wertschätzung. Dabei sind sowohl kritische als auch positive Rückmeldungen ein Ausdruck von Wertschätzung, zumindest, wenn sie in einer wohlwollenden Haltung gegeben werden. Wertschätzung, so haben wir bereits ausgeführt, ist ein Grundbedürfnis von Menschen sowie Basis für Zufriedenheit und Motivation und hat einen wesentlichen Einfluss auf die Mitarbeiterbindung. Die weltweit jährlich durchgeführte Gallup Studie, in der das Mitarbeiterengagement gemessen wird, führt dazu aus, dass die Unternehmen, die eine hohe Mitarbeiterbindung aufweisen zugleich auch eine höhere Produktivität und Profitabilität, besser Kundenbewertungen, weniger Absenzen und weniger Kündigungen aufweisen (Gallup 2023). Also auch hier finden sich gute Argumente, die für Organisationen anschlussfähig sind und mit denen ein Gefühl mindestens der Notwendigkeit, wenn schon nicht der Dringlichkeit entwickelt werden kann.

Um Rückmeldungen einzufordern, braucht es passende Formate. Dabei ist sowohl das Vermitteln des fachlichen Wissens über das Geben und Nehmen von Feedback (Es-Raum Singular) als auch die Selbstreflexion (Ich-Raum), was die eigenen Befindlichkeiten und individuellen Herausforderungen sind sowohl im Geben als auch im Nehmen von Feedback wichtig. Häufig stoßen standardisierten Feedback-Verfahren auf Widerstand, vor allem, wenn es um Formate geht, in denen Wertschätzung gegeben werden soll. Und das, obwohl Menschen in fast allen Organisationen den Eindruck haben, dass sie zu wenig Feedback im Allgemeinen und Wertschätzung im Besonderen erhalten. Das Argument, das oft gehört wird, bezieht sich darauf, dass eine durch das Format erzwungene Wertschätzung weniger wirksam ist und weniger authentisch wirkt. Das ist genauso, als wenn ein Coachee sagt, er sei offen für ein Coaching, er möchte sich aber nicht zu sehr verändern. Irgendwann beißt sich die Katze in den Schwanz. Ohne eine Veränderung in den Gewohnheiten und ohne ein anderes Tun, verändert sich nichts. Da halten wir uns gern an den Aphorismus von Georg Christoph Lichtenberg (Physiker, Naturforscher, Mathematiker und Schriftsteller): »Ich weiß nicht, ob es besser werden wird, wenn es anders wird. Aber es muss anders werden, wenn es besser werden soll«.

Feedback umfasst sowohl positive als auch negative Rückmeldungen, entweder zu einem Sachverhalt oder auch zu dem persönlichen Verhalten. Wir sind immer wieder erstaunt, dass sich auch erfahrene Führungskräfte – und da sehen wir keinen Unterschied, ob es sich um weibliche oder männliche Führungspersonen handelt – mit kritischen Rückmeldungen schwertun. Entweder, so scheint es, haben sie gar kein Problem und verwenden die Holzhammermethode oder aber sie eiern herum und zögern kritische Feedbackgespräche heraus. Das führt meist dazu, dass sich daraus ein kalter oder auch heißer Konflikt entwickelt. Daher gehört die Fähigkeit, ein Kritikgespräch führen zu können, zur Prävention einer Konfliktkultur. Auch wenn eine Checkliste nicht die Kompetenzentwicklung der Gesprächsführung ersetzen kann, machen wir im Downloadbereich einen Vorschlag, wie so ein Kritikgespräch ablaufen könnte.

Downloadhinweis: In der digitalen Playbox zum Buch finden Sie Anleitungen zur Durchführung eines Kritikgesprächs.

Wir haben weitere Angebote zusammengestellt, die sich aus unserer Sicht für die Entwicklung einer Feedbackkultur bewährt haben. Dabei handelt es sich um Gesprächsformate, die in die Struktur einer Organisation integriert werden können und die wir im Folgenden kurz vorstellen:

Teamgespräch

Womit wir sehr gute Erfahrungen gemacht haben, ist das Teamgespräch – auch eine Präventionsmaßnahme gegen Konflikte (Prior 2012). Ziel des Teamgesprächs ist es, dass Spannungen im Team rechtzeitig angesprochen werden können und man einander Feedback in einem sehr geordneten Format gibt. Die Einführung dieses Formats ist eine äußerst wirksame Form, um eine Feedbackkultur zu etablieren. Sie setzt aber wie alle anderen Formate voraus, dass Führungskräfte und Mitarbeitende ein Grundverständnis haben über Kommunikation im Allgemeinen und Feedback geben im Besonderen. Wenn angebotene Weiterbildungsprogramme über Feedbackgeben mit solchen Formaten im unternehmerischen Alltag verbunden werden, sehen wir eine große Wirksamkeit, Trainingsinhalte zu verankern.

Downloadhinweis: In der digitalen Playbox zum Buch finden Sie eine Anleitung zur Durchführung des Teamgesprächs.

Summarisches Feedback an Führungskraft

In Organisationen, die noch nicht sehr geübt darin sind, auch kritische Aspekte gegenüber der Führungskraft anzusprechen, haben sich auch Formate bewährt, in denen der Führungskraft summarisch Feedback gegeben wird.

Downloadhinweis: In der digitalen Playbox zum Buch finden Sie eine Anleitung zur Durchführung eines Gruppenfeedbacks an die Führungskraft.

Retrospektive

In agilen Kontexten sind Retrospektiven ein standardisiertes Format, um Feedback einzuholen und um aus Fehlern zu lernen. Das Format passt gleichsam auch für die Entwicklung einer Fehlerkultur. Es gibt zahlreiche, kreative Formen eine Retrospektive zu gestalten und zahlreiche Bücher dazu (beispielsweise Drähter 2014). Wir stellen hier die einfachste Form einer Retrospektive vor. Dabei darf aber nicht unterschätzt werden, dass die Fähigkeit des Moderators entscheidend ist, ob auch die heiklen Dinge angesprochen werden. Wir empfehlen vor allem Führungskräften, sich in der Kunst des Moderierens zu schulen. Der Unterschied der Retrospektive zum Teamgespräch ist der Inhalt des Feedbacks. Hier geht es eher um fachliche Themen der Zusammenarbeit und das Lernen in einem Projekt.

> **Downloadhinweis:** In der digitalen Playbox zum Buch finden Sie eine Anleitung zur Durchführung einer Retrospektive.

Feedback nach Sitzungen

Die bisher vorgestellten Formate erfordern bereits eine gute Moderationsfähigkeit und sind zeitlich auch etwas aufwendiger. Daher möchten wir Ihnen noch ein einfaches Feedbackformat anbieten, um die Qualität von Sitzungen kontinuierlich zu verbessern. Grundsätzlich könnte man nach jeder wichtigeren Sitzung eine kurze Umfrage machen, wie konstruktiv die Zusammenarbeit erlebt wurde auf einer Skala von 0 bis 10, wobei jeder kurz eine Begründung geben muss, die aber nicht diskutiert wird.

Eine etwas differenziertere Rückmeldung ist die Evaluation mithilfe eines TZI-Diagramms. TZI steht für Themenzentrierte Interaktion und wurde bereits in den Fünfzigerjahren von Ruth Cohn entwickelt. Das Modell unterscheidet drei Aspekte, die für das Zusammenarbeiten von Gruppen oder Teams zentral sind: Die Ich-Ebene, die Wir-Ebene und das Thema. Feedback mit TZI bedeutet, dass alle nach einer Sitzung ihre Einschätzung abgeben, wie gut das Team zusammengearbeitet hat, wie gut und produktiv der eigene Beitrag eingeschätzt wird und wie gut man inhaltlich weitergekommen ist. Alle Teilnehmenden der Sitzung punkten sich auf einer entsprechend vorbereiteten dreidimensionalen Skala.

> **Downloadhinweis:** In der digitalen Playbox zum Buch finden Sie eine Anleitung für die Evaluation von Sitzungen mit Themenzentrierter Interaktion.

Wertschätzungsübung: Reden hinter dem Rücken
Abschließend stellen wir Ihnen eine Übung vor, die wir regelmäßig in Teamworkshops machen und in der es darum geht, wertschätzende Rückmeldungen zu stärken: »Reden hinter dem Rücken«. Das Format eignet sich gut, um einander persönliche positive Rückmeldungen zu geben. Dabei dreht eine Person der Gruppe den Rücken zu, während die Teilnehmenden der Gruppe miteinander über diese Person in wertschätzender Form sprechen und sich darüber austauschen, was sie an der Person mögen, welchen wertvollen Beitrag die Person zum Team leistet und welche Kompetenzen sie an ihr schätzen.

Diese Feedbackmethode kann erfahrungsgemäß anfangs Befremden auslösen. In aller Regel freuen sich die meisten Menschen über die Rückmeldungen, bis hin zu einer emotionalen Rührung. In Organisationskontexten, die kaum eine wertschätzende Dialogkultur leben, könnte die Übung nicht anschlussfähig sein oder nur mit der Einführung einer externen Moderation.

> **Downloadhinweis:** In der digitalen Playbox zum Buch finden Sie Anleitungen zur Durchführung dieser Wertschätzungsübung.

Es gibt noch viele weitere Möglichkeiten, positive und wertschätzende Rückmeldungen in Formaten einen Platz zu geben.

- Einmal im Quartal startet das Meeting damit, dass ein(e) Teilnehmer(in) eine kurze Geschichte über einen Kollegen erzählt, dem man kürzlich eine Wertschätzung gegenüber ausgedrückt hat.
- Einmal im Quartal startet das Meeting damit, dass jeder jemanden benennt, mit dem man in letzter Zeit gut zusammengearbeitet hat und erzählt, worin sich die gute Zusammenarbeit ausgedrückt hat.
- Wertschätzendes Brainstorming: Alle sollen sich zu einer Fragestellung Lösungen überlegen. Nachdem eine Lösung vorgestellt wurde, muss die nächste Person, die ihre Idee vorstellt, kurz eine Rückmeldung geben, was sie an dieser Lösungsidee gut findet. Das fördert nebenbei auch das wohlwollende Zuhören.

Insgesamt sind Formate, in denen es eher um Wertschätzung geht, in sehr hierarchischen oder auch leistungsorientierten Kontexten weniger anschlussfähig. Das sollte bei der Entwicklung einer Feedbackkultur berücksichtigt werden. Aus der Beziehungsforschung von John Gottmann wissen wir, dass es für stabile Beziehungen fünfmal mehr positive und wertschätzende als negative Interaktionen braucht. Wir gehen davon aus, dass es im organisatorischen Kontext weniger sind, aber auch nicht eins zu eins. Deshalb ist es sehr bedeutsam, wie Wertschätzung in einer Organisation gelebt wird und wie sie entwickelt werden kann.

6.3 Konfliktkultur

Wo Menschen zusammenkommen, gibt es Spannungen, und zwar sowohl auf der sachlichen als auch auf der zwischenmenschlichen Ebene. Wie eine Organisation mit diesen Spannungen umgeht, entscheidet unter anderem, ob es möglich ist, überhaupt Vertrauen aufzubauen. Dabei ist besonders entscheiden, wie Führungskräfte mit Spannungen und Konflikte umgehen.

Wenn Sie wissen wollen, wie es um die Konfliktkultur in Ihrem Unternehmen bestellt ist, können Sie folgende Fragen beantworten:

Wie ist es um die Konfliktkultur in Ihrer Organisation bestellt?

(1 = Trifft voll und ganz zu, 2 = Trifft zu, 3 = Trifft eher zu, 4= Trifft eher nicht zu, 5 = Trifft nicht zu, 6 = Trifft überhaupt nicht zu)

1	Führungsverantwortliche müssen nachweisen, dass sie Kompetenzen in Konfliktmanagement haben.	1 2 3 4 5 6
2	Bei uns gibt es Trainings für Führungsverantwortliche und Mitarbeitende in Konfliktmanagement.	1 2 3 4 5 6
3	Mein Führungsverantwortlicher hat eine hohe Konfliktmanagementkompetenz.	1 2 3 4 5 6
4	Bei uns im Team werden Konflikte als sinnvoll und notwendig angesehen.	1 2 3 4 5 6
5	Wir haben organisationsweit einen klaren Prozess, wie mit Konflikten umgegangen wird.	1 2 3 4 5 6
6	In unserer Organisation werden Konflikte frühzeitig angesprochen.	1 2 3 4 5 6
7	Mitarbeitende werden angehalten, Konflikte selbst zu diskutieren und Lösungen auszuarbeiten.	1 2 3 4 5 6
8	In unserer Organisation gibt es eine verantwortliche Stelle (Mediation, HR, Konflikt-Klärer), die bei Konflikten aufgesucht werden kann.	1 2 3 4 5 6
9	In unserer Organisation ist klar, dass angesprochene Konflikte direkt mit den involvierten Personen bearbeitet werden.	1 2 3 4 5 6
10	In unserer Organisation ist bekannt, wie viel ungelöste Konflikte kosten (finanziell, Motivation, Ressourcen, et cetera).	1 2 3 4 5 6
	Summe alle Antworten	

Je höher die Punktzahl, um so größer ist der Handlungsbedarf, wenn Sie eine Konfliktkultur entwickeln möchten. Eine sehr hohe Punktzahl würde aber möglicherweise eher dafürsprechen, mit einer Feedbackkultur einzusteigen.

Für den notwendigen Vergemeinschaftungsprozess im Rahmen der Auftragsklärung mit den verantwortlichen Personen sollten folgende Fragen besprochen werden:

- Was verstehen wir unter einem Konflikt im Organisationskontext?
- Was ist mein Mindset bezüglich Konflikt?
- Wie erlebe ich den organisationale Mindset im Hinblick auf Konflikt?
- Wie könnten wir derzeit unsere Konfliktkultur beschreiben?
- Was sind die guten Gründe, dass unser Umgang mit Konflikten ist, wie er ist? Welchen Vorteil hat dieser Umgang?
- Was genau wollen wir erreichen mit einer Konfliktkultur?
- Welche Veränderungen wollen wir damit konkret erzielen? Was soll hinterher wann und in welchen Situationen anders sein?
- Wie können wir diese Ziele evaluieren?
- Welche Strukturen, Prozesse und Gewohnheiten verhindern derzeit bei uns eine gewünschte Konfliktkultur?
- Was könnten Bedenken oder auch Gefahren sein, wenn wir eine Konfliktkultur einführen?
- Was könnten für Reaktionen kommen, wenn wir sagen, wir wollen eine Konfliktkultur einführen? Welche positiven, welche kritischen Kommentare könnten kommen?
- Was könnte man den kritischen Kommentaren entgegnen?
- Welche Werte wollen wir durch eine Konfliktkultur mehr leben?
- Wie beschreiben wir die Haltung, in der die Konfliktkultur bei uns zum Ausdruck kommen soll?

Gerade die Konfliktkultur lässt sich auch gegenüber der Finanzabteilung gut verargumentieren, weil die entstehenden Kosten berechnet werden können (Steindl und Ahrens 2019).

1. Fünfundachtzig Prozent der Beschäftigten geben an, Konflikte in ihrem Unternehmen zu erleben.
2. Zehn bis fünfzehn Prozent der Arbeitszeit wird für Konfliktbewältigung in Unternehmen aufgewendet.
3. Führungskräfte setzen zwanzig bis vierzig Prozent ihrer Arbeitszeit für die Bewältigung von Konflikten ein.
4. Verlust und Neubesetzung eines Mitarbeiters kosten im Schnitt einhundertfünfzig Prozent des Jahresgehalts.

Die Konfliktkosten können dabei weiter in direkte und indirekte Kosten unterteilt werden:

20 | Direkte und indirekte Konfliktkosten

Auswirkung	Kosten
Personalwechsel	• Kosten Personalvermittlung • Zeitaufwand für die Personalauswahl • Einarbeitung durch neue MA
Krankheiten und Fehlzeiten	• Verringerte Produktivität vor und nach der Abwesenheit • Gehaltsfortzahlung während Fehlzeiten • Ersatzpersonal; Kosten für Agenturen, Überstundenentgelte
Kündigung	• Rechtskosten und Abfindung
Teamprobleme	• Leistungsminderung und sinkende Ergebnisqualität • Ineffiziente zusätzliche Besprechungen • Einsatz von Teamentwicklungen, Mediation et cetera
Prozessprobleme	• Terminverzögerungen • Prozessineffizienz • Einsatz von Beratern
Kundenfluktuation	• Ineffizienz und Terminverzögerungen führen zu Unzufriedenheit auf Kundenseite • Rufschädigung

Wenn man die Konfliktkosten berechnet (Sie können das zum Beispiel unter www.konfliktkostenrechner.de vornehmen), dann ergeben sich bei hundert Mitarbeitenden rund 120.000 bis 800.000 CHF, bei dreihundert Mitarbeitenden bis zu eine Million (Langlotz 2014). Ein professioneller Umgang mit Konflikten zahlt sich also auch rein finanziell aus.

Wie wir eingangs erwähnten, dient eine Konfliktkultur der Entwicklung von Vertrauen. Vertrauen wiederum ist eine Voraussetzung, dass Zusammenarbeit gelingt, dass Menschen ihr Potenzial entfalten, dass Kritik geäußert wird und Fehler benannt werden. Mit einer guten Konfliktkultur können viele Werte entwickelt und belebt werden: Mut, Offenheit (agile Werte), Ordnung und Loyalität (blaues Wertekonzept); Erfolg und Zielorientierung (orangenes Wertekonzept); Beziehung, Dialog, Kooperation, Fairness (grünes Wertekonzept), Multiperspektivität und Kreativität (gelbes Wertekonzept). Die Ziele, die mit der Einführung einer Konfliktkultur verfolgt werden und die Werte, die damit gestärkt oder entwickelt werden sollen, müssen gut herausgearbeitet und klar benannt werden.

Wir sehen in der Einführung eines professionellen Konfliktmanagements einen großen Hebel, um wirksam Kulturentwicklung zu betreiben. Ein professionelles Konfliktmanagement setzt sich aus drei Ebenen zusammen: (1) Prävention, (2) Frühwarnsystem und (3) Konfliktlösung.

(1) Die Prävention umfasst die folgenden Aspekte:

- Entwicklung von Konfliktkompetenz der Führungspersonen: Reflexion der eigenen Konfliktverhaltensmuster, Gesprächsführung, Konfliktmoderation.
- Organisationsweite Sensibilisierung von Herausforderungen in der Kommunikation und im Umgang mit Konflikten. Wissensvermittlung, wie Konflikte entstehen und was zur Eskalation beiträgt.
- Etablierung von gemeinsamen Lernräumen über einen Konfliktbewältigungsaustausch.

(2) Das Frühwarnsystem sollte Folgendes vorsehen:

- Etablierung einer Anfragestelle für Umgang mit Konflikten (eventuell Ausbildung Konfliktlotsen, die im Umgang mit Konflikten coachen können).
- Jährliche Evaluation der Maßnahmen und Tracking von Konflikten.

(3) Das Vorgehen bei einer Konfliktlösung sollte organisationsweit klar geregelt sein:

- Klare Prozessbeschreibung, wer, wann, mit wem, bei welchem Anliegen spricht und wie eskaliert wird.
- Klare Prozessbeschreibung, wann und wie eine externe Moderation eingebunden wird.

Wir möchten hier im Folgenden auf (1) Prävention und (3) auf die Prozessbeschreibungen eingehen.

Prävention

Wir werden hier kein Weiterbildungsprogramm skizzieren, wie Konfliktkompetenz geschult werden kann, sondern auf ein paar wichtige Aspekte hinweisen, die in einem solchen Programm enthalten sein sollten. Wichtig ist, dass grundlegende Kenntnisse über Konflikte bekannt sind. Dazu gehört das Wissen, wie teuer Konflikte sind und wie sie eskalieren. Beides kann die Dringlichkeit, sich mit Konflikten zu beschäftigen, unterstreichen. Über die Kosten haben wir schon gesprochen, daher werden wir uns jetzt kurz der Eskalation von Konflikten zuwenden: Mediations- oder Klärungsprozesse, in denen externe Moderatoren oder Mediatoren herbeigezogen werden, erfolgen meist, wenn das Kind in den Brunnen gefallen ist und der Konflikt so hoch eskaliert ist, dass eine Win-Win Lösung kaum noch möglich ist. Die Eskalationsstufen von Glasl geben hier ein gutes Modell, an dem man sich orientieren kann, wann welche Intervention sinnvoll erscheint.

21 | **Eskalationsstufen**

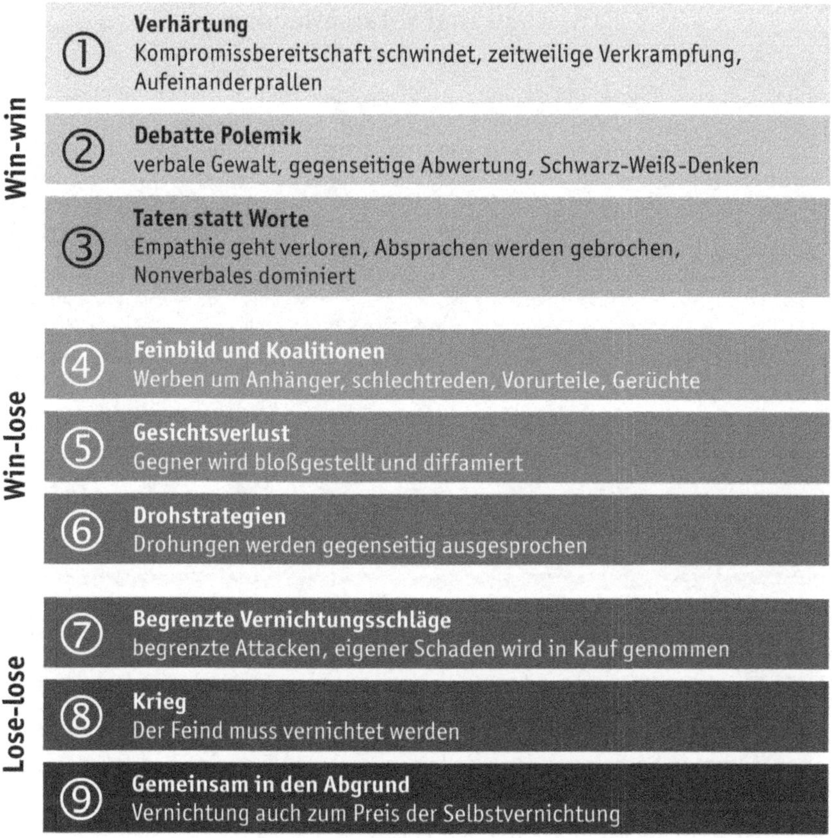

Win-win	①	**Verhärtung** Kompromissbereitschaft schwindet, zeitweilige Verkrampfung, Aufeinanderprallen
	②	**Debatte Polemik** verbale Gewalt, gegenseitige Abwertung, Schwarz-Weiß-Denken
	③	**Taten statt Worte** Empathie geht verloren, Absprachen werden gebrochen, Nonverbales dominiert
Win-lose	④	**Feinbild und Koalitionen** Werben um Anhänger, schlechtreden, Vorurteile, Gerüchte
	⑤	**Gesichtsverlust** Gegner wird bloßgestellt und diffamiert
	⑥	**Drohstrategien** Drohungen werden gegenseitig ausgesprochen
Lose-lose	⑦	**Begrenzte Vernichtungsschläge** begrenzte Attacken, eigener Schaden wird in Kauf genommen
	⑧	**Krieg** Der Feind muss vernichtet werden
	⑨	**Gemeinsam in den Abgrund** Vernichtung auch zum Preis der Selbstvernichtung

©nach Glasl

In einer Organisation, die eine Konfliktkultur lebt, sollte dieses Modell allen Mitarbeitenden bekannt sein. Das Ziel sollte sein, dass Spannungen früh angesprochen werden, bevor sie sich zu einem Konflikt entwickeln (siehe Abschnitt »Kritikgespräch«) und sich noch mit vergleichsweise wenig Aufwand Lösungen finden lassen.

In fast jedem Klärungs- oder Mediationsprozess erwähnt mindestens eine anwesende Person, sie fände es bedauerlich, dass ein externer Moderator oder Mediator herbeigezogen werden müsse, denn schließlich würden hier alles erwachsene Menschen zusammenkommen und die sollten doch in der Lage sein, solche Themen allein zu klären. Solche Aussagen zeugen davon, dass das Wissen um die Komplexität von Kommunikation und die Rolle, die Emotionen darin spielen, zu wenig bekannt sind. Aus diesem Grund gehört zur Prävention eines Konfliktmanagementsystems die Weiterbildung von den Mitarbeitenden und Führungskräften zum Thema Kommunikation. Weiterbildungen sollten neben dem Üben von konkreten herausfordernden Situationen, die folgenden Inhalte umfassen:

- Grundlagen der Kommunikation,
- Einführung in die Funktionsweise unseres Gehirns,
- Einfluss von Emotionen auf unser Verhalten, insbesondere in Konfliktsituationen.

Wir haben den Eindruck, dass viele Kommunikationskurse nach wie vor sehr methodisch vorgehen und zu wenig Raum lassen für die Reflexion der eigenen Muster und der sogenannten Introspektion (Ich-Raum). Dafür müssten in einer Weiterbildung auch Fragen gestellt werden, wie:

- Was sind meine typischen Muster, wenn Spannungen auftreten?
- Was fühle ich und was sind meine typischen Reaktionsmuster?
- Was denke ich über Konflikte – was ist mein Mindset über Konflikte?
- Was fällt mir besonders schwer im Umgang von Konflikten? Wovor habe ich Angst?
- Wo fühle ich mich schnell angegriffen? Welche Bedürfnisse sind dann bei mir nicht erfüllt?

Kommunikationskurse, die diese Fragen nicht oder zu wenig in den Blick nehmen, bleiben oberflächlich. Die Muster des eigenen Konfliktverhaltens können sehr unterschiedliche sein, je nachdem ob der berufliche oder private Kontext betrachtet wird. Sie können selbst überlegen, was Ihre Konfliktmuster sind in den unterschiedlichen Lebenswelten. Noch eine kleine Anmerkung: John Gottmann, emeritierter Professor für Psychologie an der Universität Washington hat sich intensiv mit dem Konfliktverhalten von Paaren beschäftigt. Er behauptet, dass der Umgang miteinander in Konflikten mit neunzigprozentiger Wahrscheinlichkeit Rückschlüsse zulässt, ob Paare sich in den nächsten sechs Jahren trennen werden. Es lohnt sich also in jeder Hinsicht, sich mit dem eigenen Konfliktverhalten auseinanderzusetzen. Verhalten von Verachtung, Rückzug und Rechtfertigungsdynamiken sind sichere Vorboten für das Scheitern von Beziehungen.

Prozessbeschreibungen

Neben dem allgemeinen Wissen über Konflikte, wie sie entstehen und der Reflektion des eigenen Konfliktverhaltens, sollten vor allem Führungskräfte in der Gesprächsführung und Moderation von Konfliktgesprächen geschult werden. Dabei sind verschiedene Arten von Konfliktgesprächen zu unterscheiden, wie beispielsweise:

1. Führungskraft hat mit einem Mitarbeitenden ein Problem,
2. Mitarbeitende haben mit der Führungskraft ein Problem,
3. Kollegen im gleichen Team haben Probleme,
4. Kollegen aus unterschiedlichen Abteilungen haben Probleme,
5. Mitarbeitende haben mit Kunden Probleme.

In einem Konflikttraining sollte das Vorgehen und die Stolpersteine für möglichst viele Varianten besprochen und geübt werden. Auf der Organisationsebene ist es wichtig, dass es allgemeingültige Prozesse gibt, wie Probleme und Konflikte behandelt werden. Das kann dann gut in einem Flussdiagramm festgehalten werden, damit alle eine Orientierung haben, wie sie sich im Falle eines Konfliktes verhalten sollten. Aus unserer Erfahrung wird zu lange übereinander statt miteinander gesprochen. Nehmen wir das Beispiel, dass sich ein Mitarbeiter bei seinem Vorgesetzten über einen Kollegen beschwert. Wir würden folgendes Vorgehen vorschlagen (siehe Abbildung 23):

Als Erstes gilt es zu prüfen, ob man der direkte Vorgesetzte ist und ob dem Kollegen transparent gemacht wurde, dass man wegen des Problems zum gemeinsamen Vorgesetzten geht. Wenn das nicht der Fall sein sollte, so muss der Mitarbeiter das entsprechend nachholen. Nach einer festgelegten Zeit fordert der Vorgesetzte beide zu einem Gespräch auf, in dem Inhalt und Ziel des Gesprächs beiden klar mitgeteilt wird.

Wie wird Verantwortungskultur in Ihrer Organisation gelebt?

(1 = Trifft voll und ganz zu, 2 = Trifft zu, 3 = Trifft eher zu, 4= Trifft eher nicht zu, 5 = Trifft nicht zu, 6 = Trifft überhaupt nicht zu)

1	Mein Führungsverantwortlicher lässt mich eigenverantwortlich meine Arbeit ausführen.	1 2 3 4 5 6
2	Mein Führungsverantwortlicher ermutigt mich, Verantwortung zu übernehmen.	1 2 3 4 5 6
3	Meine Führungsverantwortliche kann gut delegieren und Verantwortung abgeben.	1 2 3 4 5 6
4	In unserem Team wissen wir, wer wofür verantwortlich ist (Transparenz).	1 2 3 4 5 6
5	Bei uns im Team wird transparent angesprochen, wenn ein Teammitglied seine ihm übertragene Verantwortung nicht wahrnimmt.	1 2 3 4 5 6
6	Entscheidungsprozesse sind bei uns so strukturiert, dass klar zwischen Meinungsbildung und Verantwortlichkeit im Abstimmungsprozess unterschieden wird.	1 2 3 4 5 6
7	Getroffene Entscheidungen werden mit einer hohen Verbindlichkeit umgesetzt.	1 2 3 4 5 6
8	Es finden regelmäßig Gespräche statt (im Team oder mit der Führungskraft), in denen die eigene Verantwortungsübernahme und der Umgang mit der eigenen Verantwortung besprochen wird.	1 2 3 4 5 6
9	In unserer Organisation wird immer wieder darauf hingewiesen, bei Entscheidungen auch Auswirkungen auf andere Bereiche und auf die gesamte Organisation mit zu berücksichtigen.	1 2 3 4 5 6
10	In unserer Organisation wird eine hohe Verbindlichkeit gelebt.	1 2 3 4 5 6
	Summe alle Antworten	

Die Entwicklung einer tragenden Verantwortungskultur wird spätestens dann ein Thema, wenn Sie Ihre Organisation agiler aufstellen wollen. Aber auch für weiterhin klassisch hierarchisch strukturierte Organisationen ist die Auseinandersetzung mit einer Verantwortungskultur eine essenzielle Voraussetzung für die Frage, wie Führung in Ihrer Organisation gelebt werden soll.

Wenn Ihr Ziel die Entwicklung einer Verantwortungskultur ist, dann sollten Sie vorab in kleinem Kreis folgende Fragen diskutieren:

- Was verstehen wir unter einer Verantwortungskultur?
- Was ist mein Mindset bezüglich der Frage: Inwiefern wollen Menschen Verantwortung übernehmen? Welche Beobachtungen mache ich immer wieder, die diesen Mindset unterstützen und welche Beobachtung mache ich, die diesem Mindset widersprechen?
- Wie erlebe ich den organisationale Mindset bezüglich dieser Frage?
- Was tun wir als Organisation, das dazu beiträgt, den Wunsch nach Verantwortungsübernahme zu fördern respektive zu verhindern (Prozesse, Strukturen, Führung)?
- Wie sehr fordern wir Verbindlichkeit ein auf einer Skala von 0 bis 10?
- Über welche Prozesse oder Strukturen fordern wir Verbindlichkeit ein?
- Wie werden bei uns Entscheidungen getroffen? Welche Methoden, welche Werkzeuge werden bei uns benutzt?
- Was genau wollen wir mit einer anderen Verantwortungskultur erreichen? Was sind unsere Ziele?
- Wie können wir diese Ziele evaluieren?
- Was könnten für Reaktionen kommen, wenn wir sagen, wir wollen eine Verantwortungskultur einführen? Welche positiven, welche kritischen Kommentare könnten kommen?
- Was könnte man den kritischen Kommentaren entgegnen?
- Welche Werte wollen wir durch eine Verantwortungskultur mehr leben?
- Wie beschreiben wir die Haltung, in der die Verantwortungskultur bei uns zum Ausdruck kommen soll?

Verantwortung hat immer etwas mit der Frage zu tun, wie Entscheidungen getroffen werden. Wie Entscheidungen in Organisationen getroffen werden, hat wiederum mit der Frage zu tun, welches Führungsverständnis dominant ist. In der zweiten und auch noch in der dritten Industrialisierung dominierte ein hierarchisches Verständnis von Führung. Führung wurde dafür bezahlt, dass sie Entscheidungen getroffen haben. Oben wurde gedacht, unten gemacht. Oben wurde entschieden, unten wurde befolgt. Je weiter oben in der Hierarchie, umso bedeutender die zu treffenden Entscheidungen und umso größer die Verantwortung. In Zeiten, in denen die Welt weniger vernetzt und dynamisch war, schien das, eine gute Lösung zu sein. Viele Organisationen haben zum Ende des letzten Jahrhunderts und auch in den Anfängen dieses Jahrtausends aber dann auch erlebt, dass Entscheidungsprozesse und Entscheidungswege bürokratischer wurden. Einerseits haben sich aufwendige Abstimmungs- und Unterschriftsverfahren entwickelt und andererseits wurden viele Entscheidungen in großen Unternehmen zunehmend global getroffen, weil man sich dadurch Synergien und ein hohes Einsparungspotenzial versprach. Das hat dazu geführt, dass Mitarbeitende und Führungskräfte zunehmend Verantwortung entzogen wurde. Vor allem große Organisationen wurden damit träge und langsam. Aber nicht nur das: die in ihnen arbeitenden Menschen fühlten sich immer weniger selbstwirksam und verantwortlich. Das Erleben von Selbstwirksamkeit ist ein großer innerer Motivator und Quelle für Zufriedenheit und Mitarbeiterengagement.

Die wachsende äußere Komplexität erfordern heute Organisationsstrukturen, in denen schnell gute Entscheidungen getroffen werden. Dadurch werden andere Formen der Zusammenarbeit und damit auch andere Prozesse der Entscheidungsfindung notwendig. Eine Organisation, die auf den Zug der Agilität aufspringen möchte, muss sich daher zwangsläufig mit den Fragen auseinandersetzen, wie sie zukünftig Verantwortung verteilen möchte und wie Entscheidungen getroffen werden sollen. Das Thema Verantwortungskultur ist aus diesem Grund höchst aktuell.

Agile Organisationen überzeugen nicht nur in zahlreichen wirtschaftlichen Indikatoren wie allgemeine Performance und Innovationen, sondern auch mit überproportional motivierten und zufriedenen Mitarbeitenden sowie hoher Kundenzufriedenheit (Bazigos et al. 2015; Aghina et al. 2020). Einer der vielen Gründe, warum agile Transformationen scheitern, liegt in der Herausforderung, Verantwortung neu zu organisieren. Das betrifft in erster Linie die Führungskräfte, die sich bisher darüber definiert haben, dass sie das letzte Wort bei Entscheidungen hatten und nun Schwierigkeiten haben, Verantwortung wirklich abzugeben. Hier braucht es ein neues Führungsverständnis. Ein anderes Argument, was häufig für das Scheitern von agilen Transformationen herangezogen wird, betrifft die Aussage, dass Mitarbeitende keine Verantwortung übernehmen wollen und daher die agilen Methoden nicht funktionieren würden. Wir sind anderer Meinung. Wenn Menschen keine Verantwortung übernehmen, dann hat das damit zu tun, dass sie nicht können (Kompetenz oder ES-Raum Singular) oder nicht dürfen (Struktur Es-Raum Plural) oder die Gefahr zu groß erscheint im Vergleich zu dem, was man gewinnen kann (Struktur und Kultur Wir-Raum). Wir erleben immer wieder, dass große Unternehmen fast kopflos eine agile Transformation anstoßen, ohne sich selbst überhaupt klar zu werden, was Agilität bedeutet und welche Kompetenzen, Strukturen und auch Kulturen dafür entwickelt werden müssen. Wenn Mitarbeitende in einer solchen Ausgangslage keine Verantwortung übernehmen, hat das meist eher etwas mit Selbstüberlassung und damit auch mit Überforderung zu tun als mit der Tatsache, dass sie keine Verantwortung übernehmen wollen.

Was kann also eine Organisation tun, damit sich eine gewünschte Verantwortungskultur entwickelt? Das Prinzip bleibt auch in dieser Teilkultur das Gleiche: zunächst einmal muss es überhaupt zum Thema gemacht werden und es muss ein gemeinsames Verständnis entwickelt werden, dass hier ein Handlungsbedarf besteht.

Für die Einführung einer Verantwortungskultur möchten wir Ihnen vier Ansatzpunkte vorschlagen:

1. Einführung von klaren Entscheidungsprozessen und Vermittlung von vielfältigen Entscheidungsmethoden;
2. Etablieren von Delegationsregeln;
3. Aufstellen eines Delegationsboards oder einer Delegationsmatrix;
4. Etablierung von Verantwortungsdialogen.

Wir wollen im Folgenden diese vier Möglichkeiten skizzieren.

Klare Entscheidungsprozesse einführen

Eine Organisation ist die Summe der in ihr getroffenen Entscheidungen. Die Qualität des Entscheidungsprozesses bestimmt nicht nur die Qualität des Ergebnisses, sondern hat auch einen großen Einfluss auf die Qualität der Zusammenarbeit. Je komplizierter oder gar komplex sich die Ausgangslage für zu treffende Entscheidungen gestaltet, umso eher braucht es dialogbasierte Prozesse, die andere kommunikative Fähigkeiten erfordern und deren Erfolg von dem geteilten psychologischen Vertrauen abhängt.

Eine Maßnahme für eine Entwicklung einer Verantwortungskultur ist daher die Vermittlung und Anwendung von vielfältigen Entscheidungsmethoden. Nach unserer Erfahrung wird in den wenigsten Organisationen eine Unterscheidung getroffen zwischen Meinungsbildungsprozess und der tatsächlichen Entscheidung. Oft weiß das Gremium, das um seine Meinung gebeten wird, nicht genau, ob es damit auch die Verantwortung für die Entscheidung übernimmt oder nur um seine Meinung gebeten wird. Damit ist auch nicht klar, wer eigentlich Verantwortung für die Entscheidung übernimmt. Insofern gilt es, sehr klar zu differenzieren, was Meinungsbildung ist und wer letztlich die Entscheidung fällt und dafür verantwortlich ist. Dafür gibt es ein paar Fragen im Vorfeld zu klären:

1. Es muss sehr klar sein, wer entscheidet. Werden die Mitarbeitenden nur um ihre Meinung gefragt oder ist das Ergebnis einer erfolgten Abstimmung verbindlich?
2. Wenn nicht die Führungskraft, sondern das Team entscheidet, muss geklärt werden, mit welchem Verfahren entschieden wird.
3. Weiterhin muss geklärt werden, ob die Führungskraft sich ein Veto-Recht erlaubt. Dabei ist zu berücksichtigen, dass allein das Benennen eines Vetorechts das Zutrauen in das Team schwächen kann – geschweige denn die wiederholte Ausübung desselben.

Für den Meinungsbildungsprozess hat sich eine Methode bewährt, die Sprechen im Kreis heißt (Oesterreich und Schröder 2017: 170). Sprechen im Kreis fördert nicht nur das wohlwollende und konzentrierte Zuhören, sondern bringt auch Ruhe in häufig unfruchtbare Diskussionen. Daher werden Seitengespräche in diesem Format konsequent unterbunden. Diese Methode hört sich einfach an, braucht aber eine Menge Disziplin und Erfahrung in der Moderation. Wie funktioniert die Methode: Nachdem ein Vorschlag vorgestellt wurde, wird der Meinungsbildungsprozess gestaltet:

- Zunächst kann einer nach dem anderen Verständnisfragen stellen. (Achtung, hier werden häufig in Form von Fragen bereits Meinungsäußerungen getätigt.) Wir empfehlen, die Fragen zu sammeln und sie summarisch am Schluss zu beantworten. Das spart Zeit.
- Anschließend wird darum gebeten, dass jeder seine Meinung zur Entscheidung äußert. Es dürfen Verständnisfragen gestellt werden, aber Diskussionen sind zu unterbinden.
- Es werden so lange Runden durchgeführt, bis alle Meinungen formuliert wurden.

Was ist der Vorteil dieser Methode:

- Jeder wird aufgefordert, aktiv teilzunehmen, sodass alle, auch stillere Teammitglieder eingebunden werden. Daher ist das Verfahren gleichzeitig auch sehr wertschätzend.
- Alle Meinungen werden gewürdigt und es besteht weniger Gefahr, dass Meinungen abgewertet werden.
- Hohe Konzentration, übt Zuhören und spart Zeit.

Anschließend sollte abgefragt werden, ob das Gremium der Meinung ist, dass jetzt eine Abstimmung erfolgen kann. Es gibt zahlreiche Abstimmungsverfahren, die wir hier nicht im Einzelnen aufführen wollen. Beispiele finden sich in den Büchern von Bernd Österreich und Claudia Schröder (2017; 2020). Wir möchten hier ein Abstimmungsverfahren erläutern, das uns besonders wertvoll erscheint:

Die Widerstandsabfrage (auch bekannt als systemisches Konsensieren). Dazu ein paar kurze Ausführungen: Entscheidungen werden häufig blockiert, nicht weil die mehrheitliche Zustimmung fehlt, sondern weil einige wenige massiven Widerstand haben. Aus diesem Grund legt die Widerstandsabfrage den Fokus auf Widerstands- oder auch Einwand-Minimierung statt auf Zustimmungs-Maximierung. Anstatt im Abstimmungsprozess zu fragen, wer dafür ist, wird gefragt, wie hoch der Widerstand bei den verschiedenen Optionen ist. Wie läuft der Prozess ab?

- Alle Vorschläge werden ausformuliert und nochmals vorgestellt.
- Die Beteiligten überlegen sich zu jedem Vorschlag, wie groß ihr Widerstand, ihre Ablehnung auf einer Skala von 0 bis 5 ist (0 = kein Widerstand; 5 = sehr großer Widerstand).
- Alle Entscheider werden gebeten, zu dem genannten Vorschlag ihren Widerstand in Form von Fingerzeichen zu zeigen. Es hat sich aus unserer Sicht bewährt, dass alle gleichzeitig ihre Finger zeigen.

- Die Anzahl der Finger wird gezählt. Die Option mit dem geringsten Widerstandswert wird angenommen.
- Der Vorteil von dem Verfahren ist auch die inhärente Transparenz. Es wird deutlich und sichtbar, wer welchen Widerstand hat.

Etablieren von Delegationsregeln

Inwiefern Aufgaben an Mitarbeitende delegiert werden und ob Mitarbeitende Möglichkeiten erhalten, Verantwortung zu übernehmen, hängt einerseits von den Strukturen und auch von den Erwartungen an die Führung ab, aber natürlich auch von dem persönlichen Sicherheitsbedürfnis und Perfektionsanspruch der Führungskräfte selbst. Hier spielt der Mindset und die sich daraus ergebende Haltung eine große Rolle, mit der sich jede Führungskraft auseinandersetzen sollte. Daher setzt auch die Entwicklung einer Verantwortungskultur voraus, dass Führungskräfte sich selbst reflektieren (Ich-Raum) und ihre eigenen Muster kennen und bestenfalls verändern können, die einer Verantwortungskultur entgegenstehen. Führungskräfte, die einen sehr perfektionistischen Anspruch haben, haben häufig den Eindruck, dass sie Mitarbeitende haben, die keine Verantwortung übernehmen wollen. Das liegt weniger an den Mitarbeitenden als an der Dynamik, in die die Führungskraft ihre Mitarbeitenden einlädt. Damit meinen wir Folgendes: Mitarbeitende fühlen sich durch den Perfektionismus wenig gewürdigt, weil ihre Leistung nie ausreicht. Daher geben sie im Laufe der Zeit gar nicht mehr ihr Bestes und die Qualität ihrer Arbeit nimmt ab, weil der Vorgesetzte sie ohnehin ändert, verbessert und schließlich allein fertigstellt. Es gibt zahlreiche dieser unproduktiven Dynamiken zwischen Führungskräften und Mitarbeitenden. In einem individuellen Coaching können Sie sich mit Ihren eigenen Mustern auseinanderzusetzen. Auch die Transaktionsanalyse bietet hier ein reichhaltiges Angebot, in denen verschiedene dieser Muster und Dynamiken benannt werden (Dehner und Dehner 2007).

Hilfreich sind auch die Delegationsstufen, die bei Appelo (2018) beschrieben sind und die in den Verantwortungsdialogen reflektiert werden können. Dabei werden folgende Unterschiede gebildet:

24 | **Delegationsstufen**

1. Mitteilen	Vorgesetzte entscheidet selbst und teilt das Ergebnis den Mitarbeitenden mit.
2. Erklären/ Verkaufen	Vorgesetzte entscheidet, aber versucht, die Mitarbeitenden davon zu überzeugen, dass es die richtige Entscheidung ist.
3. Konsultieren	Vorgesetzte bittet Mitarbeitende um die Meinung und entscheidet auf der Grundlage.
4. Einigen	Vorgesetzte und Team entscheiden gemeinsam mit einem Entscheidungsverfahren.
5. Beraten	Vorgesetzte überträgt Verantwortung für die Entscheidung an eine oder mehrere Personen, aber steht beratend zur Seite.
6. Übertragen/ Erkundigen	Vorgesetzte überträgt Verantwortung für die Entscheidung an eine oder mehrere Personen und wird über das Ergebnis informiert.
7. Delegieren	Vorgesetzte überträgt die Entscheidung komplett an eine oder mehrere Personen und fragt auch nicht mehr nach.

© nach Appelo

Alle Teammitglieder sollten diese Stufen kennen und auch Klarheit einfordern, wenn nicht klar definiert ist, wo man sich in den Stufen befindet oder was erwartet wird.

Aufstellen eines Delegationsboard oder einer Delegationsmatrix
Für die Entwicklung einer Verantwortungskultur möchten wir Ihnen zwei Methoden vorstellen.

Das Delegationsboard baut auf den genannten Delegationsstufen auf (Appelo 2018). Es kann physisch (Whiteboard oder Wandfläche) oder auch digital gestaltet sein und gilt für ein Projekt oder auch ein Team. In der Horizontalen sind acht Spalten aufgeführt, in denen als Entscheidungsmöglichkeiten die sieben Delegationsstufen stehen. In der Vertikalen sind die jeweils zu treffenden Entscheidungen oder Aufgaben aufgeführt. In jedem Feld ist eingetragen, wer für die Entscheidung oder Aufgabe verantwortlich ist und nach welcher Delegationsstufe diese Entscheidung ausgeführt werden soll.

25 | **Delegationsboard Beispiel**

	Mitteilen	Erklären	Konsultieren	Einigen	Beraten	Erkundigen	Delegieren
Urlaubs-planung						Team	
Büroma-terial < 100							Peter
Teamtag organisieren					Martina		
Moderation Sitzungen							Rolf bis Juni
Dienstplan		Team					

© nach Appelo (2018)

Je mehr Namen links stehen, umso weniger Verantwortung wird hier ins Team gegeben, je mehr die rechten Spalten beschriftet sind, umso mehr sind Aufgaben verteilt. Das Board visualisiert den Istzustand und sollte gemeinsam mit dem Team immer wieder überprüft werden, ob die Verteilung ausgewogen ist, niemand überfordert, aber auch keiner unterfordert ist. Abgesehen davon trägt so ein Board zur Transparenz bei.

Delegationsmatrix: Die aus dem Konzept der Kollegialen Führung stammende Delegationsmatrix wird hier vereinfacht dargestellt. In der Grundidee stellt sie eine Methode dar, um den Übergang von hierarchischen Systemen in Systeme mit verteilter Führung zu gestalten (Oesterreich und Schröder 2020: 56 f). Wir haben die Idee in eine Form übertragen, mit der Verantwortung in einem Team sichtbar gemacht werden kann. Ähnlich wie bei dem Delegationsboard werden vertikal die Aufgaben definiert, während horizontal die Einheit oder Personen aufgeführt sind, die für die Aufgaben verantwortlich sind. Als Erstes folgt ein anonymisiertes Beispiel eines Teams.

26 | Beispiel einer Delegationsmatrix für ein Team

Bereich	Verantwortungsbereich/ Aufgabe	Vorgesetzte	MA1	MA2	MA3	Team	AL
Menschen	Ist verantwortlich für die Rekrutierung von Praktikanten und Auszubildenden.	V	X				
	Betreut Praktikanten und Auszubildende.			X			
	Verantwortet den Prozess, wenn neue Mitarbeiter gesucht und eingestellt werden.	X				I	I
	Überprüft Ferien, Arbeitszeiten, Überstunden und Absenzen und führt allenfalls entsprechende Gespräche.		X				
	Sorgt für Teamanlässe und Aktivitäten, die - im Rahmen des Budgets - die Teamzusammenarbeit erhöhen.				X		
	...						
	...						
	...						
	...						
Prozesse und Menschen	Entwickelt allgemeine Prozessvorgaben für Angebote.	K		X			
	Ist Ansprechpartnerin für administrative Prozesse in HR-Angelegenheiten.	I			X		
	Hinterfragt Prozesse und Strukturen und leitet Anpassungen ein.	X					
	...						
	...						
	...						

Das folgende Beispiel ist die Delegationsmatrix von einem Institut, das sich gerade auf den Weg in die Selbstorganisation gemacht hat. Horizontal sind hier die verschiedenen Kreise aufgeführt, aus denen sich das Institut zusammensetzt.

27 | Delegationsmatrix eines Instituts

Allgemeine Entscheidungen

x = Entscheid für alle Kreise

x* = Entscheid in Bezug auf den eigenen Kreis

v = Veto: entscheidender Kreis muss das Veto explizit bei vetoberechtigtem Kreis abfragen.

k = Konsultiert

k* = Konsultiert, wenn es den eigenen Kreis betrifft

Kategorie	Zu treffende Entscheidung/zu delegierende Aufgaben	Kreis-IL	Kreis-FE	Kreis-Lehre	K-MSc VDC	Kreis BSc	Kreis WB	K-Support
IM-1	**Ziele, Ergebnisse, Produkt**							
	Zielbilder/Strategien definieren	X						
	Produkte entwerfen und verabschieden	V	X*	X*	X*	X*	X*	X*
	Wie wird die Lehre weiterentwickelt?			X	X*	X*	X*	
	Welche Lehrschwerpunkte werden gesetzt?			X	X*	X*	X*	
	Welche Forschungsprojekte werden angenommen?		X					
	Welche Forschungsschwerpunkte werden gesetzt?		X					
	Welche Dienstleistungen werden angeboten?		X					
	Welche Dienstleistungenanfragen werden angenommen und umgesetzt?		X					
	Zuweisung neuer Entscheidungen in die Entscheidungsmatrix	X						

©Hoffmann-Ripken

Beide Methoden helfen, sowohl Transparenz über Verantwortungsverteilung zu bringen als auch das Thema insgesamt diskutierbar zu machen.

Etablierung von Verantwortungsdialogen

Die Einführung des Verantwortungsdialog ist der vierte und letzte Ansatzpunkt zur Einführung einer Verantwortungskultur. Er kann in einem Eins-zu-Eins Gespräch mit dem Vorgesetzten geführt werden oder auch im gesamten Team. Ziel des Verantwortungsdialogs ist, sowohl den eigenen Umgang mit Verantwortung zu reflektieren als auch Verantwortungsstörungen ansprechen zu können. Der Verantwortungsdialog sieht folgenden Ablauf vor:

28 | **Ablauf des Verantwortungsdialogs**

1. Begrüßung und ankommen
2. Offene Verantwortungsfragen sammeln
   - Was sind offene Verantwortungsfragen?
   - Wo ist Verantwortung nicht klar, diffus oder gestört?
3. Lösungsfindung
   - Wer übernimmt welche Verantwortung?
   - Wie können wir in Zukunft verhindern, dass es zu diesen Störungen kommt?
   - Was können wir aus den offenen Verantwortungsfragen lernen?
4. Persönliche Haltung
   - Wo hat sich der Mitarbeitende in letzter Zeit überfordert, unterfordert gefühlt?
   - Was möchte der Mitarbeitende in Zukunft lernen oder üben?
   - Wo braucht der Mitarbeitende Unterstützung?
   - Welche Verantwortung würde die Mitarbeitende in Zukunft gern übernehmen?

Durch solche Verantwortungsdialoge wird nicht nur das Thema Verantwortung immer wieder aufgegriffen, sondern zugleich ein Beitrag zur Kompetenzentwicklung der Mitarbeitenden geleistet.

Die Frage, wie Verantwortung in der Organisation verteilt ist und welche Verantwortungskultur eine Organisation entwickeln möchte, betrifft in hohem Maße die Frage, wie Führung wahrgenommen wird. Eine klare Aussage, was die Erwartungen an Führungskräfte im Hinblick auf die in der Organisation gelebten Verantwortungskultur sind, schafft einen klaren Rahmen sowohl für Führungskräfte als auch für Mitarbeitende.

6.6 Persönlichkeitsentwicklungskultur

Persönlichkeitsentwicklung befasst sich mit allen Fragen, die die Selbsterkenntnis fördern. Persönlichkeitsentwicklung bedeutet, sich klar zu werden, welche wesenseigenen, unveränderlichen Eigenschaften, Präferenzen und Stärken man selbst besitzt und was der innere Antrieb des Verhaltens ist. Dahinter steckt der Gedanke, dass Menschen dann überzeugend, authentisch und auch erfolgreich sind, wenn sie das tun, was ihrer Persönlichkeit am meisten entspricht. Persönlichkeitsentwicklung fördert die Selbstreflexionskompetenz und die Bereitschaft, daraus neues Wissen abzuleiten. Eine Kultur, die Persönlichkeitsentwicklung fördert, betrachtet Organisationen nicht nur als einen Ort der Leistungserbringung, sondern auch als einen Ort, in denen Menschen wachsen und sich entfalten können – zum Wohle des Menschen und der Organisation.

Die Aussagen der Gallup-Studie über Millennials zeigen, wie sich Erwartungen von Mitarbeitenden verändert haben und wie wichtig diese Teilkultur wird, um langfristig als Arbeitgeber attraktiv zu bleiben: Siebenundachtzig Prozent aller Millennials ist sowohl die professionelle als auch persönliche

Entwicklung wichtig im Vergleich zu nur neunundsechzig Prozent der Mitarbeitenden aus anderen Generationen (Gallup Inc. 2016).

Bevor wir weiter in die Persönlichkeitsentwicklungskultur tauchen, laden wir Sie ein, den folgenden Fragebogen auszufüllen, damit Sie einen besseren Eindruck haben, wie die persönliche Entwicklung in Ihrer Organisation wertgeschätzt und gelebt wird:

Wie wird persönliche Entwicklung in Ihrem Unternehmen wertgeschätzt?

(1 = Trifft voll und ganz zu, 2 = Trifft zu, 3 = Trifft eher zu, 4= Trifft eher nicht zu, 5 = Trifft nicht zu, 6 = Trifft überhaupt nicht zu)

1	Meine Firma legt großen Wert auf die persönliche Entwicklung von Mitarbeitenden.	1 2 3 4 5 6
2	Die Geschäftsleitung lebt aktiv vor, dass es wichtig ist, sich persönlich weiterzubilden.	1 2 3 4 5 6
3	Persönliche Reflektion wird in unserer Firma sichtbar gelebt, das bedeutet, eine kurze Reflektion nach einer Sitzung, wie ging es mir, wie gut hat die Gruppe zusammengearbeitet und wie gut waren wir inhaltlich unterwegs.	1 2 3 4 5 6
4	In meiner Organisation wird das Entwickeln von »hard oder technischen« als auch den »soft oder kulturellen« Fähigkeiten gefördert.	1 2 3 4 5 6
5	Es gibt institutionell verankerte Sitzung- oder Workshopformate, die mindestens einmal in sechs Monaten stattfinden, in denen es vor allem um die persönliche Entwicklung geht, sei es im Eins-zu-eins-Gespräch mit einem Kollegen, mit einem Führungsverantwortlichen oder auch im Team oder Gruppen Setting.	1 2 3 4 5 6
6	Im Team wissen wir, welcher Mitarbeiter an welchen persönlichen Herausforderungen arbeitet.	1 2 3 4 5 6
7	In meiner Organisation haben wir Lernpartnerschaften oder Sparringpartner, mit denen wir uns über unsere persönliche Entwicklung austauschen.	1 2 3 4 5 6
8	In meiner Organisation gibt es Coaching- Angebote, die wir unkompliziert auch für die persönliche Entwicklung anfragen können.	1 2 3 4 5 6
9	In meiner Organisation werden wir aufgefordert, uns in neuen Rollen, Aufgaben und Arbeitsbereichen zu üben.	1 2 3 4 5 6
10	In meiner Organisation wird der persönlichen Entwicklung die gleiche Bedeutsamkeit beigemessen wie der Performance.	1 2 3 4 5 6
	Summe alle Antworten	

Wie bei den vorherigen Umfragen gilt, dass je höher die Gesamtsumme, desto weniger Wert wird in Ihrer Organisation auf Persönlichkeitsentwicklung gelegt.

Die Frage, was Menschen intrinsisch motiviert, ist für Organisationen relevant, wenn sie selbstverantwortliche und engagierte Mitarbeitende gewinnen und halten möchten. Die Forschungsergebnisse zu intrinsischer Motivation weisen seit Jahrzehnten in eine gleiche Richtung, in denen Autonomie, Kompetenz, soziale Eingebundenheit und Sinnhaftigkeit eine wichtige Rolle spielen.

Die folgende Grafik mit dem Haus der Motivation zeigt die unterschiedlichen Komponenten der intrinsischen Motivation, wie sie in den Arbeiten von Deci und Ryan, Pink und Laloux aufgeführt werden.

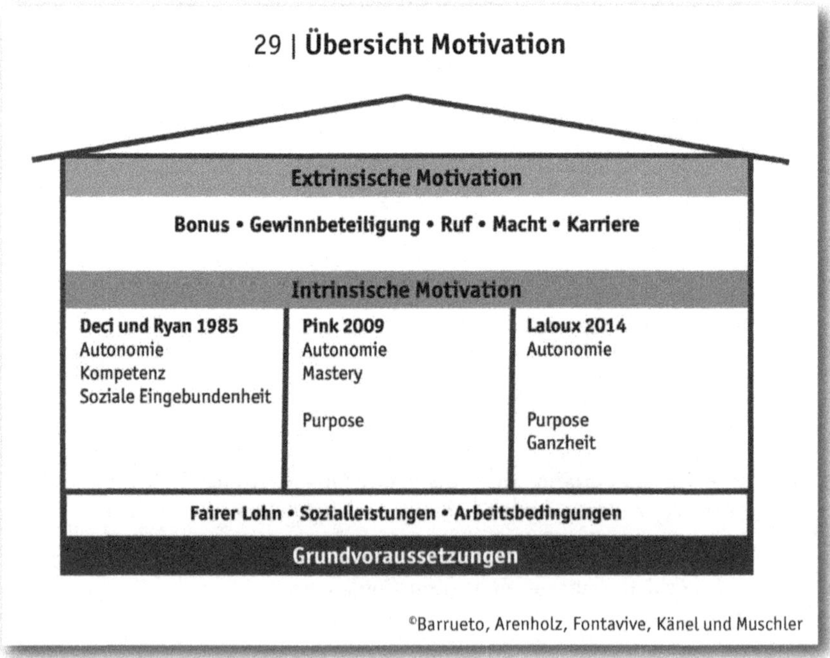

Auffällig ist, dass sowohl Deci und Ryan (1983; Ryan und Deci 2000), Pink (2009) als auch Laloux (2014) die Autonomie als eine der wichtigen Motivationsfaktoren nennen. Weiter wird die Kompetenz und Mastery erwähnt, aber auch die soziale Eingebundenheit und der Purpose. Während »Kompetenz« und »Mastery« zur persönlichen Entwicklung gehören, ist der Purpose die Sinnhaftigkeit, den die Mitarbeitenden hinter ihrer Arbeit sehen, eher in der Organisation oder in der Tätigkeit an sich begründet. Bei der sozialen Eingebundenheit geht es um die Qualität des persönlichen und zwischenmenschlichen Umgangs. Zu den extrinsischen Faktoren gehören Bonus, Gewinnbeteiligung, Ruf, Macht und Karriere.

Die folgende Abbildung bietet eine Übersicht über die als am wirkungsvollsten bewerteten Maßnahmen zur Stärkung der intrinsischen Motivation sowie den Aufwand, der mit der Umsetzung dieser Maßnahmen verbunden ist. Fortbildungsmaßnahmen wie Team-, Leadership- und Mentoring-Programme sind am aufwendigsten, allerdings zeigen sie auch die größte Wirkung. Während ebenfalls die Sinnfindung den Mitarbeitenden in einer Organisation wichtig sind, zeigen Studien, dass Maßnahmen, die auf die extrinsischen Motivatoren abzielen, zwar kurzfristig wirken, aber längerfristig in der Wirkung verpuffen. Es gibt auch zahlreiche Beispiele, in denen extrinsische Anreize die intrinsische Motivation verdrängen (Frey 2015).

30| Intrinsische Maßnahmenkatalog zur Mitarbeitererfahrung

	Maßnahme	Frequenz	Unternehmensgröße	Aufwand	Zweck
Kompetenz, Mastery	Individuelle Weiterbildung	Individuell	Großunternehmen	+	Persönliche Entwicklung stärken
	Persönliches Coaching	Individuell	Großunternehmen	++	
	Mentoring Programm	Individuell	Großunternehmen	+++	
	People Development Gespräche	2 × pro Jahr	Großunternehmen	++	
	Assignments (anspruchsvolle Sonderaufgaben)	Nach Möglichkeit	Großunternehmen	++	
	Job Enrichment	Nach Möglichkeit	Großunternehmen	++	
	Leadership-Entwicklungsprogramme	alle 2–3 Jahre für 4 Wochen	Großunternehmen	+++	
	Expertenplattformen	4 × pro Jahr	Großunternehmen	+	
	Job Rotation in andere Unternehmensbereiche	Individuell	Großunternehmen	++	
	Unternehmenswettbewerbe (z. B. Innovation Contests ...)	1 × pro Jahr	alle Unternehmen	++	
Selbstmanagement, Autonomie	Teilzeitmodelle	Einmalige Einführung	Großunternehmen	++	Freiraum schaffen
	Flexible Arbeitszeiten	Einmalige Einführung	Großunternehmen	++	
	Jahresarbeitszeit	Einmalige Einführung	Großunternehmen	++	
	Fitnessstudio im Unternehmen	Einmalige Einführung	Großunternehmen	+	
	Kinderkrippe	Einmalige Einführung	Großunternehmen	++	
Soziale Eingebundenheit	Team-Mitarbeitergespräche	Individuell	alle Unternehmen	+	Psychologisches Eigentum
	Teilnahme/Zuschauer an ausgesuchten Sportevents (Formel 1, Ski-Veranstaltung, ...)	unregelmäßig mehrmals im Jahr	alle Unternehmen	++	
	Firmenübergreifende Netzwerke	4 × pro Jahr	Großunternehmen	+	
	Kommunikationsplattformen (Monatlicher Apéro, Lunch Roulette, CEO live etc.)	Regelmäßig (1 × pro Monat)	Großunternehmen	+	
	«Make a Difference Day»	1 × pro Jahr	Großunternehmen	++	

Downloadhinweis: In der digitalen Playbox zum Buch bieten wir Ihnen eine Reflexionsübung über Ihre eigene Motivation an.

Bei den jüngeren Generationen nimmt die intrinsischen Motivatoren ohnehin einen höheren Stellenwert ein als die extrinsischen Faktoren. Das heißt also, dass die Stärkung von Kompetenz und Mastery, also die Unterstützung von persönlicher Entwicklung bei Mitarbeitenden nicht nur die Motivation erhöhen kann, sondern auch einen Beitrag zur Attraktivität als Arbeitgeber leisten kann. Welche Organisation wünscht sich nicht intrinsisch motivierte Mitarbeitende? Dazu kann eine Persönlichkeitsentwicklungskultur einen wichtigen Beitrag leisten.

Sollten Sie hier Handlungsbedarf erkennen und ein Gefühl der Dringlichkeit entwickelt haben oder entwickeln wollen, dann gilt es, sich zu fragen:

- Was verstehen wir unter einer Persönlichkeitsentwicklungskultur?
- Was ist mein Mindset bezüglich der Frage: Inwiefern können Menschen sich entwickeln? Welche Beobachtungen mache ich immer wieder, die diesen Mindset unterstützen und welche Beobachtung mache ich, die diesem Mindset widersprechen?
- Wie erlebe ich den organisationale Mindset bezüglich dieser Frage?
- Was tun wir bereits in dem Bereich, auch wenn wir es bisher nicht so genannt haben?
- Was ist für uns als Organisation die Motivation eine Persönlichkeitsentwicklungskultur zu etablieren? Welche Ziele wollen wir damit verfolgen?
- Was genau versprechen wir uns, was anders wird, wenn wir Persönlichkeitsentwicklung einen anderen Stellenwert bei uns einräumen? Welche Ziele verfolgen wir?
- Wie können wir diese Ziele evaluieren?
- Wo sind für uns Grenzen, die in diesem Bereich nicht überschritten werden sollten?

- Was könnte das Schlimmste sein, was man über uns und das Programm, das wir dazu lancieren, sagt? Worauf müssen wir bei der Entwicklung eines solchen Programms besonders achten?
- Was wäre das Schönste, was man über uns in der Presse schreiben könnte?
- Was könnten für Reaktionen kommen, wenn wir sagen, wir wollen eine Persönlichkeitsentwicklungskultur einführen? Welche positiven, welche kritischen Kommentare könnten kommen?
- Was könnte man den kritischen Kommentaren entgegnen?
- Welche Werte wollen wir durch eine Persönlichkeitsentwicklungskultur mehr leben?
- Wie beschreiben wir die Haltung, in der die Persönlichkeitsentwicklungskultur bei uns zum Ausdruck kommen soll?

Mit der Persönlichkeitsentwicklung können drei Ziele erreicht werden, die große Auswirkungen auf die Organisation haben und die oben gestellten Fragen beantworten:

1. Sich besser zu verstehen; die eigenen Stärken kennen und nutzen sowie für sich einen stimmigen Karrierepfad zu entwickeln.
2. Andere besser einschätzen und so lernen, mit vielen unterschiedlichen Menschen wertschätzend umgehen zu können.
3. Das eigene Verhaltensrepertoire (Steuerungsfähigkeit) zu erweitern, um sich in schwierigen Situationen (wie Konflikten oder Kritikgesprächen), professionell verhalten und steuern zu können.

Persönlichkeitsentwicklung ist per Definitionem sehr persönlich und um nicht Gefahr zu laufen, als übergriffig wahrgenommen zu werden, sollte hier achtsam vorgegangen werden. Die Ausgestaltung der zu einer Persönlichkeitsentwicklungskultur beitragenden Programme muss zur jeweiligen Entwicklungsstufe passen. Nach unserem Wissen gibt es nur wenige Organisationen, die der persönlichen Entwicklung den gleichen Stellenwert einräumen wie der Performance (Kegan und Lahey 2016).

Unabhängig, welchen Weg Sie wählen, möchten wir Ihnen Formate und Ideen mitgeben, die für die Entwicklung einer Persönlichkeitsentwicklungskultur eingeführt werden können.

Formate, die eine Persönlichkeitsentwicklungskultur unterstützen

Ein in vielen Organisationen üblicher Weg ist die Durchführung von Persönlichkeitstest und die Besprechung in den dazu passenden Trainings. Diese Vorgehensweise überzeugt uns nicht. Viele Menschen mögen sich erinnern, dass sie einen Test gemacht haben, meistens werden die Ergebnisse aber vergessen. Das sind Erfahrungen, die uns zeigen, dass hier kein verinnerlichtes Lernen stattgefunden hat. Abgesehen davon weisen die meisten der in Unternehmen verwendeten Persönlichkeitstests keine wissenschaftliche Reliabilität auf. Das hat auch damit zu tun, dass wir in unterschiedlichen Kontexten unterschiedliche Seiten unserer Persönlichkeit aktivieren.

Wir sind sehr viel überzeugter von allen dialogbasierten Formen, in denen sowohl die einzelne Person sich reflektiert als auch Spiegelungen (Feedback) von anderen erfährt. Wichtig ist, dass die Weiterbildungen erfahrungsbasiert aufgebaut sind. Eine hervorragende Möglichkeit ist es, das Spiral Dynamics Modell zu nutzen, um damit auf die Haltungsentwicklung abzuzielen. Mit dem Spiral Dynamics Modell läuft man weniger Gefahr, dass solche Angebote als zu psychologisch abgetan werden. Wir haben ein Programm entwickelt, in dem die Teilnehmenden aufgefordert werden, sich mit ihrer eigenen Haltung in verschiedenen beruflichen Situationen auseinanderzusetzen, und in dem sie unterstützt werden, ihrem Mindset und ihren Werten auf die Spur zu kommen. Durch Spiegelung und Feedback sowie praktischen Übungen setzen sich die Teilnehmenden ganzheitlich mit sich selbst auseinander. Solche konkret auf die berufliche Situation angepassten Formate halten wir für zieldienlich.

Nebenbei fördern sie psychologisches Vertrauen und liefern eine gemeinsame Sprache, mit der Unterschiede in der Haltung und im Verhalten wertschätzend ansprechbar gemacht werden können.

Unabhängig der genutzten Formate müssen in jedem Fall solche Weiterbildungsangebote mit anderen Formaten und Strukturen in der Organisation verzahnt werden. Das könnte ein festgelegter Prozess sein, dass nach einer Weiterbildung im Team über den Inhalt und das persönliche Fazit referiert wird. Oder ein Bestandteil des Eins-zu-eins-Führungsmeeting, in dem der Mitarbeitende Feedback über den persönlichen Lernerfolg gibt und in dem gemeinsam festgelegt wird, worauf sich der Mitarbeitende in nächster Zeit in seiner persönlichen Entwicklung konzentrieren möchte. Am wenigsten werden die Mitarbeitenden Widerstand empfinden, wenn ihnen bekannt ist, dass sich auch die Führungsriege mit sich selbst auseinandersetzt. In Teams mit einer hohen Reife ist es auch möglich, die persönlichen Entwicklungsziele transparent zu machen, sodass jeder weiß, an welchem Thema der einzelne gerade arbeitet. Das setzt eine hohe Psychologische Sicherheit voraus und schafft sie zugleich.

Coaching-Angebote fördern die Persönlichkeitsentwicklungskultur und können gut in bestehende Weiterbildungsstrukturen eingebaut werden. Dafür gibt es verschiedene Ausgestaltungen. Als klassische Personalentwicklungsmaßnahme ist vor allem das Defizit-Coaching bekannt, worunter Folgendes verstanden wird: Bei einem Mitarbeitenden wird ein Defizit festgestellt, das dem sozialen oder auch fachlichen Kompetenzbereich zugeordnet werden kann. Da aber insgesamt die Person als förderungswürdig eingestuft wird, bietet meist die Personalabteilung der Person ein Coaching an. Auch das kann der Persönlichkeitsentwicklung dienen.

Anders wäre es, wenn es ein Coachingangebot gibt, bei dem jedem Mitarbeitenden eine Anzahl an Coaching von ausgelesenen Coaches zusteht, ohne dass die Organisation wissen möchte, worum es in den Coachings geht. Es ist ein Angebot, in dem sowohl private wie auch berufliche Themen besprochen werden können. Solche Angebote dienen ausschließlich der persönlichen Reflexion und der individuellen Lösungsfindung bei Herausforderungen, unabhängig ob diese privater oder beruflicher Natur sind. Dahinter steckt die Erkenntnis, entsprechend dem Drei-Welten-Modell, dass die Lebensbereiche sich ohnehin gegenseitig beeinflussen. Einige Organisationen haben bereits den Nutzen von solchen Coachingangeboten erkannt und in ihr Programm aufgenommen. Andere Organisationen stellen Führungspersonen ab einer bestimmten Managementstufe einen Coach zur Seite, ohne dass Personalabteilung oder Vorgesetzten wissen wollen, was mit diesem Coach besprochen wird. Auch in diesem Fall soll das Angebot der persönlichen und fachlichen Weiterentwicklung dienen. Nicht zu unterschätzen sind Peer-Coaching Programme. Nach einer kurzen Einführung in Elemente des Coachings, wird für eine gewisse Zeit jedem Mitarbeitenden ein Peer zur Seite gestellt. Das Ziel ist, dass sich die Peers in regelmäßigen Abständen treffen und sich strukturiert über ihre persönliche Entwicklung austauschen.

Abschließend stellen wir Ihnen ein Modell vor, das sich ebenfalls mit Motivation auseinandersetzt und das wunderbar für Einzelgespräche zwischen Führungskraft und Mitarbeitenden oder auch für Teamgespräche genutzt werden kann. Das sogenannte 3K-Modell basiert auf den Forschungsarbeiten von Hugo Kehr (2012), Professor für Psychologie an der Technischen Universität München. »3K« steht für die drei Komponenten der Motivation. In der Fachsprache heißen sie explizite (selbsteingeschätzte) Motive, implizite (unbewusste) Motive und subjektive Fähigkeiten. Da eine bildhafte Sprache zugänglicher und auch persönlicher ist, stehen dafür entsprechend die Metaphern »Kopf«, »Bauch« und »Hand«. Wir haben das Modell in »3H« umgetauft und benutzten als Metaphern »Hirn«, »Herz« und »Hand«.

- Hirn oder Kopf stehen für die rationalen Absichten, unsere Ziele und die Bereitschaft, eine bestimmte Handlung auszuführen.
- Hand repräsentiert die Fähigkeiten, das Wissen und die Erfahrung, die eine Handlung verlangt.
- Herz oder Bauch stehen für den emotionalen Bereich, für die mit der Handlung verbundenen Hoffnungen, die oft unbewussten Bedürfnisse und Motive, die es zu wecken gilt, aber auch für Ängste und Bauchschmerzen.

Für ein persönliches Gespräch haben wir eine Reihe von Fragen zusammengestellt, die die Reflexion über diese drei Bereiche vertiefen.

> **Downloadhinweis:** Auch hier finden Sie in der digitalen Playbox eine Auflistung der Fragen, mit denen eine Reflexion nach dem 3K-Modell vertieft werden kann.

Last but not least: Eine gute Feedbackkultur unterstützt ganz sicher auch die Persönlichkeitsentwicklung.

6.7 Empathiekultur

Empathiekultur fällt in der Logik der Teilkulturen etwas aus der Reihe. Das liegt daran, dass der Begriff am meisten eine bestimme Qualität des Tuns beschreibt, während die anderen Kulturen ein Tun an sich beschreiben. Achtsamkeitskultur beschreibt im Kern sowohl ein Tun als auch eine Qualität. Darüber hinaus sind vor allem Feedback-, Fehler- und auch Konfliktkultur in der Managementliteratur gängige Termini. Verantwortungskultur ist vielleicht nicht so geläufig, aber deren Bedeutung für Organisationen selbsterklärend. Empathie hingegen ist ein Begriff, der erst jüngst Einzug in die Managementliteratur genommen hat. Der Zusammenhang mit einer Kultur der Menschlichkeit liegt auf der Hand. Wieso aber wird auf einmal Empathie oder auch Mitgefühl (compassion) ein Themenfeld, mit dem sich Fachbereiche wie Management und Leadership auseinandersetzten sollten? Vermutlich hat der Ruf nach mehr Empathie in Organisationen auch etwas mit dem Fachkräftemangel zu tun und der zunehmenden Erwartungshaltung von qualifizierten Mitarbeitenden an einen respektvollen Umgang sowie dem Wunsch nach Begegnung auf Augenhöhe. Rosenberg, der Begründer der Gewaltfreien Kommunikation war ein Meister der Empathie. Er beschreibt Empathie als »ein respektvolles Verstehen der Erfahrungen anderer Menschen« (Rosenberg 2003: 91). Interessanterweise wird sein Kommunikationskonzept in vielen Organisationen, die sich neue Formen der Zusammenarbeit gegeben haben, trainiert und vermittelt (Laloux 2014). Wir halten das Konzept der Gewaltfreien Kommunikation ebenfalls für einen sehr guten Ansatz, mehr Empathie in Organisationen zu entwickeln. Gleichzeitig sind wir aber auch vorsichtig, weil wir die Erfahrung gemacht haben, dass dieses Konzept auch dogmatisch verwendet und vermittelt werden kann und dann häufig nicht in Organisationen anschlussfähig ist. Wir gehen später noch tiefer darauf ein.

Eine Empathiekultur ist nicht nur für Organisationen mit neuen Formen der Zusammenarbeit zu empfehlen, sondern auch für klassische hierarchisch organisierte Unternehmen. Tatsächlich zeigen diverse Studien, dass empathische Führungskräfte einen positiven Einfluss auf die Arbeitsergebnisse ihrer Mitarbeitenden haben (Anderer 2018). Studierende einer Business-School in Los Angeles bewerten hingegen Empathie als die am wenigsten wichtige Eigenschaft von Führungskräften (Holt und Marques 2012).

Und natürlich gibt es auch Stimmen, die vor zu viel Empathie warnen (Waytz 2016), sei es, weil sie anstrengend ist und zu Burn-out führen kann, oder weil man zu nachsichtig wird. Wie immer gilt es, die Balance zu finden. Jede einseitig gelebte positive Eigenschaft verkehrt sich in sein Gegenteil, das ist nicht nur bei der Empathie so.

Bevor wir uns noch mehr über den Nutzen und Sinn von Empathie in Organisationen auseinandersetzten, laden wir Sie wieder ein, sich mit den folgenden Fragen zu der gelebten Empathie in Ihrer Organisation auseinanderzusetzen:

Wie ist der Status quo einer Empathiekultur bei uns?

(1 = Trifft voll und ganz zu, 2 = Trifft zu, 3 = Trifft eher zu, 4= Trifft eher nicht zu, 5 = Trifft nicht zu, 6 = Trifft überhaupt nicht zu)

1	Es ist in unserer Organisation gängig, Gefühle zu zeigen und Gefühle in respektvoller Art auszudrücken.	1 2 3 4 5 6
2	Es ist ausdrücklich erwünscht, dass wir uns mit Gewaltfreier Kommunikation, Gefühlen und der Steuerung von Gefühlen beschäftigen.	1 2 3 4 5 6
3	Es ist in unserer Organisation üblich, sich füreinander Zeit zu nehmen und sich persönlich auszutauschen. Dabei behalten wir eine gesunde Abgrenzung im Auge.	1 2 3 4 5 6
4	Meine Führungsverantwortliche nimmt sich bei persönlichen Anliegen für mich Zeit und hört mir aktiv zu.	1 2 3 4 5 6
5	Mein Führungsverantwortlicher interessiert sich für mein Wohlergehen und kann sich in meine Position hineinversetzen.	1 2 3 4 5 6
6	In meiner Organisation darf man auch mal zeigen, wenn jemand an seiner Belastungsgrenze ist, ohne Sorge, als schwach oder nicht kompetent wahrgenommen zu werden.	1 2 3 4 5 6
7	In unserem Team traut man sich, offen über persönliche Anliegen oder auch private Herausforderungen zu sprechen.	1 2 3 4 5 6
8	In herausfordernden persönlichen Situationen weiß ich, dass ich entsprechende Unterstützung vom Team erhalte.	1 2 3 4 5 6
9	Bei uns im Team wird darauf geachtet, dass alle ihren Beitrag entsprechend ihrer Rolle leisten.	1 2 3 4 5 6
10	Bei uns in der Organisation sind Aussagen wie »Keep emotions out« nicht denkbar.	1 2 3 4 5 6
	Summe alle Antworten	

Wie bei den bisherigen Fragebögen gilt, dass je kleiner die Punktzahl, umso stärker leben Sie bereits eine Empathiekultur. In unserer am Anfang erwähnten Umfrage, haben immerhin dreißig Prozent der Teilnehmenden der Aussage zugestimmt, dass in Ihrer Organisation Emotionen als wichtig erachtet werden. Der Umgang mit Emotionen bestimmt maßgeblich, wie es Organisationen mit der Empathie halten.

Warum ist nun eine Empathiekultur eine wichtige Teilkultur?

Menschen sind unbestreitbar emotionale Wesen und Emotionen haben einen großen Einfluss darauf, wie Menschen sich verhalten und erleben. Ziel einer Kultur der Menschlichkeit in Organisationen ist, dass Menschen gelingende Kooperationserfahrungen machen und sich sozial eingebunden fühlen. In hierarchischen Unternehmen spielen die Kooperationserfahrungen insbesondere mit den jeweiligen Führungskräften eine große Rolle. Mangelnde Wertschätzung durch die Führungskraft ist nach wie vor eine der häufigsten Gründe für Kündigungen (Compensation Partner 2019) – nach dem Motto, man kommt zu einem Unternehmen und geht wegen der Führungskraft. Inwiefern die Beziehung zur Führungskraft nur ein rein sachliches oder auch ein nährendes und unterstützendes Verhältnis ist, liegt in erster Linie an der Empathiefähigkeit der Führungskraft selbst. Ganz allgemein ist ein empathischer Umgang eine Voraussetzung für die Entwicklung von Psychologischer Sicherheit, aber auch für das Gefühl von sozialer Einbindung. Es gibt also viele gute Gründe, warum Empathie auch aus betriebswirtschaftlicher und organisationstheoretischer Sicht einen Beitrag für gute Zusammenarbeit leistet.

Wenn Sie sich zum Ziel setzen wollen, eine Empathiekultur zu entwickeln, dann stellen Sie sich vorab folgende Fragen:

- Was verstehen wir unter Empathie?
- Was ist mein Mindset bezüglich Empathie?
- Wie erlebe ich den organisationale Mindset bezüglich Empathie?

- Warum und wofür wollen wir eine Empathiekultur entwickeln?
- Was soll konkret anders werden durch eine Empathiekultur?
- Wie können wir diese Ziele evaluieren?
- Wem wollen wir mehr Empathie entgegenbringen?
- Wie beeinflusst derzeit Empathie die in unserer Organisation gelebte Haltung?
- Wie gehen wir mit Emotionen um? Welche Emotionen sind bei uns eher erlaubt, welche eher nicht?
- Welches Zeichen können wir setzen, dass wir es ernst meinen, eine Empathiekultur zu entwickeln?
- Wie wird die Organisation reagieren, wenn wir verkünden, eine Empathiekultur zu entwickeln? Inwiefern bräuchten wir einen anderen, anschlussfähigeren Namen?
- In Zusammenhang mit welchen anderen Teilkulturen können wir diese Kultur entwickeln?
- Welche Werte wollen wir durch eine Empathiekultur mehr leben?
- Wie beschreiben wir die Haltung, in der die Empathiekultur bei uns zum Ausdruck kommen soll?

Die Frage, wem man mehr Empathie gegenüber bringen möchte, und wofür, hat den Hintergrund, dass Empathie nicht nur im Hinblick auf Führung und Zusammenarbeit zunehmend auch in der Managementliteratur thematisiert wurde, sondern auch im Zusammenhang mit der Entwicklung von neuen Produkten. Im Design Thinking geht es viel darum, sich in einen zukünftigen Kunden zu versetzen, wie mit der Empathy-Map oder Interview for Empathy. Bei dem Automobilhersteller Ford wurde ein Versuch gemacht, in dem Ingenieure sich in die Situation von Schwangeren versetzen sollen, damit sie besser verstehen, wie in diesem Umstand das Autofahren erlebt wird. Dafür sollten sie eine fünfzehn Kilo schwere Weste umlegen. Offenbar hat dieser kleine Perspektivenwechsel einen Eindruck hinterlassen, denn die Ingenieure berichteten positiv von der Erfahrung. Deshalb kommen auch andere Vorrichtungen zum Einsatz, die beispielsweise Sehstörungen oder steife Gelenke von Senioren simulieren (Waytz 2016: 38).

Im Unterschied zu den zuvor vorgestellten Teilkulturen können wir hier keine Formate anbieten, mit denen eine Empathiekultur entwickelt werden kann. Das liegt daran, dass eine Empathiekultur eher eine Qualität des Umgangs miteinander beschreibt als eine konkrete Handlung oder ein Tun. Nichtsdestotrotz hat eine Empathiekultur einen großen Einfluss darauf, wie die Formate, Weiterbildungsangebote oder Workshops in den anderen Kulturen ausgestaltet werden – eben mit einem Fokus auf Empathie oder eher weniger. Sie entscheidet darüber, ob und wie das Thema Empathie in diesen Weiterbildungen und Workshops thematisiert und in welcher Tiefe bearbeitet wird.

Natürlich kann die Entscheidung, eine Empathiekultur anzustreben, auch ihren Ausdruck in entsprechenden Leitbildern, Unternehmenswerten oder Führungshandbüchern finden.

Möglich ist auch, dass Empathie im Rekrutierungsprozess eine konkrete Rolle spielt, indem es eine Kompetenz ist, auf die im Auswahlprozess Wert gelegt wird. Wie spiegeln Stellenbeschreibungen und Bewerbungsgesprächen wider, in welcher Form Empathie eine Rolle in Ihrem Unternehmen spielt? Es gibt also auch auf der sichtbaren Ebene Zeichen, mit denen ausgedrückt werden kann, welchen Stellenwert Empathie in Ihrer Kultur einnimmt oder einnehmen sollte. Wir gehen aber eher davon aus, dass diese Teilkultur als eine bewusste Entscheidung mit anderen Teilkulturen eingeführt wird. In dem Fall ist es wichtig, dass über dieses Thema gesprochen wird und die Organisation eine bewusste Haltung einnimmt, welchen Stellenwert sie Empathie in ihrer Kulturentwicklung geben möchte.

Konkrete Formate können wir für die Empathiekultur nicht anbieten, aber ein guter Weg hin zu mehr Empathie ist die Beschäftigung mit dem Konzept der Gewaltfreien Kommunikation von Marshall Rosenberg. In diesem Konzept lassen sich auch Übungen finden, die geeignet sind, Empathie zu verstehen, zu lernen und in den Alltag zu integrieren. Das Konzept der Gewaltfreien Kommunikation (GfK) von Marshall Rosenberg haben wir bereits öfters erwähnt und soll hier etwas eingehender behandelt werden. Das erscheint uns notwendig, weil dieses Konzept häufig in einer sehr dogmatischen und für Unternehmen wenig anschlussfähigen Weise vermittelt wird. Das Konzept entspringt einer grünen Wertehaltung und in entsprechenden Kreisen zeigen sich hier auch mannigfaltig die Schattenseiten der grünen Entwicklungsstufe. Darüber hinaus impliziert gewaltfrei, dass wir sonst gewaltvoll kommunizieren. Darin liegt ein Vorwurf und so löst der Name häufig schon mal Widerstand aus. Tatsächlich ist Sprache nicht nur an sich voll von Gewaltausdrücken, sondern unser Gehirn macht keinen großen Unterschied, ob wir physisch oder psychisch verletzt werden. Im Kern geht es aber in dem Konzept aus unserer Sicht um die Frage, wie wir empathisch mit uns selbst und mit anderen umgehen können. Dabei ist die Grundaussage des Konzepts radikal: Wir sind verantwortlich für unsere Gefühle! Anders als viele Trainings zu GfK vermuten lassen, sind es nicht die vier Schritte, die im Zentrum des Konzepts stehen, sondern zu lernen, wie man mit den eigenen Gefühlen und den dahinterstehenden Bedürfnissen umgeht. Eine zentrale Erkenntnis ist dabei, dass die erfüllten oder unerfüllten Bedürfnisse die Ursache für die positiven oder negativen Gefühle sind (Hoffmann-Ripken und Polzin 2016).

Sich mit den eigenen Gefühlen und Bedürfnissen auseinanderzusetzen, ist der Schlüssel für Selbstachtsamkeit und letztlich auch der Schlüssel für die Erweiterung der eigenen inneren Steuerungskompetenz. Wir haben in zahlreichen Kommunikationstrainings im Businesskontext die Erfahrung gemacht, dass sich viele Menschen bisher wenig oder gar nicht mit ihren eigenen Bedürfnissen auseinandergesetzt haben. Darüber hinaus stößt häufig die

Auseinandersetzung mit Bedürfnissen und Gefühlen im Organisationskontext am Anfang auf Widerstand oder löst auch Unbehagen aus. Aus diesem Grund gilt es, hier ein an Organisationen anschlussfähiges Einführungskonzept zu entwickeln. Wenn sich Menschen für diesen Ansatz öffnen, dann ist der Lern- und Erkenntnisgewinn enorm hoch und kann zu einem Mindset-Change führen im Umgang mit sich selbst und anderen. In jedem Fall ist Empathie lebenslang erlernbar und kann durch gezielte Übungen, Coachings oder Programme gefördert werden (Goleman 2019).

Downloadhinweis: In der digitalen Playbox zum Buch bieten wir Ihnen eine Übung an, um sich mit den eigenen Gefühlen, Bedürfnissen und Empathie auseinanderzusetzen.

Danksagung

Wir schauen dankbar und stolz auf den Prozess zurück, wie dieses Buch entstanden ist. Als wir im Frühjahr 2020 damit anfingen, hatten wir keine Ahnung, wie lange es dauern würde, wie viele Schleifen wir würden drehen müssen, und wie viel wir in dem Prozess lernen würden. Das Buch und die intensive Auseinandersetzung mit den Themen hat für uns eine vertiefte, professionelle Schärfung mit sich gebracht. Darüber hinaus war es eine intensive Zusammenarbeit zwischen uns Autorinnen, welche sich als außerordentlich bereichernd herausgestellt hat.

Ein ganz besonderer Dank gilt Margot Hug. Sie war die erste, die unser Rohmanuskript las und die uns in ihrer klaren und ermutigenden Art ein deutlich kritisches Feedback gab. Dieses Feedback war unglaublich hilfreich und hat dazu geführt, dass wir nochmals komplett über das Buch und den Aufbau gegangen sind. Auch möchten wir unserem Verleger, Christian Hoffmann, und Jens Grübner danken, die uns ermutigten, zu kürzen und vor allem uns mit viel Geduld bei den verschiedenen Entscheidungen unterstützt haben. Ein großer Dank gilt Leonidas Bieri, der mit seinem historischen Hintergrund beim Kapitel Arbeit 4.0 und Spiral Dynamik ergänzend zur Seite stand. Außerdem bedanken wir uns bei Professor Edy Portmann, der uns eine weitere Perspektive auf das Thema Arbeit 4.0 gab und Andres Büchi, der mit seinen Kommentaren das Kapitel präzisierte. Der Austausch und die Zusammenarbeit mit Kirsten Kratz haben ebenfalls ihre Spuren in dem Buch hinterlassen, insbesondere beim Haltungsentwicklungsmodell, herzlichen Dank!

Bettina Hoffmann-Ripkens ganz persönlicher Dank gilt ihrem Mann, Dr. Christoph Hoffmann, dessen Unterstützung sie sich stets und in jeglicher Hinsicht sicher sein kann.

Andrea Barrueto dankt ihrem Ehemann und Eltern, die ihr in den intensiven Arbeitsperioden den Rücken freigehalten haben und sie auf allen Ebenen unterstützten. Ein besonderer Dank gilt Markus Bolli und Jonathan Dover, beide haben mit ihrem Wissen, Erfahrungsschatz und kritischen Kommentaren den Buchinhalt mitgeprägt.

Anhang

Literaturverzeichnis

Wouter Aghina, Christopher Handscomb, Jesper Ludolph und Dave West (2020): Enterprise agility. Buzz or budiness impact. www.scrum.org/resources/enterprise-agility-buzz-or-business-impact-0?gclid=Cj0KCQiA4uCcBhDdARIsAH5jyUniOFtlXUA GTFybQOBfGU1JqKIfw06jefLdX5efqG47rQ3o7vcj1REaAkiPEALw_wcB, Abruf 17. Mai 2023.

Robin Anderer (2018): Analyse des Einflusses der Empathie einer Führungskraft auf den Arbeitserfolg der Mitarbeiter. Grin, München.

Jurgen Appelo (2018): Managing for Happiness. Übungen, Werkzeuge und Praktiken, um jedes Team zu motivieren. Vahlen, München.

Andrea Barrueto, Enno Arenholz, Céline Fontanive, Adrian Känel, Mattias Mussler. (2018): Semesterarbeit. It's all about the money ... really?!? Selbstdruck, St. Gallen.

Christoph Baitsch und Erik Nagel (2008): Organisationskultur – das verborgene Skript der Organisation. In J. W. Meissner, Praktische Organisationswissenschaft (S. 267–282): Carl Auer, Heidelberg.

Dina Barbian, Peter Mertens und Stephan Baier (2017): Digitalisierung und Industrie 4.0 – eine Relativierung. Springer Fachmedien, Wiesbaden.

Joachim Bauer (2008): Prinzip Menschlichkeit. Heyne, München.

Michael Bazigos, Aaron de Smet und Chris Gagnon (2015): Why agility pays. McKinsey&Company, www.mckinsey.com/capabilities/people-and-organizational-performance/our-insights/why-agility-pays, Abruf 17. Mai 2023.

Don Edward Beck und Christopher C. Cowan (2007): Spiral Dynamics – Leadership, Werte und Wandel: Eine Landkarte für Business und Gesellschaft im 21. Jahrhundert. StiftungAuthentischFühren – Zen-Akademie für Führungskräfte, Münster.

Philipp von Becker (2018): Der Glaube an die Unsterblichkeit. Transhumanismus, Biotechnik und digitaler Kapitalismus. Passagen, Wien.

Horst Becker und Ingo Langosch (2016): Produktivität und Menschlichkeit: Organisationsentwicklung und ihre Anwendung. De Gruyter Oldenbourg, Berlin.

Sven Beckert (2014): King Cotton. Eine Geschichte des globalen Kapitalismus. C.H. Beck, München.

Frithjof Bergmann (2021): Neue Arbeit. Neue Kultur. www.arbor-verlag.de/frithjof-bergmann, Abruf 17. Mai 2023.

Leslie Berlin (2005): The Man Behind the Microchip: Robert Noyce and the Invention of Silicon Valley. Oxford University Press, Oxford.

Winfried Berner (2015): Change! 20 Fallstudien zu Sanierung, Turnaround, Prozessoptimierung, Reorganisation und Kulturveränderung. Schäffer-Poeschel, Stuttgart.

Torsten Biemann und Heiko Weckmüller (2015): Effektives Arbeiten, wann und wo man will? PERSONALquarterly, 67(2), 46–49.

Paul Bloom (2018): Against Empathy. The Case for Rational Compassion. HarperCollins Publishers, New York.

Christoher Boehm (1993): Egalitarian Behaviour and Reverse Dominance Hierarchy. Current Anthropology. 34(3), S. 227–254.

Markus Bolli (Februar 2018): Eisenbahn-Geodäsie im Spiegel der Industrialisierung 4.0. Geodäsie.

Robert Booth (2017): The G2 interview: Master of mindfulness. »People are losing their minds. That is what we need to wake up to«. Interview mit Jon Kabat-Zinn. www.theguardian.com/lifeandstyle/2017/oct/22/mindfulness-jon-kabat-zinn-depression-trump-grenfell, Abruf 19. Mai 2023.

Peter Bostelmann (2017): Mindfulness, the unexpected orgnizational revolution. https://www.youtube.com/watch?v=wdqbSAWI2xM, Abruf 31. Mai 2023.

Frank Breckwoldt (2013): Hochleistung und Menschlichkeit. Das pragmatische Führungskonzept für gesunde Spitzenleistung. Gabal, Hamburg.

Rutger Bregman (2022): Im Grunde gut. Eine neue Geschichte der Menschheit. Rowohlt, Hamburg.

Inge Bretherton (1992): The origins of attachment theory: John Bowlby and Mary Ainsworth. Developmental Psychology, 28, 759-775.

Stephan Brockhoff und Klaus Panreck (2016): Menschlichkeit rechnet sich. Warum Wertschätzung über den Erfolg von Unternehmen entscheidet. Campus, Frankfurt.

Beate Brüggemeier (2020): Wertschätzende Kommunikation im Business. Junfernmann Paderborn.

Beate Brüggemeier: https://beatebrueggemeier.de, Abruf 17. Mai 2023.

Peter Buchenau und Claus Walter (2018): Chefsache Menschlichkeit. So gelingt humane Digitalisierung. Springer Gabler, Wiesbaden.

Heike Buchter (2015): BlackRock. Eine heimliche Weltmacht greift nach unserem Geld. Campus, Frankfurt.

Marcus Buckingham und Donald O. Clifton (2007): Entdecken Sie Ihre Stärken jetzt! Das Gallup-Prinzip für individuelle Entwicklung und erfolgreiche Führung. Campus, Frankfurt.

Bundesamt für Statistik (2019): Stress und psychosoziale Risiken am Arbeitsplatz haben 2017 zugenommen. www.bfs.admin.ch/asset/de/9366231, Abruf 17. Mai 2023.

Bundesministerium für Arbeit und Soziales (2015): Grünbuch. Arbeiten 4.0. www.bmas.de/DE/Service/Medien/Publikationen/A872-gruenbuch-arbeiten-vier-null.html, Abruf 17. Mai 2023.

Neil Burch (1970): The Conscious competence learning model. Gordon Training International.

Christian Busch (2022): Towards a Theory of Serendipity: A Systematic Review and Conceptualization. Journal of Management Studies, S. 1–46.

Albion Butters (2015): A brief history of Spiral Dynamics. Approaching Religion, 5(2), S. 67–78.

Peter Carstens (2022): Wirtschaftsinformatikerin widerspricht Musk: »Apps lassen sich nicht ins Gehirn ›hochladen‹ wie auf eine Festplatte«. www.geo.de/wissen/forschung-und-technik/informatikerin---das-gehirn-ist-kein-computer--32989322.html, Abruf 17. Mai 2023.

CERN (2020): A short history of the Web. https://home.cern/science/computing/birth-web/short-history-web, Abruf 17. Mai 2023.

Yong-Seun Chang-Gusko, Judith Heße-Husain, Manfred Cassens und Claudia Schulte-Meßtorff (Hrsg.) (2019): Achtsamkeit in Arbeitswelten. Für eine Kultur des Bewusstseins in Unternehmen und Organisationen. FOM-Edition – SpringerGabler, Essen.

Timothy R. Clark (2022): Agile Doesn't Work Without Psychological Safety. https://hbr.org/2022/02/agile-doesnt-work-without-psychological-safety?utm_medium=email&utm_source=newsletter_weekly&utm_campaign=insider_activesubs&utm_content=signinnudge&deliveryName=DM178452, Abruf 17. Mai 2023.

Heval Cokyasar et al. (2022): Deconstructing the Transhumanist Narrative. Origins, Characteristics, and Presence in Contemporary Popular Science Media. Master Thesis. Universität Wien.

COLLAB.NET und VERSIONE.COM (2020): Von 12th Annual State of Agile Report. https://stateofagile.com, Abruf 17. Mai 2023.

Compensation Partner (2019): Umfrage: Deswegen kündigen Beschäftigte ihren Job. www.compensation-partner.de/de/news-und-presse/umfrage-deswegen-kundigen-beschaftigte-ihren-job, Abruf 17. Mai 2023.

CPP (2008): Human Capital Report. Workplace Conflict and How Business can harness it to Thrive. https://www.themyersbriggs.com/-/media/f39a8b7fb4fe4daface552d9f485c825.ashx, Abruf 31. Mai 2023.

Nicholas F. R. Crafts (1977): Industrial Revolution in England and France. Some Thoughts on the Question »Why was England First?«. The Economic History Review, 30(3), S. 429–441.

Adam Curtis, Lucy Kelsall und Stephen Lambert (Produzenten), Adam Curtis (Regisseur) (2002): The Century of the Self. Part 3 [Kinofilm].

Antonio R. Damasio (2010): Descartes' Irrtum. Fühlen, Denken und das menschliche Gehirn. Paul List, München.

Gemma D'Auria, Nicolai Chen Nielsen und Sascha Zolley (2020): Tuning in, turning outward: Cultivating compassionate leadership in a crisis. www.mckinsey.com/capabilities/people-and-organizational-performance/our-insights/tuning-in-turning-outward-cultivating-compassionate-leadership-in-a-crisis, Abruf 17. Mai 2023.

Susan A. Dean und Julia I. East (2019): Soft Skills Needed for the 21st-Century Workforce. International Journal of Applied Management and Technology, (18), 19. https://scholarworks.waldenu.edu/cgi/viewcontent.cgi?article=1260&context=ijamt, Abruf 17. Mai 2023.

Edward L. Deci und Richard M. Ryan (1983): Intrinsic Motivation and Self-Determination in Human Behavior. Springer, New York.

Edward L. Deci und Richard M. Ryan (2008): Self-Determination Theory: A Macrotheory of Human Motivation, Development, and Health. Canadian Psychology, S. 182-185.

Edward L. Deci und Richard M. Ryan (2000): The »What« and »Why« of goal Pursuits. Human Needs and the Self-Determination of Behavior. Psychological Inquiry, S. 227–268.

Renate und Ulrich Dehner (2007): Schluss mit diesen Spielchen. Campus, Frankfurt.

Nikoo Delgoshaie, Luuk Bolijn (2021): Accenture. Von Why many agile transformations fail, and how yours will succeed. www.accenture.com/nl-en/blogs/insights/why-many-agile-transformations-fail-and-how-yours-will-succeed, Abruf 15. Juni 2023.

Deloitte (2015): Werkplatz 4.0. Herausforderungen und Lösungsansätze zur digitalen Transformation und Nutzung exponentieller Technologien. www2.deloitte.com/content/dam/Deloitte/ch/Documents/manufacturing/ch-de-manufacturing-werkplatz-4-0-24102014.pdf, Abruf 17. Mai 2023.

Steve Denning (2018): The 12 stages of the agile transformation journey. www.forbes.com/sites/stevedenning/2018/11/04/the-twelve-stages-of-the-agile-transformation-journey, Abruf 17. Mai 2023.

Mattias Desmet (2022): The Psychology of Totalitarianism. Chelsea Green Publishing, Vermont, USA.

Deutsche Akademie für Management (2021): Human-Relations-Ansatz (Mayo et al., Hawthorne-Experimente): www.akademie-management.de/glossar/human-relations-ansatz-mayo-et-al-hawthorne-experimente, Abruf 17. Mai 2023.

Sabine Christina Donauer (2014): Emotions at Work – Working on Emotions. The Production of Economic Selves in Twentieth-Century Germany. www.loe.fu-berlin.de/en/graduiertenschule/projekte/2009/emotionen_arbeit/index.html, Abruf 17. Mai 2023.

Sabine Christina Donauer (2014): Mit Leidenschaft bei der Sache – die Geschichte der »Arbeitsgefühle« im 20. Jahrhundert. Dissertation. Freie Universität Berlin. https://docplayer.org/109037813-Dr-sabine-christina-donauer-mit-leidenschaft-bei-der-sache-die-geschichte-der-arbeitsgefuehle-im-20-jahrhundert.html, Abruf 31. Mai 2023.

Martina Dopfer (2019): Achtsamkeit und Innovation in integrierten Organisationen. Springer Gabler, Wiesbaden.

Mauren Dowd (2017): Elon Musk's Billion-Dollar Crusade to Stop the A.I. Apocalypse. www.vanityfair.com/news/2017/03/elon-musk-billion-dollar-crusade-to-stop-ai-space-x, Abruf 19. Mai 2023.

Rolf Dräther (2014): Retrospektiven kurz & gut. O'Reilly, Heidelberg.

Carol Dweck (2006): Mindset. The New Psychology of Success. Robinson, London.

Amy C. Edmondson (44 (2) 1999): Psychological safety and learning behavior in work teams. Administrative Quaterly Science, S. 350-383.

Amy C. Edmondson (2008): The Competitive Imperative of Learning. https://hbr.org/2008/07/the-competitive-imperative-of-learning, Abruf 19. Mai 2023.

Amy C. Edmondson (2021): Den richtigen Ton setzen. www.manager-magazin.de/harvard/fuehrung/leadership-professorin-amy-edmondson-ueber-zusammenarbeit-a-00000000-0002-0001-0000-000174106563, Abruf 19. Mai 2023.

Richard Egger (2021): Mehr Menschlichkeit. Ethik für alle, die Verantwortung tragen. Springer, Wiesbaden.

Markus Fischer (2020): Die neue Gewaltfreie Kommunikation. Empathie und Eigenverantwortung ohne Selbstzensur. BusinessVillage, Göttingen.

Heinz von Foerster und Bernhard Pörksen (2003): Wahrheit ist die Erfindung eines Lügners. Carl Auer, Heidelberg.

Dieter Frey (2015): Psychologie der Werte. Von Achtsamkeit bis Zivilcourage – Basiswissen aus Psychologie und Philosophie. Springer, Berlin.

Gabler Wirtschaftslexikon. Definition: Was ist Verantwortung? https://wirtschaftslexikon.gabler.de/definition/verantwortung-50418, abgerufen 15. Juni 2023.

Gallup (2023): What Is Employee Engagement and How Do You Improve It? www.gallup.com/workplace/285674/improve-employee-engagement-workplace.aspx#ite-357638, Abruf 19. Mai 2023.

Gallup Inc. (2016): How Millennials Want to Work and Live. Washington.

Diego Gambetta (1988): Trust – Making and Breaking Cooperative Relations. Basil Blackwell Oxford, UK.

Annette Gebauer (2017): Kollektive Achtsamkeit organisieren. Strategien und Werkzeuge für eine proaktive Risikokultur. Schäfer Poeschel, Stuttgart.

Annette Gebauer und Fabian Brückner (2018): Was Achtsamkeitstrainings bewirken und wie sie in Organisationen wirksamer werden. Gruppe. Interaktion. Organisation, 49, 105-114. https://link.springer.com/article/10.1007/s11612-018-0416-8#:~:text=Organisationen%20benötigen%20beide%20Fähigkeiten%2C%20wenn,Robustheit%20und%20Empathie%20des%20Einzelnen, Abruf 19. Mai 2023.

Gesundheitsförderung Schweiz (2016): Job-Stress-Index 2016: Ein Viertel der Erwerbstätigen ist erschöpft und gestresst. https://gesundheitsfoerderung.ch/ueber-uns/medien/medienmitteilungen/artikel/job-stress-index-2016-ein-viertel-der-erwerbstaetigen-ist-erschoepft-und-gestresst.html, Abruf 19. Mai 2023.

Gesundheitsförderung Schweiz (2020): Job-Stress-Index 2020. Monitoring von Kennzahlen zum Stress bei Erwerbstätigen in der Schweiz. Gesundheitsförderung Schweiz, Bern. https://gesundheitsfoerderung.ch/sites/default/files/migration/documents/Faktenblatt_048_GFCH_2020-09_-_Job-Stress-Index_2020.pdf, Abruf 19. Mai 2023.

Jack R. Gibb (1978): Trust: A new view of personal and organizational development. Guild of Tutors Press Los Angeles, USA.

Friedrich Glasl (2017): Selbsthilfe in Konflikten. Haupt, Bern.

Tobias Göbbel, Clemens Goeken, und Helen Saadé (2019): Decoding Generation Y: A New Era of Consumer Behaviour. Roland Berger GmbH, München. https://www.rolandberger.com/en/About/Events/de/Decoding-Generation-Y, Abruf 31. Mai 2023.

Benedikt Paul Göcke und Frank Meier-Hamidi (2018): Designobjekt Mensch. Die Agenda des Transhumanismus auf dem Prüfstand. Herder, Freiburg im Breisgau.

Daniel Goleman (2019): Emotionale Intelligenz. dtv, München.

Adam Grant (2013): Give and Take. Why Helping Others Drives Our Success. Penguin Books, New York.

Adam Grant (2013): Givers take all: The hidden dimension of corporate culture. McKinsey Quarterly. www.mckinsey.com/capabilities/people-and-organizational-performance/our-insights/givers-take-all-the-hidden-dimension-of-corporate-culture, Abruf 19. Mai 2023.

Natalie Gratwohl (2022): Erfolgreiche Führungskräfte klammern sich nicht an Pläne. Sie kultivieren intelligentes Glück (Neue Zürcher Zeitung). https://www.nzz.ch/wirtschaft/erfolgreiche-fuehrungskraefte-klammern-sich-nicht-an-plaene-ld.1695349, Abruf 19. Mai 2023.

Tom Greenwood (2020): Why we're investing in becoming a developmental workplace. www.wholegraindigital.com/blog/becoming-a-ddo, Abruf 19. Mai 2023.

Christophe Gross, Christian Heuer, Thomas Notz und Birgit Stalder (2010): Schweizer Geschichtsbuch 2. Vom Absolutismus bis zum Ende des Ersten Weltkrieges. Cornelsen, Berlin.

Christopher Handscomb, Allan Jaenicke, Khushpreet Kaur, Belkis Vasquez-McCall, and Ahmad Zaidi (2018): How to mess up your agile transformation in seven easy (mis)steps. www.mckinsey.com/business-functions/organization/our-insights/how-to-mess-up-your-agile-transformation-in-seven-easy-missteps, Abruf 19. Mai 2023.

Yuval Noah Harari (2015): Homo Deus. A brief history of tomorrow. Harvill Secker, London.

Anne-Lise Head-König (2015): Frauenerwerbsarbeit. Historisches Lexikon der Schweiz. https://hls-dhs-dss.ch/de/articles/013908/2015-03-05, Abruf 19. Mai 2023.

Hansjoachim Henning, Florian Tennstedt, Peter Rassow, Karl E. Born, Wolfgang Ayass (1966–2016): Quellensammlung zur Geschichte der deutschen Sozialpolitik 1867 bis 1914. Steiner, Wiesbaden.

Thomas Hobbes (1914): Leviathan. Dent, London.

Eric Hobsbawm (2010): The age of extremes. The short twentieth century. 1914-1991. Abacus, London.

Svenja Hofert (2018): Das agile Mindset. Springer Fachmedien, Wiesbaden.

Svenja Hofert und Claudia Thomet (2019): Der agile Kulturwandel. Springer Gabler, Wiesbaden.

Bettina Hoffmann und Dominik Hanisch (2021): Bedeutung der psychologischen Sicherheit für die Innovationsfähigkeit von Organisationen. Leadership, Eduvation, Personality: An Interdisciplinary Journal, S. 1-7.

Bettina Hoffmann-Ripken (2003): Innovationsstrategien. Eul Verlag, Lohmar.

Bettina Hoffmann-Ripken und Tobias Polzin (2016): Ein Tag mit Gefühlen und Bedürfnissen. Empathische Zeit. S. 60–64.

Svetlana Holt, Joan Marques (2012): Empathy in Leadership. Appropriate or Misplaced? An Empirical Study on a Topic that is Asking for Attention. Journal of Business Ethics, S. 95–105.

Beat Hotz-Hart, Daniel Schmuki und Patrick Dümmler (2006): Volkswirtschaft der Schweiz. Aufbruch ins 21. Jahrhundert. vdf, Zürich.

Jörg Hruby und Thomas Hanke (2014): Mindsets für das Management. Überblick und Bedeutung für Unternehmen und Organisationen. Springer Gabler, Wiesbaden.

Gerald Hüther (2012): Bedienungsanleitung für ein menschliches Gehirn. Vandenhoeck & Ruprecht, Göttingen.

Anja Jardine (2017): »Was soll denn der Mist?«, sagte Fabrowsky. Doch er sollte sich täuschen. www.nzz.ch/wirtschaft/achtsamkeit/achtsamkeit-in-der-wirtschaft-iiiv-das-mit-dem-atmen-ist-nichts-fuer-mich-ld.1311389, Abruf 19. Mai 2023.

Daniel Kahneman (2011): Schnelles Denken. Langsames Denken. Siedler Verlag, München.

Boris Kaiser und Thomas Möhr (2019): Analyse der Lohnunterschiede zwischen Frauen und Männer anhand der Schweizerischen Lohnstrukturerhebung 2016. Bundesamt für Statistik, Neuenburg. www.bfs.admin.ch/bfs/de/home/aktuell/neue-veroeffentlichungen.assetdetail.8266033.html, Abruf 19. Mai 2023.

Immanuel Kant, I. (1784): Beantwortung der Frage: Was ist Aufklärung? Berlinische Monatsschrift, 481–494.

Bas Kast (2009): Wie der Kopf dem Bauch beim Denken hilft. Die Kraft der Intuition. Fischer, Frankfurt am Main.

Robert Kegan und Lisa Laskow Lahey (2016): An Everyone Culture: becoming a deliberately developmental organization. Harvard Business Review Press, Boston.

Hugo Kehr (2012): www.kehrmc.de, Abruf 19. Mai 2023.

Mika Kivimäki, Markus Jokela, Solja Nyberg, Archana Singh-Manoux, Eleonor Fransson, Lars Alfredsson et al. (2015): Long working hours and risk of coronary heart disease and stroke: a systematic review and meta-analysis of published and unpublished data for 603 838 individuals. 386, S. 1739–1746. www.thelancet.com/journals/lancet/article/PIIS0140-6736(15)60295-1/fulltext, Abruf 19. Mai 2023.

Ute Klammer et al. (2017): Arbeiten 4.0. Folgen der Digitalisierung für die Arbeitswelt. Wirtschaftsdienst, Heft 7, S. 459–476. www.wirtschaftsdienst.eu/inhalt/jahr/2017/heft/7/beitrag/arbeiten-40-folgen-der-digitalisierung-fuer-die-arbeitswelt.html, Abruf 19. Mai 2023.

Roswita Königswieser und Martin Hillebrand (2009): Einführung in die systemische Organisationsberatung. Carl-Auer, Heidelberg.

Roswita Königswieser und Alexander Exner (2000): Systemische Inetrventionen. Klett-Cotta, Stuttgart.

Hermann Kopetz und Wilfried Steiner (2022): Real-Time Systems. Internet of Things. Springer Cham, Switzerland.

KPMG (2009): Konfliktstudie. Die Kosten von Reibungsverlusten in Industrieunternehmen. KPMG AG, Frankfurt.

Peter Kruse (2014): Führung und Arbeit im Wandel. Vortrag New Work Night. www.youtube.com/watch?v=dst1kDHJqAc, Abruf 19. Mai 2023.

Frederic Laloux (2014): Reinventing organizations. A guide to creating organizations inspired by the next stage in human consciousness. Nelson Parker, Massachusetts.

David S. Landes (1983): Der entfesselte Prometheus. Technologischer Wandel und industrielle Entwicklung in Westeuropa von 1750 bis zur Gegenwart. dtv, München.

Philipp Langlotz (2014): Konfliktkostenmanagement in Unternehmen. www.hrtoday.ch/de/article/konfliktkostenmanagement-in-unternehmen, Abruf 19. Mai 2023.

Jaron Lanier (2017): Dawn of the New Everything. A journey through virtual reality. The Bodley Head, Penguine Random House, London.

Peter Laudenbach (2019): Warum sachlich, wenn es auch persönlich geht. Interview mit Stefan Kühl. www.brandeins.de/magazine/brand-eins-wirtschaftsmagazin/2019/gefuehle/warum-sachlich-wenn-es-auch-persoenlich-geht, Abruf 19. Mai 2023.

Patrick Lencioni (2002): The five dysfunctions of a team. A leadership Fable. John Wiley & Sons, San Francisco.

Varda Libermann, Steven M. Samuels und Lee Ross (2004): The Name of the Game. Predictive power of reputations versus situational labels in determining prisoner's dilemma game moves. Vol. 30, No. 9, S. 1175–1185.

Rainer Liedtke (2012): Die Industrielle Revolution. Böhlau Verlag, Köln.

Gabriele Lindemann und Vera Heim (2016): Erfolgsfaktor Menschlichkeit. Wertschätzend führen – wirksam kommunizieren. Junfermann, Paderborn.

Erik Linden und Andreas Wittmer (2018): Zukunft Mobilität. Gigatrend Digitalisierung und Megatrends der Mobilität. www.alexandria.unisg.ch/entities/publication/51077a36-2d18-4944-ae30-d4e7b27a400c/details, Abruf 19. Mai 2023.

John Locke (2012): Zwei Abhandlungen über die Regierung. Akademie-Verlag, Berlin.

Judy Martin und Kristi Hedges (2013): When Work Stress Yields Depression It's Unbearable. www.forbes.com/sites/work-in-progress/2013/05/30/when-work-stress-yields-depression-its-unbearable/#57a9cbcb7785, Abruf 19. Mai 2023.

Karl Marx und Friedrich Engels (1848): Manifest der kommunistischen Partei. London.

Abraham H. Maslow (1958): A Dynamic Theory of Human Motivation. Wilder Publications, Denver, USA.

Abraham H. Maslow (1943): A Theory of Human Motivation. Psychological Review, 50(4), S. 370–396.

Roger C. Mayer, James H. Davis und David Schoormann (1995): An integrative model of organizational trust. Academy of Management Review, Vol. 20, No. 3 1995, S. 709–734.

Douglas McGregor (1960): The Human Side of Enterprise. In: Harold J. Leavitt, Louis R. Pondy und David M. Boje: Reading in Managerial Psychology (S. 310–321). The University of Chicago Press, Chicago and London.

Saul Mcleod (2022): Attitudes Components In Psychology: Components. https://www.simplypsychology.org/attitudes.html

Herbert A. Meyer, Mathias Wrba und Thomas Bachmann (2018): Psychologische Sicherheit. Das Fundament gelingender Arbeit im Team. Mensch und Computer 2018, S. 189-201, Gesellschaft für Informatik e. V., Dresden. https://dl.gi.de/bitstream/handle/20.500.12116/16766/Beitrag_243_final__a.pdf?sequence=1&isAllowed=y, Abruf 19. Mai 2023.

Charles de Montesquieu (1994): Vom Geist der Gesetzte. Reclam, Stuttgart.

Bela Mutschler (2016): Fachbegriffe einfach erklärt. Industrie 4.0. Aktualisiert am 23. September 2019. www.skouz.de/blog/fachbegriffe-einfach-erklaert-industrie-40, Abruf 19. Mai 2023.

Reinhart Nagel und Rudolf Wimmer (2009): Systemische Strategieentwicklung. Schäffer Poeschel, Stuttgart.

Bernd Oesterreich und Claudia Schröder (2017): Das kollegial geführte Unternehmen. Ideen und Praktiken für die agile Organisation von morgen. Vahlen, München.

Bernd Oesterreich und Claudia Schröder (2020): Agile Organisationsentwicklung. Handbuch zum Aufbau anpassungsfähiger Organisationen. Vahlen, München.

Mark Overton (1996): Agricultural revolution in England. The transformation of the agrarian economy. University Press, Cambridge.

Lawrence A. Pervin, Daniel Cervone und Oliver P. John (2005): Persönlichkeitstheorien. Ernst Reinhardt Verlag, München.

Toni Pierenkemper (1996): Umstrittene Revolutionen. Industrialisierung im 19. Jahrhundert. Fischer Taschenbuch Verlag, Frankfurt am Main.

Daniel H. Pink (2009): Drive. The Surprising Truth About What Motivates Us. Canongate Books Ltd, U.K.

Panagiotis Polychroniou (2009): Relationship between emotional intelligence and transformational leadership of supervisors. The impact on team effectiveness. Team Performance Management, 15(7/8), 343–356.

Edy Portmann (2022): Schriftlicher Austausch per Mail und Gespräche. (Andrea Barrueto, Interviewerin)

Christian Prior (Heft 1 2012): Teamgespräche. Konflikt Dynamik. S. 2–11. https://christian-prior.de/pdf/Teamgesprache.pdf, Abruf 19. Mai 2023.

Arthur S. und Emily Reber et al. (2009): The Penguin Dictionary of Psychology. Penguin Books, London.

Dirk Revenstorf (1999): Wenn das Glück zum Unglück wird. Psychologie der Paarbeziehung. C. H. Beck, München.

David Rock, D. (2009): Managing with the Brain in Mind. strategy+business magazine. https://www.strategy-business.com/article/09306, Abruf 19. Mai 2023.

Marshall B. Rosenberg (2003): Nonviolent Communication. A Language of Life. PuddleDancer Press, Encinitas.

Marshall B. Rosenberg (2010): Gewaltfreie Kommunikation. Eine Sprache des Lebens. Junfermann Verlag, Paderborn.

Jean Jacques Rousseau (2012): Vom Gesellschaftsvertrag oder Prinzipien des Staatsrechts. Akademie Verlag, Berlin.

Gisela Rühl (1974): Menschengerechte Arbeitsplätze durch soziotechnologische Systemgestaltung. Qualität des Lebens am Arbeitsplatz. Institut der deutschen Wirtschaft, Köln.

Craig E. Runde und Tim A. Flanagan (2012): Becoming a Conflict Competent Leader. Jossey-Bass, San Francisco.

Richard M. Ryan und Edward L. Deci (2000): Intrinsic and Extrinsic Motivations. Classic Definitions and New Directions. Contemporary Educational Psychology, 25, S. 54–67.

Richard M. Ryan und Edward L. Deci (2000): Self-Determination Theory and the Facilitation of Intrinsic Movation, Social Development, and Well Being. American Psychologist, S. 68-78.

Peter Salovey und John D. Mayer (1990): Emotional Intelligence. Imagination, Cognition and Personality. 9(3), 185–211.

Gerhard Schewe (2022): Definition: Was ist »Verantwortung«? Gabler Wirtschaftslexikon. https://wirtschaftslexikon.gabler.de/definition/verantwortung-50418, Abruf 19. Mai 2023.

Corinna Schöps (2. Mai 2020): Du darfst dich schämen. Alles was der Gesundheit hilft. 22, S. 6–13. https://verlag.zeit.de/freunde/vorteil/e-books/du-darfst-dich-schaemen, Abruf 19. Mai 2023.

Bernd Schmid (2006): Systemisches Coaching. Konzepte und Vorgehensweisen in der Persönlichkeitsberatung. EHP, Berglisch Gladbach.

Bernd Schmid (2008): Systemische Professionalität und Transaktionsanalyse. Mit einem Gespräch mit Fanita English. EHP, Berglisch Gladbach.

Bernd Schmid, Arnold Messmer und Ingeborg Weidner (2005): Systemische Personal-Organisations- und Kulturentwicklung. Konzepte und Perspektiven. EHP, Berglisch Gladbach.

Herbie Schmidt (2019): Mutige Autos am laufenden Band. www.nzz.ch/mobilitaet/auto-mobil/ford-markengeschichte-von-der-tin-lizzie-zum-edge-ld.1466324, Abruf 19. Mai 2023.

Torsten Schrör (2020): Kraftvoll führen in Krisenzeiten. Erfolgreicher Umgang mit Unsicherheiten und Ängsten. Springer Gabler, Wiesbaden.

Friedenmann Schulz von Thun (2009): Miteinander Reden. rororo, Reinbek.

Gerhard Schulz (1985): Die große Krise der dreissiger Jahre. Vom Niedergang der Weltwirtschaft zum Zweiten Weltkrieg. Vandenhoeck und Ruprecht, Göttingen.

Klaus Schwab (2016): Die Vierte Industrielle Revolution. Pantheon, München.

Shalom H. Schwartz und Wolfgang Bilsky (1987): Toward a universal psychological structure of human values. Journal of Personality and Social Psychology, 53, S. 550–562.

Search Inside Yourself (2022): SIY Search Inside Yourself Certified Program Switzerland. https://mindleader.org, Abruf 19. Mai 2023.

Fritz B. Simon (2007): Einführung in die systemische Organisationstheorie. Carl-Auer, Heidelberg.

Tania Singer und Olga M. Klimecki (2014): Empathy and compassion. Current Biology, 24(18), S. R875-R878.

Dieter Spethmann (2010): Deutschland. Die Dritte Industrielle Revolution. August Dreesbach, München.

Sarah Spiekermann (8. November 2022): Fragwürdig frei. Yuval Noah Harari und der Transhumanismus. https://www.sueddeutsche.de/kultur/yuval-noah-harari-transhumanismus-1.5689661, Abruf 19. Mai 2023.

Mona Spisak und Moreno Della Pica (2017): Führungsfaktor Psychologie. Fragen aus der Führungspraxis – Antworten der Psychologie. Springer, Berlin.

Reinhard K. Sprenger (2010): Mythos Motivation. Wege aus einer Sackgasse. Campus, Frankfurt am Main.

Karl Heinz Stefan (1960): Technik der Automation. Eine zweite industrielle Revolution. Safari-Verlag, Berlin.

Steven J. J. Stein und Howard E. Book (2011): The EQ Edge. Emotional Intelligence and your success. John Wiley & Sons, Mississauga, Ontario, Canada.

Lisa Steindl und Oliver Ahrens (2019): Verborgene Konflikte – blinde Flecken, die Unternehmen unnötig Kraft kosten. Die Mediation Quartal , S. 37–41. https://www.die-mediation.de/der-blog/verborgene-konflikte-blinde-flecken-die-unternehmen-unnoetig-kraft-kosten#:~:text=Verborgene%20Konflikte%20-%20blinde%20Flecken%2C%20die%20Unternehmen%20unnötig%20Kraft%20kosten,-07.09.21%2011&text=Zwischen%2020%20%25%20und%2040%20%25%20der,Konfliktbewältigung%20beansprucht%20(KPMG%202009), Abruf 19. Mai 2023.

Joseph Stiglitz (2003): Globalization and its discontents. W. W. Norton, New York.

Lars Taimer und Heiko Weckmüller (2020): New-Work-Diskursanalyse. Humanisierung der Arbeit oder effektives Managen? Personalführung, 15-21. https://www.dgfp.de/aktuell/new-work-diskursanalyse/, Abruf 19. Mai 2023.

Frederick Winslow Taylor (1977): Die Grundsätze der wissenschaftlichen Betriebsführung. Beltz, Weinheim und Basel.

Michael Tomasello (2009): Die Ursprünge menschlicher Kommunikation. Suhrkamp, Frankfurt.

Toyota (2020): Toyota Production System. https://global.toyota/en/company/vision-and-philosophy/production-system/, Abruf 19. Mai 2023.

United Nations (2020): Transforming our World: The 2030 Agenda for Sustainable Development. Abruf Juli 2020 von Department of Economic and Social Affairs Sustainable Development. https://sdgs.un.org/2030agenda, Abruf 19. Mai 2023.

Matthias Varga von Kibèd und Insa Sparrer (2002): Ganz im Gegenteil. Tetralemmaarbeit und andere Grundformen Systemischer Strukturaufstellungen. Carl Auer, Heidelberg.

Béatrice Veyrassat (2015): Industrialisierung. https://hls-dhs-dss.ch/de/articles/013824/2015-02-11/#HDiezweiteIndustrialisierung, Abruf 19. Mai 2023.

Alfred Powell Wadsworth und Julia de Lacy Mann (1965): The Cotton Trade and Industrial Lancashire 1600–1780. University Press, Manchester.

Adam Waytz (2016): Die Grenzen der Empathie. Harvard Business Manager, S. 37–43.

Karsten Weber und Thomas Zoglauer (2015): Verbesserte Menschen. Ethische und technik-wissenschaftliche Überlegungen. Karl Alber, Freiburg und München.

Max Weber (2000): Die protestantische Ethik und der »Geist« des Kapitalismus. Beltz Athenäum, Weinheim.

WEKA (2021): Das agile Mindeset. https://www.weka-elearning.de/downloads/agiles-mindset-infografik/, Abruf 19. Mai 2023.

Weltbank (2020): World Bank Open Data – Free and open access to global development data. https://data.worldbank.org, Abruf 19. Mai 2023.

Christian Welzel (2009): Werte- und Wertewandelforschung. In: Viktoria Kaina und Andrea Römmele (2009): Politische Soziologie, S. 109–140, VS Verlag für Sozialwissenschaften, Wiesbaden.

Paul G. Whitmore und John P. Fry (1974): Soft Skills: Definition, Behavioral Model Analysis, Training Procedures. Professional Paper 3–74. https://eric.ed.gov/?id=ED158043, Abruf 19. Mai 2023.

Ken Wilber (1996): A Brief History of Everything. Shambhala Publications, Boston und Massachusetts.

Ken Wilber (2001): A Theory of Everything. An Integral Vision for Business, Politics, Science, and Spirituality. Shambhala Publications, Boston und Massachusetts.

Ken Wilber(2017): Trump and a post-truth World. Shambala, Boulder.

Ken Wilber (2018): Religion of Tomorrow. Shambala, Boulder.

Chris Wolf und Heinz Jiranek (2016): Feedback. Nur was erreicht, kann auch bewegen. BusinessVillage, Göttingen.

Anita W. Wooley, Christopher F. Chabris, Alex Pentland, Nada Hashmi und Thomas W. Malone (2010): Evidence for a collective intelligence factor of human groups. Science, 330(6004), 686-688.

World Economic Forum (2004): Young Global Leaders Mission and Purpose. https://www.younggloballeaders.org/vision-and-mission, Abruf 19. Mai 2023.

World Economic Forum (2016): 8 predictions for the world in 2030. Abruf Mai 2023 von https://www.facebook.com/worldeconomicforum/videos/8-predictions-for-the-world-in-2030/10153920524981479, Abruf 31. Mai 2023.

World Economic Forum (2018): The Future of Jobs Report 2018. World Economic Forum, Genf. https://www.weforum.org/reports/the-future-of-jobs-report-2018/, Abruf 19. Mai 2023.

Madeleine Zbinden (2022): Menschlichkeit in der Führung. Springer Gabler, Wiesbaden.

Philip G. Zimbardo und Richard J. Gerrig (1999): Psychologie. Springer-Verlag, Berlin.

Zukunftsinstitut (2021): Die Megatrends. https://www.zukunftsinstitut.de/dossier/megatrends, Abruf 19. Mai 2023.

Miro Zwack, Audris Muraitis, Jochen Schweitzer-Rothers (2011): Wozu keine Wertschätzung? Zur Funktion des Wertschätzungsdefizits in Organisationen. In: Organisationsberatung, Supervision und Coaching (OSC). 18. 429–443

Abbildungsverzeichnis

Endnoten

1 Das Modell ist im Dialog mit Kirsten Kratz und uns Autorinnen entstanden.

2 Hinter diesem scheinbar so saloppen Spruch verbirgt sich genau genommen die Epigenetik (Teilgebiet der Biologie). Demzufolge verändert sich die Genaktivität dauerhaft durch Verhalten und Lebensumstände.

3 Ken Wilber gilt als ein Universalgelehrter, der im derzeitigen wissenschaftlichen Diskurs auch kritisch gesehen wird. Das liegt vermutlich auch daran, dass er sich im Kuhnschen Sinn nicht im Wissenschaftsparadigma der Normalwissenschaft (Kuhn 1970) bewegt, sondern sich neben Philosophie und Psychologie auch mit Spiritualität und Mystik auseinandersetzt. Sein Interesse gilt, verschiedene Perspektiven und Erfahrungszugänge miteinander zu verbinden.

4 Transaktionsanalyse ist eine von Eric Berne Mitte des zwanzigsten Jahrhunderts entwickelte psychologische Theorie, deren Modelle auch heute noch viel in Leadership- und Kommunikationstrainings verwendet werden.

Team-Resilienz

Brigitte Hettenkofer
Team-Resilienz
Das Geheimnis robuster, optimistischer und lösungsorientierter Teams
1. Auflage 2023

258 Seiten; Broschur; 29,95 Euro
ISBN 978-3-86980-678-5; Art.-Nr.: 1158

Erfolgreiche Teams sind in der Lage, mit unerwarteten Situationen umzugehen, ihre Prozesse aufrechtzuerhalten, lösungsorientiert zu agieren und so handlungsfähig zu bleiben. Wie werden Teams aber so stark und widerstandsfähig? Wie lässt sich die Team-Resilienz stärken?

Antworteten darauf liefert Brigitte Hettenkofers neues Buch. Es zeigt, wie sich das Resilienzpotenzial eines Teams aktivieren lässt. Denn Team-Resilienz ist kein Selbstläufer. Damit sie ihre volle Wirkung entfaltet, muss sie täglich gelebt werden.

Wie das gelingt, illustriert dieses Buch. Es ist eine Reise durch die Kompetenzfelder der Team-Resilienz. Mit Strategien und Übungen für den Teamalltag unterstützt dieses Buch Entfaltung von Team-Resilienz. So lassen sich stürmische Zeitung erfolgreich meistern, Krisen besser bewältigen, um letztlich gestärkt daraus herauszugehen.

Mit hybriden Teams mehr erreichen

Gesine Engelage-Meyer, Sonja Hanau
Mit hybriden Teams mehr erreichen
Werkzeuge, Methoden und Praktiken für gelungene Zusammenarbeit auf Distanz
1. Auflage 2022

265 Seiten; Broschur; 29,95 Euro
ISBN 978-3-86980-644-0; Art.-Nr.: 1148

Hybride Teamarbeit bietet viele Chancen – im Moment fühlt es sich aber mehr nach Herausforderung an? Die digitale Technik sorgt für Verunsicherung? Zwischenmenschliches, wie die beiläufige Kommunikation und das Wirgefühl, bleibt auf der Strecke? So geht es vielen Teams.

Dieses Praxisbuch liefert dir vielfältige Lösungsvorschläge zu diesen Herausforderungen – ganz gleich, ob du ein Projektteam verantwortest, als Führungskraft ein Team in der Linie leitest oder Teammitglied bist. Jede:r im Team kann dazu beitragen, Zusammenarbeit auf Distanz zu gestalten und die Potenziale zu nutzen.

Praxisnah zeigt dieses Buch, wie sich ein hybrides Team digital gut aufstellen und wirksam kommunizieren kann. Es stellt dir hilfreiche Methoden, Werkzeuge und Strukturen vor und liefert praxiserprobtes Wissen, damit sogar (hybride) Meetings gut gelingen. Tipps für die gezielte Gestaltung des Change-Prozesses erleichtern den Umgang mit Widerständen. So steigen Produktivität und Zufriedenheit im Team und es entsteht eine gemeinsame Motivation, um sich auf die neue Arbeitswelt einzulassen.

Der beste Zeitpunkt, Teamarbeit auf ein neues Level zu bringen, ist jetzt. Dieses Buch unterstützt dich dabei.

www.BusinessVillage.de